CAD/CAM/CAE 工程应用丛书

Autodesk Inventor 中文版从入门到精通

2020 版

叶国华　王正军　等编著

机 械 工 业 出 版 社

本书主要介绍了 Autodesk Inventor 2020 中文版的各种基本操作方法和技巧。全书共 14 章，内容包括 Inventor 2020 入门、辅助工具、绘制草图、草图特征、放置特征、钣金设计、曲面造型、部件装配、零部件设计加速器、表达视图、创建工程图、模型样式与衍生设计、打包与设计助理、Inventor 二次开发入门，另外附有两章电子文档资源，内容包括应力分析和运动仿真。本书由浅入深，各章节既相对独立又前后关联，并根据编者的多年经验及读者的实际需求，及时给出总结和相关提示，帮助读者更好地掌握所学知识。

本书内容详实、图文并茂、语言简洁、结构清晰、实例丰富，可以作为大中专院校相关专业的教材，也可以作为初学者的自学指导书。

图书在版编目（CIP）数据

Autodesk Inventor 中文版从入门到精通：2020 版 / 叶国华等编著. —北京：机械工业出版社，2020.5

（CAD/CAM/CAE 工程应用丛书）

ISBN 978-7-111-65373-8

Ⅰ. ①A… Ⅱ. ①叶… Ⅲ. ①机械设计－计算机辅助设计－应用软件 Ⅳ. ①TH122

中国版本图书馆 CIP 数据核字（2020）第 062499 号

机械工业出版社（北京市百万庄大街 22 号　邮政编码 100037）

策划编辑：赵小花　　责任编辑：赵小花

责任校对：张艳霞　　责任印制：李　昂

北京机工印刷厂印刷

2020 年 5 月第 1 版·第 1 次印刷

184mm×260mm·24.25 印张·602 千字

0001－2000 册

标准书号：ISBN 978-7-111-65373-8

定价：119.00 元

电话服务	网络服务
客服电话：010-88361066	机 工 官 网：www.cmpbook.com
010-88379833	机 工 官 博：weibo.com/cmp1952
010-68326294	金 书 网：www.golden-book.com
封底无防伪标均为盗版	机工教育服务网：www.cmpedu.com

前　言

　　Autodesk Inventor 是美国 Autodesk 公司于 1999 年推出的中端三维参数化实体模拟软件。与其他同类产品相比，Inventor 在用户界面设计、三维运算速度和显示着色功能方面有突破性进展。Inventor 建立在 ACIS 三维实体模拟核心之上，摒弃了许多不必要的操作而保留了最常用的基于特征的模拟功能。Inventor 不仅简化了用户界面、缩短了学习周期，而且大大加快了运算及着色速度。这样就缩短了用户设计意图的产生与系统反应时间之间的距离，从而最小限度地影响设计人员的创意和发挥。

　　本书是一本针对 Autodesk Inventor 2020 的教、学相结合的指导书，内容全面、具体，适合不同读者的学习需求。为了在有限的篇幅内提高知识集中程度，作者对所讲述的知识点进行了精心剪裁。全书通过实例操作驱动知识点讲解，使得读者在实例操作过程中就可以牢固掌握软件功能。实例的种类也非常丰富，有讲解知识点的小实例，还有汇集几个知识点或全章知识点的综合实例。

　　本书重点介绍了 Autodesk Inventor 2020 中文版的新功能及各种基本操作方法和技巧。全书共 14 章，内容包括 Inventor 2020 入门、辅助工具、绘制草图、草图特征、放置特征、钣金设计、曲面造型、部件装配、零部件设计加速器、表达视图、创建工程图、模型样式与衍生设计、打包与设计助理、Inventor 二次开发入门。

　　另外，因篇幅所限，也为了保持各章知识点的全面性，本书将 Inventor 应力分析和运动仿真两章作为附加电子文档资源供各位读者下载学习。

　　本书配有多媒体学习资料，包含了所有实例的素材源文件，并制作了操作视频。为了增强教学效果，进一步方便读者学习，对实例操作视频进行了配音讲解。利用精心设计的多媒体界面，读者可以像看电影一样轻松愉悦地完成学习。

　　推荐读者先扫描小节开头放置的实例操作视频二维码，再详细查阅下面的功能讲解。

　　本书主要由昆明理工大学国土资源工程学院的叶国华副教授和陆军某研究院的王正军两位老师编写。其中叶国华执笔编写了第 1～10 章，王正军执笔编写了第 11～14 章。另外，胡仁喜、康士廷、解江坤、闫聪聪、李亚莉、卢园、孟培、张亭、刘昌丽、甘勤涛、杨雪静、李兵、王敏、王玮、王艳池、王培合、王义发、孙立明和井晓翠等也在本书的编写、校对方面做了大量工作，保证了全书内容的系统、全面和实用，在此向他们表示感谢！

　　由于编者水平有限，书中疏漏之处在所难免，恳请读者批评指正。读者在学习过程中有任何问题，请通过邮箱（714491436@qq.com）与我们联系。也欢迎加入三维书屋图书学习交流群（QQ：909257630）交流探讨，编者将在线提供问题解答以及软件安装服务。

编　者
2019.11

目　　录

第 1 章

Inventor 2020 入门

知识导引

本章学习 Inventor 2020 绘图的基本知识，认识 Inventor 各个工作界面，熟悉如何定制工作界面和系统环境等，为系统学习做好准备。

学习目标

- 熟悉 Inventor 2020 的工作界面。
- 熟练进行文件的创建、使用和管理。
- 学会使用快速访问工具栏。
- 能够改变模型的大小、方位，从各个角度观察模型。
- 熟练使用鼠标操作模型。
- 了解快捷键的使用方法。
- 学会定制工作界面和设置系统环境。

1.1 Inventor 2020 工作界面

工作界面包括主菜单、快速访问工具栏、功能区、绘图区、浏览器、导航工具、状态栏导航工具和 ViewCubt，如图 1-1 所示。

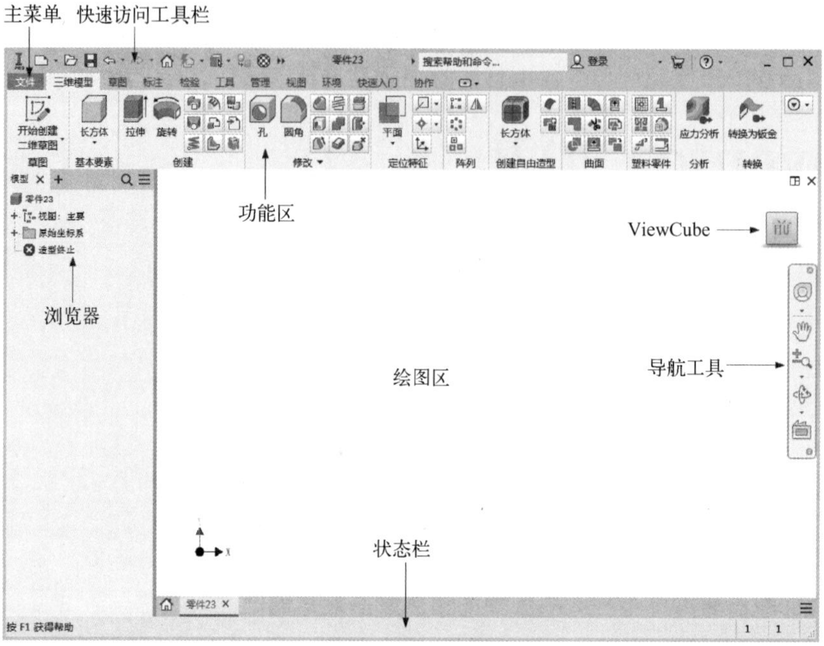

图 1-1 Autodesk Inventor 工作界面

1.1.1 应用程序主菜单

单击位于 Inventor 窗口左上角的"文件"按钮，弹出应用程序主菜单，如图 1-2 所示。

应用程序主菜单具体内容如下。

1. 新建文档

选择"新建"命令即弹出"新建文件"对话框（图 1-3），单击对应的模板即创建基于此模板的文件，也可以单击左侧的树状菜单节点直接选定模板来创建文件。当前模板的单位与安装时选定的单位一致。用户可以通过替换 Template 目录下的模板更改模块设置，也可以将鼠标指针悬于"新建"选项上或者单击其后的▶按钮，在弹出的列表中直接选择模板，如图 1-4 所示。

图 1-2 选择模板

图 1-3 "新建文件"对话框   图 1-4 "新建模板"列表

当 Inventor 中没有文档打开时,可以在"新建文件"对话框中指定项目文件或者新建项目文件,用于管理当前文件。

2. 打开文档

选择"打开"命令会弹出"打开"对话框。将鼠标指针悬停在"打开"选项上或者单击其后的▶按钮,会显示"打开""打开 DWG""从资源中心打开""导入 DWG"和"打开样例"选项。

"打开"对话框与"新建文件"对话框可以互相切换,并可以在无文档的情况下修改当前项目或者新建项目文件。

3. 保存/另存为/导出

将激活文档以指定格式保存到指定位置。如果第一次创建,在保存时会打开"另存为"对话框。"另存为"命令用来以不同文件名、默认格式保存文档。"保存副本"命令则将激活文档按"保存副本"对话框指定格式另存为新文档,原文档继续保持打开状态。Inventor 支持多种格式的输出,如 IGES、STEP、SAT、Parasolid 等。

另外,"另存为"命令还集成了如下功能:

- 以当前文档为原型创建模板,即将文档另存到系统 Templates 文件夹下或用户自定义模板文件夹下。
- 利用打包(Pack and Go)工具将 Autodesk Inventor 文件及其引用的所有文件打包到一个位置。所有从选定项目或文件夹引用选定 Autodesk Inventor 文件的文件也可以包含在包中。

4. 管理

管理包括创建或编辑项目文件,查看 iFeature 目录,查找、跟踪和维护当前文档及相关数据,更新旧的文档使之移植到当前版本,更新任务中所有过期的文件等。

5. iProperty

使用 iProperty 可以跟踪和管理文件,创建报告以及自动更新部件 BOM 表、工程图明细栏、标题栏和其他信息。

6．设置应用程序选项

单击"选项"按钮会打开"应用程序选项"对话框。在该对话框中，用户可以对 Inventor 的零件环境、iFeature、部件环境、工程图、文件、颜色、显示等属性进行自定义设置，同时可以将应用程序选项设置导出到 XML 文件中，从而使其便于在各计算机之间使用并易于移植到下一个 Autodesk Inventor 版本。此外，CAD 管理器还可以使用这些设置为所有用户或特定组部署一组用户配置。

7．预览最近访问的文档

通过"文件"子菜单中的"最近使用的文档"列表可查看最近使用的文件。在默认情况下，文件显示在"最近使用的文档"列表中，并且最新使用的文件显示在顶部。

鼠标指针悬停在列表中某个文件名上时，会显示此文件的以下信息：

- 文件的预览缩略视图。
- 存储文件的路径。
- 上次修改文件的日期。

1.1.2　功能区

除了继续支持传统的菜单和工具栏界面之外，Autodesk Inventor 2020 默认采用功能区界面以便用户使用各种命令，如图 1-5 所示。功能区将与当前任务相关的命令按功能组成面板并集中到一个选项卡中。这种用户界面和元素被大多数 Autodesk 产品（如 AutoCAD、Revit、Alias 等）接受，方便 Autodesk 用户向其他 Autodesk 产品移植文档。

图 1-5　功能区

功能区具有以下特点。

- 直接访问命令：轻松访问常用的命令。研究表明，增加目标命令图标的大小可使用户访问命令的时间锐减（费茨法则）。
- 发现极少使用的功能：库控件（如"标注"选项卡中用于符号的库控件）提供了图形化显示可创建的扩展选项板。
- 基于任务的组织方式：功能区的布局及选项卡和面板内的命令组，是根据用户任务和对用户命令使用模式的分析而优化设计的。
- Autodesk 产品外观一致：Autodesk 产品家族中的 AutoCAD、Autodesk Design Review、Autodesk Inventor、Revit、3ds Max 等均为风格相似的界面。用户只要熟悉一种产品就可以"触类旁通"。
- 上下文选项卡：使用唯一的颜色标识专用于当前工作环境的选项卡，方便用户进行选择。
- 应用程序的无缝环境：目的或任务催生了 Autodesk Inventor 内的虚拟环境。这些虚拟环境帮助用户了解环境目的及如何访问可用工具，并提供反馈来强化操作。每个环境的组件在放置和组织方面都是一致的，包括用于进入和退出的访问点。
- 更少的可展开菜单和下拉菜单：减少了可展开菜单和下拉菜单中的命令数，以此减少鼠标单击次数。用户还可以选择在展开菜单中添加命令。
- 扩展型工具提示：Autodesk Inventor 功能区中的许多命令都具有增强（扩展）的工具

提示，最初显示命令的名称及对命令的简短描述，如果继续悬停鼠标指针，则工具提示会展开提供更多信息。此时按住〈F1〉键可调用对应的帮助信息，如图 1-6 所示。

图 1-6　扩展型工具提示

Inventor 具有多个功能模块，例如，二维草图模块、特征模块、部件模块、工程图模块、表达视图模块、应力分析模块等，每一个模块都拥有自己独特的菜单栏、功能区和浏览器，并且由这些菜单、功能区和浏览器组成了自己独特的工作环境。用户最常接触的六种工作环境包括：草图环境、零件（模型）环境、钣金模型环境、部件（装配）环境、工程图环境和表达视图环境，下面章节将进行详细介绍。

1.1.3　快速工具

快速访问工具栏默认位于功能区上，是可以在所有环境中进行访问的自定义命令组，如图 1-7 所示。

图 1-7　快速访问工具栏

在功能区中的命令上单击鼠标右键，在弹出的快捷菜单中选择"添加到快速访问工具栏"命令可将该命令添加到快速访问工具栏中。若要删除某个命令只需在快速访问工具栏上用鼠标右键单击该命令，在弹出的快捷菜单中选择"从快速访问工具栏中删除"命令即可。

快速访问工具栏选项主要包括"新建""打开""保存""撤销""恢复""返回""更新""选择优先设置""外观替代"等按钮。

1）新建：新建模板文件环境，如零件、装配、工程图、表达视图等。

2）打开：打开并使用现有的一个或多个文件。在同时打开多个文件时可以按住〈Shift〉键按顺序选择多个文件，也可以按住〈Ctrl〉键不按顺序选择多个文件。

3）保存：将激活的文档内容保存到窗口标题中指定的文件，并且文件保持打开状态。另外还有以下三种保存方式。

- 另存为：将激活的文档内容保存到"另存为"对话框中指定的文件。原始文档关闭，新保存的文档打开，原始文件的内容保持不变。
- 保存副本：将激活的文档内容保存到"保存副本"对话框中指定的文件，并且原始文件保持打开状态。
- 保存副本为模板：直接将文件作为模板文件进行保存。

4）撤销：撤销上一个功能命令。

5）恢复：取消最近一次撤销操作。

6）返回：有以下三个级别的操作。

● 返回：返回到上一个编辑状态。

● 返回到父级：返回到浏览器中的父零部件。

● 返回到顶级：返回到浏览器中的顶端模型，而不考虑编辑目标在浏览器装配层次中的嵌套深度。

7）更新：获取最新的零件特性。

● 本地更新：仅重新生成激活的零件或子部件及其从属子项。

● 全局更新：所有零部件（包括顶级部件）都将更新。

8）选择优先设置：设置优先选择的对象类型。

9）外观替代：可以改变零件表面的颜色。

1.1.4 导航工具

1. ViewCube

ViewCube 是一种屏幕上的设备，与"常用视图"命令类似。在 R2009 及更高版本中，ViewCube 替代了"常用视图"命令，由于其简单易用，已经成为 Autodesk 产品家族中如 AutoCAD、Alias、Revit 等 CAD 软件必备的"装备"之一。ViewCube 如图 1-8 所示。

图 1-8　ViewCube

与"常见视图"命令类似，单击 ViewCube 的角可以将模型捕捉到等轴测视图，单击面可以将模型捕捉到平行视图。ViewCube 具有以下附加特征。

● 始终位于屏幕上图形窗口的一角（可通过 ViewCube 选项指定其显示位置）。

● 在 ViewCube 上拖动鼠标可旋转当前三维模型，方便用户动态观察模型。

● 提供一些有标记的面，可以指示当前相对于模型世界的观察角度。

● 提供了可单击的角、边和面。

● 提供了"主视图"按钮，以返回至用户定义的基础视图。

● 能够将"前视图"和"俯视图"设定为用户定义的视图，而且也可以重定义其他平行视图及等轴测视图。重新定义的视图可以被其他环境或应用程序（如工程图或 DWF）识别。

● 在平行视图中，提供了旋转箭头，使用户能够以 90° 为增量，垂直于屏幕旋转照相机。

● 提供了使用户能够根据自己的配置调整立方体特征的选项。

2. SteeringWheels

SteeringWheels 也是一种便捷的动态观察工具，以屏幕托盘的形式表现出来，它包含常见的导航控件及不常用的控件。当 SteeringWheels 被激活后，它会一直跟随鼠标指针，无需将鼠标指针移动到功能区的图标上便可立即使用该托盘上的工具。像 ViewCube 一样，用户可以通过"视图"选项卡"导航"面板中的下拉菜单打开和关闭 SteeringWheels，而且 SteeringWheels 包含根据个人喜好调整工具的选项。与 ViewCube 不同，SteeringWheels 默认处于关闭状态，需在功能区的"视图"选项卡"导航"面板中选择"全导航控制盘"命令来激活它。

根据查看对象不同，SteeringWheels 分为三种表现形式：全导航控制盘、查看对象控制盘和巡视建筑控制盘，SteeringWheels 的界面见表 1-1。在默认情况下，将显示 SteeringWheels 的完整版本，但是用户可以指定 SteeringWheels 的其他完整尺寸版本和每个控制盘的小版本。若要尝试这些版本，可在 SteeringWheels 工具上单击鼠标右键，然后从弹出的快捷菜单中选择一个版本。例如，选择"查看对象控制盘（小）"，可以查看完整 SteeringWheels 的小版本。

表 1-1　SteeringWheels 的界面

类　　型	全导航控制盘	查看对象控制盘	巡视建筑控制盘
大托盘		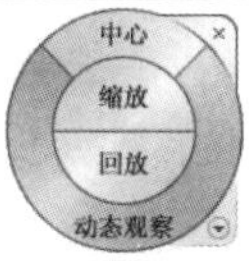	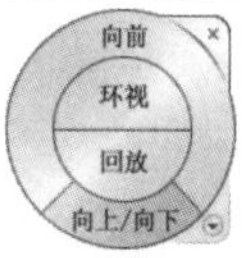
小控制盘	 平移	 平移	 向上/向下

SteeringWheels 提供了以下功能。

- 缩放：用于更改照相机到模型的距离，缩放方向可以与鼠标运动方向相反。
- 动态观察：围绕轴心点更改相机位置。
- 平移：在屏幕内平移照相机。
- 中心：重定义动态观察中心点。

此外，SteeringWheels 还添加了一些 Autodesk Inventor 中以前所没有的控件，或功能上显著变化和改进的控件。

- 漫游：在透视模式下能够浏览模型，很像在建筑物的走廊中穿行。
- 环视：在透视模式下能够更改观察角度而无需更改照相机的位置，如同围绕某一个固定点向任意方向转动照相机一般。
- 向上/向下：能够向上或向下平移照相机，定义的方向垂直于 ViewCube 的顶面。
- 回放：能够通过一系列缩略图以图形方式快速选择前面的任意视图或透视模式。

3. 其他观察工具

- 平移：沿与屏幕平行的任意方向移动图形窗口视图。当"平移"命令激活时，在用户图形区域会显示手掌形光标。将光标置于起始位置，然后单击并拖动鼠标，可将用户界面的内容拖动到光标所在的新位置。
- 缩放：使用此命令可以实时缩放零件部件。
- 缩放窗口：光标变为十字形，用来定义视图边框，在边框内的元素将充满图形窗口。
- 全部缩放：激活"全部缩放"命令会使所有可见对象（零件、部件或图样等）显示在图形区域内。
- 缩放选定实体：在零件或部件中，缩放所选的边、特征、线或其他元素以充满图形窗口。该命令不能在工程图中使用。
- 受约束的动态观察：在模型空间中围绕轴旋转模型，即相当于在纬度和经度上围绕模型移动视线。
- 主视图：将前视图重置为默认设置。当在部件文件的上下文选项卡中编辑零件时，在顶级部件文件中定义的前视图将作为主导前视图。

- 观察方向：在零件或部件中，缩放并旋转模型使所选元素与屏幕保持平行，或使所选的边或线相对于屏幕保持水平。该命令不能在工程图中使用。

- 上一个：当前视图采用上一个视图的方向和缩放值。在默认情况下，"上一个"命令位于"视图"选项卡的"导航"面板中，可以单击导航栏右下角的下拉按钮，在弹出的"自定义"菜单中选择"上一个"命令，将该命令添加到导航栏中。用户可以在零件、部件和工程图中使用"上一个"命令。

- 下一个：使用"上一个"命令后恢复到下一个视图。在默认情况下，"下一个"命令位于"视图"选项卡的"导航"面板中，可以单击导航栏右下角的下拉按钮，在弹出的"自定义"菜单中选择"下一个"命令，将该命令添加到导航栏中。可以在零件、部件和工程图中使用"下一个"命令。

1.1.5　浏览器

浏览器显示了零件、部件和工程图的装配层次。对每个工作环境而言，浏览器都是唯一的，并总是显示激活文件的信息。

1.1.6　状态栏

状态栏位于 Inventor 窗口底端的水平区域，提供关于当前正在窗口中编辑的内容的状态以及草图状态等信息内容。

1.1.7　绘图区

绘图区是指在标题栏下方的大片空白区域。绘图区域是用户建立图形的区域，用户完成一幅设计图形的主要工作都是在绘图区域中完成的。

1.2　常用工具

本节内容包括鼠标、全屏显示模式及快捷键的使用方法。

1.2.1　鼠标的使用

鼠标是计算机外围设备中十分重要的硬件之一，用户与 Inventor 进行交互操作时几乎 80% 的操作需要利用鼠标。如何使用鼠标直接影响到产品设计的效率。使用三键鼠标可以完成各种功能，包括选择和编辑对象、移动视角、单击鼠标右键打开快捷菜单、按住鼠标滑动快捷功能、旋转视角、物体缩放等。具体的使用方法如下。

- 单击鼠标左键（MB1）用于选择对象，双击用于编辑对象。例如，单击某一特征会弹出对应的特征对话框，可以进行参数再编辑。

● 单击鼠标右键（MB3）用于弹出选择对象的快捷菜单。
● 按下滚轮（MB2）可平移用户界面内的三维数据模型。
● 按下〈F4〉键的同时按住鼠标左键并拖动可以动态观察当前视图。鼠标放置轴心指示器的位置不同，其效果也不同，如图 1-9 所示。
● 滚动鼠标中键（MB2）用于缩放当前视图（单击"工具"选项卡"选项"面板中的"应用程序选项"按钮，打开"应用程序选项"对话框，在"显示"选项卡中可以修改鼠标的缩放方向）。

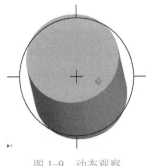

图 1-9　动态观察

1.2.2　全屏显示模式

单击"视图"选项卡"窗口"面板中的"全屏显示"按钮，可以进入全屏显示模式。该模式可最大化应用程序并隐藏图形窗口中的所有用户界面元素。功能区在自动隐藏模式下处于收拢状态。全屏显示非常适用于设计检查和演示。

1.2.3　快捷键

与仅通过菜单选项或单击鼠标按键来使用工具相比，一些设计师更喜欢使用快捷键，从而提高效率。通常，可以为透明命令（如缩放、平移）和文件实用程序功能（如打印等）指定自定义快捷键。Autodesk Inventor 中预定义的快捷键见表 1-2。

表 1-2　Inventor 预定义的快捷键

快 捷 键	命令/操作	快 捷 键	命令/操作
Tab	降级	Shift+Tab	升级
F1	帮助	F4	旋转
F6	等轴测视图	F10	草图可见性
Alt+8	宏	F7	切片观察
Shift+F5	下一页	Alt+F11	Visual Basic 编辑器
F2	平移	F3	缩放
F5	上一视图	Shift+F3	窗口缩放
F8/F9	显示/关闭约束		

将鼠标指针移至工具按钮上或命令中的选项名称旁时，提示中就会显示快捷键，也可以创建自定义快捷键。另外，Autodesk Inventor 有很多预定义的快捷键。

用户无法重新指定预定义的快捷键，但可以创建自定义快捷键或修改其他的默认快捷键。具体操作步骤：

单击"工具"选项卡"选项"面板中的"自定义"按钮，在弹出的"自定义"对话框中选择"键盘"选项卡，可开发自己的快捷键方案及为命令自定义快捷键。当要用于快捷键的组合键已指定给默认的快捷键时，用户通常可删除原来的快捷键并重新指定给用户选择的命令。

除此之外，Inventor 可以通过〈Alt〉键或〈F10〉键快速调用命令。当按下这两个键时，命令的快捷键会自动显示出来，如图 1-10 所示，用户只需依次使用对应的快捷键即可执行对应的命令，无须操作鼠标。

图 1-10　快捷键

1.2.4　直接操纵

直接操纵是一种新的用户操作方式，它使用户可以直接参与模型交互及修改模型，同时还可以实时查看更改。生成的交互是动态的、可视的，而且是可预测的。用户可以将注意力集中到图形区域内显示的几何图元上，而无须关注与功能区、浏览器和对话框等用户界面要素的交互。

图形区域内显示的是一种用户界面，悬浮在图形窗口上，用于支持直接操纵，如图 1-11 所示。它通常包含操纵器（左上）、小工具栏（含命令选项）、值输入框和选择标记。小工具栏使用户可以与三维模型进行直接的、可预测的交互。"确定"和"取消"按钮位于图形区域的底部，用于确认或取消操作。

图 1-11　图形区域

- 操纵器：它是图形区域中的交互对象，使用户可以轻松地操纵对象，以执行各种造型和编辑任务。
- 小工具栏：其上显示工具按钮，可以用来快速选择常用的命令。它们位于非常接近图形窗口中选定对象的位置。弹出型按钮会在适当的位置显示命令选项。小工具栏的描述更加全面、简单，特征也有了更多的功能。拥有小工具栏的命令有：圆角、倒角、抽壳、面拔模等。小工具栏还可以固定位置或者隐藏。
- 选择标记：是一些标签，显示在图形区域内，提示用户选择截面轮廓、面和轴，以创建和编辑特征。
- 值输入框：用于为造型和编辑操作输入数值。该框位于图形区域内的小工具栏上方。
- 标记菜单：在图形窗口中单击鼠标右键会弹出快捷菜单，它可以方便用户建模的操作。如果用户按住鼠标右键向不同的方向滑动会出现相应的快捷键，出现的快捷键与右键菜单相关。

1.2.5　信息中心

信息中心是 Autodesk 产品独有的界面，便于用户搜索信息、显示关注的网址，帮助用户实时获得网络支持和服务等，如图 1-12 所示。信息中心可以实现以下功能：

- 通过关键字（或输入短语）来搜索信息。
- 通过"Subscription Center"访问 Subscription 服务。
- 通过"通信中心"访问产品相关的更新和通告。
- 通过"收藏夹"访问保存的主题。
- 访问"帮助"中的主题。

图 1-12　信息中心

1.3　工作界面定制与系统环境设置

在 Inventor 中，需要用户自己设定的环境参数很多，工作界面也可由用户自己定制，这样使得用户可根据自己的实际需求对工作环境进行调节。一个方便高效的工作环境不仅使用户有良好的感觉，还可大大提高工作效率。本节着重介绍如何定制工作界面，以及如何设置系统环境。

1.3.1　文档设置

在 Inventor 中，用户可通过"文档设置"对话框来改变度量单位、捕捉间距等。

单击"工具"选项卡"选项"面板上的"文档设置"按钮，打开"文档设置"对话框。

- "标准"选项卡：设置当前文档的激活标准。
- "单位"选项卡：设置零件或部件文件的度量单位。
- "草图"选项卡：设置零件或工程图的捕捉间距、网格间距和其他草图设置。
- "造型"选项卡：为激活的零件文件设置自适应或三维捕捉间距。
- "BOM 表"选项卡：为所选零部件指定 BOM 表设置。
- "默认公差"选项卡：可设定标准输出公差值。

1.3.2　系统环境常规设置

单击"工具"选项卡"选项"面板上的"应用程序选项"按钮，打开"应用程序选项"对话框，在对话框中选择"常规"选项卡，如图 1-13 所示。本节介绍系统环境的常规设置。

1. 启动

用来设置默认的启动方式。在此选项区域中可设置是否"启动操作"，还可以设置启动后默认操作方式，包含三种默认操作方式："打开文件"对话框、"新建文件"对话框和从模板新建。

图 1-13　"应用程序选项"对话框

2．提示交互

控制工具栏提示外观和自动完成的行为。

1）显示命令提示（动态提示）：选中此复选框后，将在光标附近的工具栏提示中显示命令提示。

2）显示命令别名输入对话框：选中此复选框后，输入不明确或不完整的命令时将显示"自动完成"列表框。

3．工具提示外观

1）显示工具提示：控制在功能区中的命令上方悬停光标时工具提示的显示。从中可设"延迟的秒数"选项的值，还可以通过选择"显示工具提示"复选框来禁用工具提示的显示。

2）显示第二级工具提示：控制功能区中第二级工具提示的显示。

3）延迟的秒数：设定功能区中第二级工具提示的时间长度。

4）显示文档选项卡工具提示：控制光标悬停时工具提示的显示。

4．用户名

设置 Autodesk Inventor 2020 的用户名称。

5．文本外观

设置对话框、浏览器和标题栏中的文本字体及大小。

6．允许创建旧的项目类型

选中此复选框后，Autodesk Inventor 将允许创建共享和半隔离项目类型。

7. 物理特性

选择保存时是否更新物理特性以及更新物理特性的对象是零件还是零部件。

8. 撤销文件大小

可通过设置"撤销文件大小"选项的值来设置撤销文件的大小，即用来跟踪模型或工程图改变临时文件的大小，以便撤销所做的操作。当制作大型或复杂模型和工程图时，可能需要增加该文件的大小，以便提供足够的撤销操作容量，文件大小以"MB"为单位输入大小。

9. 标注比例

可以通过设置"标注比例"选项的值来设置图形窗口中非模型元素（例如，尺寸文本、尺寸上的箭头、自由度符号等）的大小，可将比例从 0.2 调整为 5.0，默认值为 1.0。

10. 选择

设置对象选择条件。选中"启用优化选择"复选框后，"选择其他"算法最初仅对最靠近屏幕的对象划分等级。

1.3.3 用户界面颜色设置

单击"工具"选项卡"选项"面板上的"应用程序选项"按钮，打开"应用程序选项"对话框，在对话框中选择"颜色"选项卡，如图 1-14 所示。下面介绍系统环境的用户界面颜色设置。

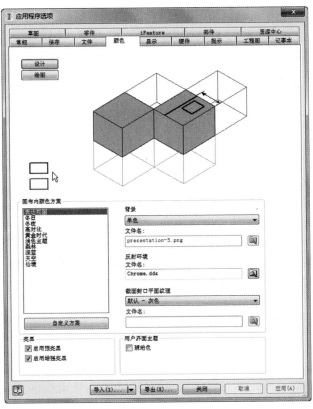

图 1-14 "颜色"选项卡

1．设计

单击此按钮，设置零部件设计环境下的背景色。

2．绘图

单击此按钮，设置工程图环境下的背景色。

3．画布内颜色方案

Inventor 提供了 10 种配色方案，当选择某一种方案的时候，对话框上方的预览窗口会显示该方案的预览图。

4．背景

1）"背景"下拉列表：选择每一种方案的背景色是单色还是梯度图像，或以图像作为背景。如果选择单色则将纯色应用于背景，选择梯度则将饱和度梯度应用于背景颜色，选择背景图像的话则在图形窗口背景中显示位图。

2）文件名：用来选择存储在硬盘或网络上作为背景图像的图片文件。为避免图像失真，图像应具有与图形窗口相同的大小（比例以及宽高比）。如果与图形窗口大小不匹配，图像将被拉伸或裁剪。

5．反射环境

指定反射贴图的图像和图形类型。

文件名：单击"浏览"按钮 ▣，在打开的对话框中浏览找到相应的图像。

6．截面封口平面纹理

控制在使用"剖视图"命令时，所用封口面的颜色或纹理图形。

1）默认颜色-灰色：默认模型面的颜色。

2）位图图像：选择该选项可将选定的图像用作剖视图的剖面纹理。单击"浏览"按钮 ▣，在打开的对话框中浏览找到相应的图像。

7．亮显

设定对象选择行为。

1）启用预亮显：选中此复选框，当光标在对象上移动时，将显示预亮显。

2）启用增强亮显：允许预亮显或亮显的子部件透过其他零部件显示。

8．用户界面主题

控制功能区中应用程序框和图标按钮的颜色。

琥珀色：选中该选项可使用旧版图标按钮颜色，但必须重启 Inventor 才能更新浏览器图标按钮。

● 应用程序框：控制应用程序框的颜色。应用程序框为环绕功能区的区域。

● 图标按钮：控制功能区中的图标按钮颜色主题是深蓝色或是琥珀色，默认是深蓝色。

1.3.4 显示设置

单击"工具"选项卡"选项"面板上的"应用程序选项"按钮 ▣，打开"应用程序选项"对话框，在对话框中选择"显示"选项卡，如图 1-15 所示。本节介绍模型的线框显示方式，渲染显示方式以及显示质量的设置。

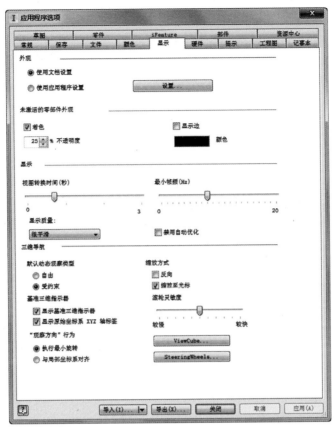

图 1-15 "显示"选项卡

1．外观

1）使用文档设置：选择此选项，指定当打开文档或文档上的其他窗口（又称视图）时使用文档显示设置。

2）使用应用程序设置：选择此选项，指定当打开文档或文档上的其他窗口（又称视图）时使用应用程序选项显示设置。

2．未激活的零部件外观

可适用于所有未激活的零部件，无论零部件是否已启用，这样的零部件又称后台零部件。

1）着色：选中此复选框，指定未激活的零部件面显示为着色。

2）不透明度：若选择"着色"选项，可以设定着色的不透明度。

3）显示边：设定未激活的零部件的边显示。选中该选项后，未激活的模型将基于模型边的应用程序或文档外观设置显示边。

3．显示质量

在此下拉列表中设置模型显示分辨率。

4．显示基准三维指示器

在三维视图中，图形窗口的左下角显示 XYZ 轴指示器。选中该复选框可显示轴指示器，取消选择该复选框可关闭此项功能。红箭头表示 X 轴，绿箭头表示 Y 轴，蓝箭头表示 Z 轴。在部件中，指示器显示顶级部件的方向，而不是正在编辑的零部件的方向。

5．显示原始坐标系 *XYZ* 轴标签

用于关闭和开启各个三维轴指示器方向箭头上 *XYZ* 标签的显示，默认为勾选状态，且勾选"显示基准三维指示器"复选框时可用。注意在"编辑坐标系"命令的草图网格中心显示的 *XYZ* 指示器中，该复选框始终为勾选状态。

6．"观察方向"行为

1）执行最小旋转：旋转最小角度，以使草图与屏幕平行，且草图坐标系的 *X* 轴保持水平或垂直。

2）与局部坐标系对齐：将草图坐标系的 *X* 轴调整为水平方向且正向朝右，将 *Y* 轴调整为垂直方向且正向朝上。

7．缩放方式

选中或取消选择"缩放方式"下的复选框可以更改缩放方向（相对于鼠标移动）或缩放中心（相对于光标或屏幕）。

1）反向：控制缩放方向，当选中该选项时向上滚动滚轮可放大图形，取消选中该选项时向上滚动滚轮则缩小图形。

2）缩放至光标：控制图形缩放方向是相对于光标还是显示屏中心。

3）滚轮灵敏度：控制滚轮滚动时图形放大或缩小的速度。

第 2 章

辅助工具

知识导引

本章学习 Inventor 2020 的一些辅助工具，包括定位特征、模型的显示、零件的特性。

学习目标

- 熟悉工作点、工作轴和工作平面的各种创建方式。
- 学会定位特征的显示和编辑。
- 熟悉模型的显示效果，如线框、阴影、着色等。
- 学会查看和编辑质量、重心等零件特性。

2.1 定位特征

在 Inventor 中，定位特征是指可作为参考特征投影到草图中并用来构建新特征的平面、轴或点。定位特征的作用是在几何图元不足以创建和定位新特征时，为特征创建提供必要的约束，以便完成特征的创建。定位特征抽象地构造几何图元，本身是不可用来进行造型的。

一般情况下，零件环境和部件环境中的定位特征是相同的，但以下情况除外：

1）中点在部件中时不可选择点。

2）三维移动/旋转工具在部件文件中不可用于工作点上。

3）内嵌定位特征在部件中不可用。

4）不能使用投影几何图元，因为控制定位特征位置的装配约束不可用。

5）零件定位特征依赖于用来创建它们的特征。

6）在浏览器中，这些特征被嵌套在关联特征下面。

7）部件定位特征从属于创建它们时所用部件中的零部件。

8）在浏览器中，部件定位特征被列在装配层次的底部。

9）当用另一个部件来定位定位特征，以便创建零件时，自动创建装配约束。设置在需要选择装配定位特征时选择特征的选择优先级。

对上文提到内嵌定位特征，略作解释。在零件中使用定位特征工具时，如果某一点、线或平面是所希望的输入，可创建内嵌定位特征。内嵌定位特征用于帮助创建其他定位特征。在浏览器中，它们显示为父定位特征的子定位特征。例如，用户可在两个工作点之间创建工作轴，而在启动"工作轴"命令前这两个点并不存在。当"工作轴"命令激活时，可动态创建工作点。定位特征包括工作平面、工作轴和工作点，下面分别讲述。

2.1.1 工作点

工作点是参数化的构造点，可放置在零件几何图元、构造几何图元或三维空间中的任意位置。工作点的作用是用来标记轴和阵列中心、定义坐标系、定义平面（三点）和定义三维路径。工作点在零件环境和部件环境中都可使用。

单击"三维模型"选项卡"定位特征"面板上的"工作点"按钮◆点后边的黑色三角▾，弹出如图 2-1 所示的创建工作点的方式菜单。下面介绍各种创建工作点的方式。

- ◆点：选择合适的模型顶点、边和轴的交点、三个非平行面或平面的交点来创建工作点。
- ◆固定点：单击某个工作点、中点或顶点创建固定点。例如，在视图中选择图 2-2 所示的边线中点，弹出小工具栏，可以在文本框中重新定义点的位置，单击"确定"按钮，在浏览器中显示图钉图标，如图 2-3 所示。
- ▣在顶点、草图点或中点上：选择二维或三维草图点、顶点、线或线性边的端点或中点创建工作点。图 2-4 所示是在模型顶点上创建工作点。

图 2-1 创建工作点方式

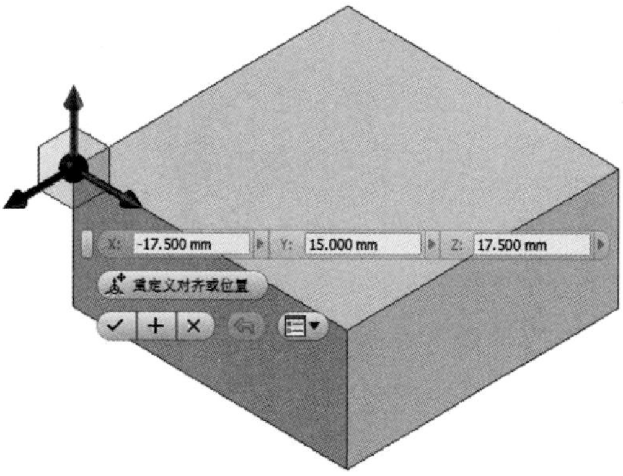

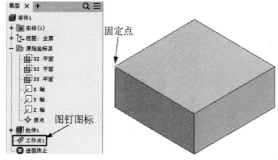

图 2-2 定位工作点

图 2-3 创建固定点

图 2-4 在顶点处创建工作点

- 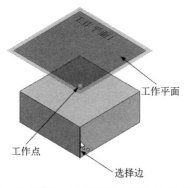 三个平面的交集：选择三个工作平面或平面，在交集处创建工作点。
- 两条线的交集：在两条线相交处创建工作点。这两条线可以是线性边、二维或三维草图线或工作轴的组合。
- 平面/曲面和线的交集：选择平面（或工作平面）和工作轴（或直线）。或者，选择曲面和草图线、直边或工作轴，在交集处创建工作点。图 2-5 所示是在一条边与工作平面的交集处创建工作点。
- 边回路的中心点：选择封闭回路的一条边，在中心处创建工作点，如图 2-6 所示。

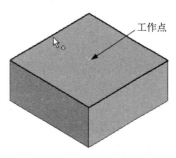

图 2-5 在直线与工作平面的交集处创建工作点

图 2-6 回路中心创建工作点

- 圆环体的圆心：选择圆环体，在圆环体的圆心处创建工作点。
- 球体的球心：选择球体，在球体的球心处创建工作点。

2.1.2　工作轴

工作轴是参数化附着在零件上的无限长的构造线。在三维零件设计中，工作轴常用来辅助创建工作平面，辅助草图中的几何图元的定位，创建特征和部件时用来标记对称的直线、中心线或两个旋转特征轴之间的距离，作为零部件装配的基准，创建三维扫掠时作为扫掠路径的参考等。

单击"三维模型"选项卡"定位特征"面板上的"工作轴"按钮 轴，弹出创建工作轴的方式菜单。下面介绍各种创建工作轴的方式。

- 在线或边上：选择一条线性边、草图直线或三维草图直线，沿所选的几何图元创建工作轴。
- 通过两点：选择两个有效点创建通过工作轴。
- 两个平面的交集：选择两个非平行平面，在其相交位置创建工作轴。
- 垂直于平面且通过点：选择一个工作点和一个平面（或面），创建与平面（或面）垂直并通过该工作点的工作轴。
- 通过圆形或椭圆形边的中心：选择圆形或椭圆形边，也可以选择圆角边，创建与圆形、椭圆形或圆角的轴重合的工作轴。
- 通过旋转面或特征：选择一个旋转特征如圆柱体，沿其旋转轴创建工作轴。

2.1.3　工作平面

在零件中，工作平面是一个无限大的构造平面，该平面被参数化附着于某个特征；在部件中，工作平面与现有的零部件互相约束。工作平面的作用很多，可用来构造轴、草图平面或中止平面、作为尺寸定位的基准面、作为另外工作平面的参考面、作为零件分割的分割面以及作为定位剖视观察位置或剖切平面等。

单击"三维模型"选项卡"定位特征"面板上的"工作平面"按钮 ，弹出创建工作平面的方式菜单。下面介绍各种创建工作平面的方式。

- 从平面偏移：选择一个平面，创建与此平面平行同时偏移一定距离的工作平面。
- 平行于平面且通过点：选择一个点和一个平面，创建过该点且与平面平行的工作平面。
- 两个平面之间的中间面：在视图中选择两个平行平面或工作面，创建一个采用第一个选定平面的坐标系方向并具有与第二个选定平面相同的外法向的工作平面。
- 圆环体的中间面：选择一个圆环体，创建一个通过圆环体中心或中间面的工作平面。
- 平面绕边旋转的角度：选择一个平面和平行于该平面的一条边，创建一个与该平面成一定角度的工作平面。
- 三点：选择不共线的三点，创建一个通过这三个点的工作平面。
- 两条共面边：选择两条平行的边，创建过两条边的工作平面。
- 与曲面相切且通过边：选择一个圆柱面和一条边，创建一个过这条边并且和圆柱面相切的工作平面。
- 与曲面相切且通过点：选择一个圆柱面和一个点，可创建在该点处与圆柱面相切的工作平面。

- 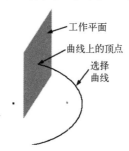与曲面相切且平行于平面：选择一个曲面和一个平面，创建一个与曲面相切并且与平面平行的曲面。
- 与轴垂直且通过点：选择一个点和一条轴，创建一个过点并且与轴垂直的工作平面。
- 在指定点处与曲线垂直：选择一条非线性边或草图曲线（圆弧、圆、椭圆或样条曲线）和曲线上的顶点、边的中点、草图点或工作点创建平面，如图 2-7 所示。

在零件或部件造型环境中，工作平面表示为透明的平面。工作平面创建以后，在浏览器中可看到相应的符号，如图 2-8 所示。

图 2-7　在指定点处与曲线垂直创建工作平面

图 2-8　浏览器中的工作平面符号

2.1.4　显示与编辑定位特征

定位特征创建以后，在左侧的浏览器中会显示定位特征的符号。在该符号上单击右键，可弹出快捷菜单。定位特征的显示与编辑操作主要通过该菜单中提供的选项进行。下面以工作平面为例，说明如何显示和编辑工作平面。

1. 显示工作平面

当新建了一个定位特征如工作平面后，这个特征是可见的。但是如果在绘图区域内建立了很多工作平面或工作轴等，而使得绘图区域杂乱，或者不想显示这些辅助的定位特征时，可将其隐藏。如果要设置一个工作平面为不可见，只要在浏览器中右键单击该工作平面符号，在右键菜单中取消"可见性"选项的选中状态即可，这时浏览器中的工作平面符号变成灰色的。如果要重新显示该工作平面，选中"可见性"选项即可。

2. 编辑工作平面

如果要改变工作平面的定义尺寸，可在快捷菜单中选择"编辑尺寸"选项，打开"编辑尺寸"对话框，输入新的尺寸数值然后单击 ✓ 按钮即可。

如果现有的工作平面不符合设计的需求，则需要进行重新定义。选择右键菜单中的"重定义特征"选项即可。这时已有的工作平面将会消失，可重新选择几何要素以建立新的工作平面。如果要删除一个工作平面，可选择右键菜单中的"删除"选项，则工作平面即被删除。对于其他的定位特征如工作轴和工作点，显示和编辑操作与对工作平面进行的操作类似。

2.2　模型的显示

模型的图形显示可以视为模型上的一个视图，还可以视为一个场景。视图外观将会根据应用于视图的设置而变化。起作用的元素包括视觉样式、地平面、地面反射、阴影、光源和相机投影。

2.2.1 视觉样式

在 Inventor 中提供了多种视觉样式：着色显示、隐藏边显示和线框显示等。打开功能区中"视图"选项卡，单击"外观"面板中的"视觉样式"下拉按钮，打开"显示样式"菜单，如图 2-9 所示，选择一种视觉样式。

- 真实：显示高质量着色的逼真带纹理模型，如图 2-10 所示。
- 着色：显示平滑着色模型，如图 2-11 所示。

图 2-9　显示模式　　　　　图 2-10　真实　　　　　图 2-11　着色

- 带边着色：显示带可见边的平滑着色模型，如图 2-12 所示。
- 带隐藏边着色：显示带隐藏边的平滑着色模型，如图 2-13 所示。
- 线框：显示用直线和曲线表示边界的对象，如图 2-14 所示。

      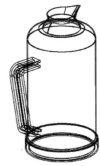

图 2-12　带边着色　　　　图 2-13　带隐藏边着色　　　　图 2-14　线框

- 带隐藏边的线框：显示用线框表示的对象并用虚线表示后向面不可见的边线，如图 2-15 所示。
- 仅带可见边的线框：显示用线框表示的对象并隐藏表示后向面的直线，如图 2-16 所示。
- 灰度：使用简化的单色着色模式产生灰色效果，如图 2-17 所示。

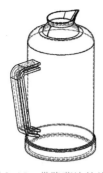
图 2-15　带隐藏边的线框

图 2-16　仅带可见边的线框

图 2-17　灰度

- 水彩色：手绘水彩色的外观显示模式，如图 2-18 所示。
- 草图插图：手绘外观显示模式，如图 2-19 所示。
- 技术插图：着色工程图外观显示模式，如图 2-20 所示。

图 2-18　水彩色

图 2-19　草图插图

图 2-20　技术插图

2.2.2　观察模式

1. 平行模式

在平行模式下，模型以所有的点都沿着平行线投影到它们所在的屏幕上的位置来显示，也就是所有等长平行边以等长度显示。在此模式下三维模型平行显示如图 2-21 所示。

2. 透视模式

在透视模式下，三维模型的显示类似于现实世界中观察到的实体形状。模型中的点线面以三点透视的方式显示，这也是人眼感知真实对象的方式，如图 2-22 所示。

图 2-21　平行模式

图 2-22　透视模式

2.2.3 阴影模式

阴影模式增强了零部件的立体感，使得零部件看起来更加真实，同时阴影模式还显示出光源的设置效果。

单击"视图"选项卡"外观"面板中的"阴影"下拉按钮，打开"阴影模式"菜单，如图 2-23 所示。

- 地面阴影：将模型阴影投射到地平面上。该效果不需要让地平面可见，如图 2-24 所示。

图 2-23 "阴影模式"菜单 　　　　　　　图 2-24　地面阴影

- 对象阴影：有时称为"自己阴影"，根据激活的光源样式的位置投射和接收模型阴影，如图 2-25 所示。
- 环境光阴影：在拐角处和腔穴中投射阴影以在视觉上增强形状变化过渡，如图 2-26 所示。
- 所有阴影：地面阴影、对象阴影和环境光阴影可以一起应用，以增强模型视觉效果，如图 2-27 所示。

图 2-25　对象阴影 　　　　　图 2-26　环境光阴影 　　　　　图 2-27　所有阴影

2.3　零件的特性

Inventor 允许用户为模型文件指定特性，如物理特性，这样可以方便在后期对模型进行工程分析、计算以及仿真等。

获得模型特性可通过选择主菜单中的"iProperty"选项来实现，也可在浏览器上选择文件图标，单击鼠标右键，在弹出的快捷菜单中选择"特性"选项即可。图 2-28 所示是暖瓶模型，图 2-54 所示是它的"特性"对话框中的物理特性。

物理特性在工程中是最重要的，从图 2-29 所示可看出 Inventor 已经分析出了模型的质

量、体积、重心以及惯性信息等。在计算惯性时，除了可计算模型的主轴惯性矩外，还可计
算出模型相对于 *XYZ* 轴的惯性特性。

图 2-28　暖瓶模型

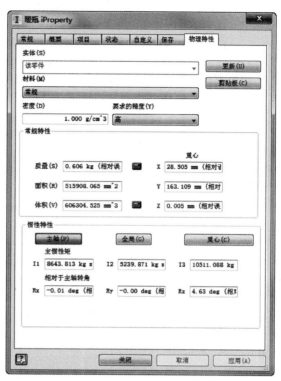

图 2-29　暖瓶的物理特性

除了物理特性以外，"特性"对话框中还包括模型的概要、项目、状态等信息，可根据自
己的实际情况填写，方便以后查询和管理。

第 3 章

绘制草图

第 **3** 章

知识导引

　　通常情况下，用户的三维设计应该从草图（Sketch）绘制开始。在 Inventor 的草图功能中，用户可以建立各种基本曲线，对曲线建立几何约束和尺寸约束，然后对二维草图进行拉伸、旋转等操作，创建与草图关联的实体模型。

　　当用户需要对三维实体的轮廓图像进行参数化控制时，一般需要用草图创建。在修改草图时，与草图关联的实体模型也会自动更新。

学习目标

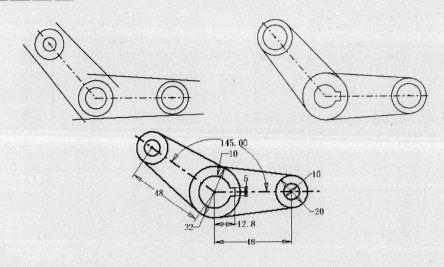

3.1 草图特征

草图是三维造型的基础，是创建零件的第一步。创建草图时所处的工作环境就是草图环境，草图环境是专门用来创建草图几何图元的。虽然设计零件的几何形状各不相同，但是用来创建零件的草图几何图元的草图环境都是相同的。

1. 简单的草图特征

草图特征是一种三维特征，它是在二维草图的基础上建立的，用 Autodesk Inventor 的草图特征可以表现出大多数基本的设计意图。当创建一个草图特征时，必须首先创建一个三维的草图或者创建一个截面轮廓。而所绘制的轮廓通常是三维特征的二维截面形状，对于大多数复杂的草图特征，截面轮廓可以创建在一张草图上。

用户可以以不同的三维模型轮廓创建零件的多个草图，然后在这些草图之上创建草图特征。所创建的第一个草图特征被称为基础特征，当创建好基础特征之后，就可以在此三维模型的基础上添加草图特征或者添加放置特征。

2. 退化和未退化的草图

当创建一个零件时，第一个草图是自动创建的，在大多数情况下会使用默认的草图作为三维模型的基础视图。在草图创建好之后，就可以创建草图特征，如用拉伸或旋转来创建三维模型最初的特征。对于三维特征来说，在创建三维草图特征的同时，草图本身也就变成了退化草图，如图 3-1 所示。除此之外，草图还可以通过"共享草图"命令重新定义成未退化的草图，在更多的草图特征中使用。

在草图退化后，仍可以进入草图编辑状态，如图 3-2 所示。在浏览器中用右键单击草图进入编辑状态。

图 3-1 草图

图 3-2 "草图"快捷菜单

草图右键菜单中的命令如下。

● 编辑草图：可以激活草图环境进行编辑，草图上的一些改变可以直接反映在三维模型中。

- 特性：可以对几何图元特性如线颜色、线型、线宽等进行设置。
- 重定义：可以确保用户能重新选择创建草图的面，草图上的一些改变可以直接反映在三维模型中。
- 共享草图：使用共享草图可以重复使用该草图添加一些其他的草图特征。
- 编辑坐标系：激活草图可以编辑坐标系，例如，可以改变 X 轴和 Y 轴的方向，或者重新定义草图方向。
- 创建注释：使用工程师记事本给草图增加注释。
- 可见性：当一个草图通过特征成为退化草图后，它将会自动关闭。通过该选项可以设置草图可见性以使其处于打开或关闭状态。

3. 草图和轮廓

在创建草图轮廓时，要尽可能创建包含多个轮廓的几何草图。草图轮廓有两种类型：开放的和封闭的。封闭的轮廓多用于创建三维几何模型，开放的轮廓用于创建路径和曲面。草图轮廓也可以通过投影模型几何图元的方式来创建。

在创建许多复杂的草图轮廓时，必须以封闭的轮廓来创建草图。在这种情况下，往往是一个草图中包含着多个封闭的轮廓。在一些情况下，封闭的轮廓将会与其他轮廓相交。在用这种类型的草图来创建草图特征时，可以使所创建的特征包含一个封闭或多个封闭的轮廓。注意选择要包含在草图特征中的轮廓。

4. 共享草图的特征

可以用共享草图的方式重复使用一个已存在的退化的草图。共享草图后，为了重复添加草图特征仍需将草图可见。

通常，一个共享草图可以创建多个草图特征。当共享草图后，它的几何轮廓就可以无限地添加草图特征。

3.2　草图环境

本节讲解如何新建草图环境及定制草图工作区环境。草图环境是三维模型制作的主要工作区域之一。

3.2.1　新建草图环境

新建草图的方法有三种：在原始坐标系平面上创建、在已有特征平面上创建、在工作平面上创建。这三种方法都有一个共同特点，就是新建草图必须依附一个平面创建。

1. 在原始坐标系平面上创建草图

如果需要在原始坐标系平面上创建草图，工作环境必须处在零件造型环境。

方法 1：

1）使工作环境处在零件造型环境，在"浏览器"对话框中找到"原始坐标系"图标。

2）单击"原始坐标系"图标前面的"＞"图标，打开如图 3-3 所示的"原始坐标系"列表。

3）在列表中找到新建草图所需要依附的平面，在其图标上单击鼠标右键，在弹出的快捷菜单中选择"新建草图"命令，即可创建一个新的草图环境，如图 3-4 所示。

方法 2：

1）使工作环境处在零件造型环境，在绘图区的空白处单击鼠标右键。

2）在弹出的快捷菜单中选择"新建草图"命令，右键菜单如图 3-5 所示。

图 3-3 "原始坐标系"列表　　　图 3-4 右键菜单 1　　　图 3-5 右键菜单 2

3）在"浏览器"对话框中找到"原始坐标系"图标，单击"原始坐标系"图标前面的"❯"图标。

4）在打开的"原始坐标系"列表中选中新建草图所需要依附的平面（如 X-Z 平面），即可创建一个新的草图环境。

2. 在已有特征平面上创建草图

如果需要在已有特征平面上创建草图，工作环境必须处在零件造型环境且有模型存在。

方法 1：

1）使工作环境处在零件造型环境，在现有模型上找到新建草图所需要依附的平面。

2）单击模型上的平面使其亮显，如图 3-6 所示。

3）在所选平面范围内单击鼠标右键，在弹出的快捷菜单中选择"新建草图"命令，即可创建一个新的草图环境。

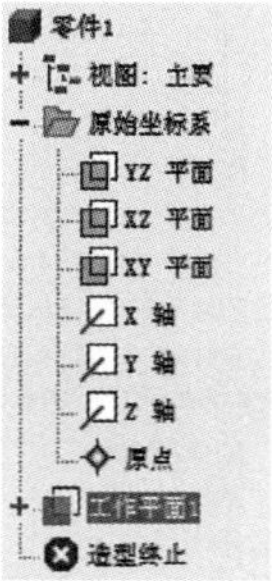

方法 2：

1）使工作环境处在零件造型环境，在绘图区的空白处单击鼠标右键。

2）在弹出的快捷菜单中选择"新建草图"命令。

图 3-6 选择平面

3）在现有模型上找到并单击新建草图所需要依附的平面，即创建一个新的草图环境。

3. 在工作平面上创建草图

如果需要在工作平面上创建草图，前提条件是需要创建一个新的工作平面作为新建草图所需要依附的平面。创建工作平面的方法，在后续的章节中会详细介绍。

方法 1：

1）使工作环境处在零件造型环境，在模型中找到新建草图所需要依附的工作平面。

2）单击模型中的工作平面使其亮显，如图 3-6 所示。

3）在所选工作平面范围内单击鼠标右键，在弹出的快捷菜单中选择"新建草图"命令，即可创建一个新的草图环境。

方法 2：

1）使工作环境处在零件造型环境，在绘图区的空白处单击鼠标右键。

2）在弹出的快捷菜单中选择"新建草图"命令。

3）在现有模型中找到并单击新建草图所需要依附的工作平面，即可创建一个新的草图环境。

3.2.2　定制草图工作区环境

本节主要介绍草图环境设置选项，用户可以根据自己的习惯定制自己需要的草图工作环境。

单击"工具"选项卡"选项"面板上的"应用程序选项"按钮，打开"应用程序选项"对话框，在对话框中选择"草图"选项卡，如图 3-7 所示。

"应用程序选项"对话框中选择"草图"选项卡中的选项说明如下。

1. 约束设置

单击"设置"按钮，打开如图 3-8 所示的"约束设置"对话框，可以控制草图约束和尺寸标注的显示、创建、推断、放宽模式和过约束设置。

图 3-7　"草图"选项卡

图 3-8　"约束设置"对话框

2．样条曲线拟合方式

设定点之间的样条曲线过渡，确定样条曲线识别的初始类型。

- 标准：设定该拟合方式可创建点之间平滑连续的样条曲线，适用于 A 类曲面。
- AutoCAD：设定该拟合方式以使用 AutoCAD 拟合方式来创建样条曲线，不适用于 A 类曲面。
- 最小能量-默认张力：设定该拟合方式可创建平滑连续且曲率分布良好的样条曲线，适用于 A 类曲面。

3．显示

设置绘制草图时显示的坐标系和网格的元素。

- 网格线：设置草图中网格线的显示。
- 辅网格线：设置草图中次要的或辅助网格线的显示。
- 轴：设置草图平面轴的显示。
- 坐标系指示器：设置草图平面坐标系的显示。

4．捕捉到网格

可通过设置"捕捉到网格"选项来设置草图任务中的捕捉状态，选中该复选框可打开网格捕捉。

5．在创建曲线过程中自动投影边

启用选择功能，并通过"擦洗"线操作将现有几何图元投影到当前的草图平面上，此直线作为参考几何图元投影。选中该复选框可使用自动投影，取消选中该复选框则抑制自动投影。

6．自动投影边以创建和编辑草图

当创建或编辑草图时，将所选面的边自动投影到草图平面上作为参考几何图元。选中该复选框可为新的和编辑过的草图，创建参考几何图元，取消选中该复选框则抑制创建参考几何图元。

7．创建和编辑草图时，将观察方向固定为草图平面

选中此复选框，指定重新定位图形窗口，以使草图平面与新建草图的视图平行。取消选中此复选框，在选定的草图平面上创建一个草图，而不考虑视图的方向。

8．新建草图后，自动投影零件原点

选中此复选框，指定新建的草图上投影的零件原点的配置。取消此复选框的选择，则需手动投影原点。

9．点对齐

选中此复选框，类推新创建几何图元的端点和现有几何图元的端点之间的对齐。将显示临时的点、线以指定类推的对齐。取消此复选框的选择，相对于特定点的类推对齐在草图命令中可通过将光标置于点上临时调用。

10．默认情况下在插入图像过程中启用"链接"选项

在"插入图像"对话框中将默认设置设为启用或禁用"链接"复选框。"链接"选项允许将对图像进行的更改更新到 Inventor 中。

11．新建三维直线时自动折弯

该选项用于设置在绘制三维直线时，是否自动放置相切的拐角过渡。选中该复选框可自动放置拐角过渡，取消选中该复选框则抑制自动创建拐角过渡。

📁 技巧：

所有草图几何图元均在草图环境中创建和编辑。对草图图元的所有操作，都在草图环境中处于几何状态时进行。选择草图命令后，可以指定平面、工作平面或草图曲线作为草图平面。从以前创建的草图中选择曲线将重新打开草图，即可添加、修改或删除几何图元。

3.3 草图绘制工具

本节主要讲述如何利用 Inventor 提供的草图工具正确、快速地绘制基本的几何元素。工欲善其事，必先利其器，熟练地掌握草图基本工具的使用方法和技巧，是绘制草图前的必修课程。

3.3.1 绘制点

创建草图点或中心点的操作步骤如下。

1）单击"草图"选项卡"创建"面板上的"点"按钮 ╫，然后在绘图区域内任意处单击，即可出现一个点。

2）如果要继续绘制点，可在要创建点的位置再次单击，若要结束绘制可单击右键，在弹出的快捷菜单中选择"确定"选项。

3.3.2 直线

直线分为三种类型：水平直线、竖直直线和任意角度直线。在绘制过程中，不同类型的直线其显示方式不同。

- 水平直线：在绘制直线过程中，光标附近会出现水平直线图标符号 ⼀，如图 3-9a 所示。
- 竖直直线：在绘制直线过程中，光标附近会出现竖直直线图标符号 ⼀，如图 3-9b 所示。
- 任意角度直线：绘制的直线如图 3-9c 所示。

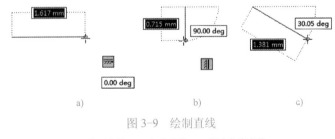

图 3-9　绘制直线

a) 水平直线　b) 竖直直线　c) 任意角度直线

绘制过程如下。

1）单击"草图"选项卡"创建"面板的"直线"按钮 ╱，开始绘制直线。

2）在绘图区域内某一位置单击，然后到另外一个位置单击，在两次单击点的位置之间会出现一条直线，单击鼠标右键并在弹出的快捷菜单中选择"确定"选项或按下〈Esc〉键，直线绘制完成。

3）也可在快捷菜单中选择"重新启动"选项以接着绘制另外的直线。否则，若一直继续绘制，将绘制出相连的折线。

"直线"命令还可创建与几何图元相切或垂直的圆弧。首先移动鼠标到直线的一个端点，然后按住左键，在要创建圆弧的方向上拖动鼠标，即可创建圆弧。

3.3.3 样条曲线

通过选定的点来创建样条曲线。样条曲线的绘制过程如下。

1）单击"草图"选项卡"创建"面板上的"样条曲线（控制顶点）"按钮，开始绘制样条曲线。

2）在绘图区域单击，确定样条曲线的起点。

3）移动鼠标，在绘图区合适的位置单击鼠标，确定样条曲线上的第二点。

4）重复移动鼠标，确定样条曲线上的其他点。

5）按〈Enter〉键完成样条曲线的绘制。

"样条曲线（插值）"选项的操作方法同"样条曲线（控制顶点）"选项，在这里就不再介绍，读者可以自己绘制。

3.3.4 圆

圆可以通过两种方式来绘制：一种是绘制基于中心的圆；另一种是绘制基于周边切线的圆。

1. 圆心圆

1）执行命令。单击"草图"选项卡"创建"面板上的"圆心圆"按钮，开始绘制圆。

2）绘制圆心。

3）确定圆的半径。移动鼠标拖出一个圆，然后单击鼠标确定圆的半径。

4）确认绘制的圆。单击鼠标，完成圆的绘制。

2. 相切圆

1）执行命令。单击"草图"选项卡"创建"面板的"相切圆"按钮，开始绘制圆。

2）确定第一条相切线。在绘图区域选择一条直线作为第一条相切线。

3）确定第二条相切线。在绘图区域选择一条直线作为第二条相切线。

4）确定第三条相切线。在绘图区域选择一条直线作为第三条相切线，单击鼠标右键进行确认。

5）单击鼠标完成圆的绘制。

3.3.5 椭圆

根据中心点、长轴与短轴创建椭圆。

1）执行命令。单击"草图"选项卡"创建"面板上的"椭圆"按钮，绘制椭圆。

2）绘制椭圆的中心。在绘图区域合适的位置单击鼠标，确定椭圆的中心。

3）确定椭圆的长半轴。移动鼠标，在鼠标附近会显示椭圆的长半轴。在绘图区合适的位置单击鼠标，确定椭圆的长半轴。

4）确定椭圆的短半轴。移动鼠标，在绘图区合适的位置单击鼠标，确定椭圆的短半轴。

5）单击鼠标完成椭圆的绘制。

3.3.6 圆弧

圆弧可以通过三种方式来绘制：第一种是通过三点绘制圆弧；第二种是通过圆心、半径来确定圆弧；第三种是绘制基于相切边的圆弧。前两种较简单，下面只详述相切圆弧的绘制步骤。

1）执行命令。单击"草图"选项卡"创建"面板的"相切圆弧"按钮，绘制圆弧。

2）确定圆弧的起点。在绘图区域中选取曲线，自动捕捉曲线的端点，如图 3-10a 所示。

3）确定圆弧的终点。移动光标在绘图区域合适的位置单击鼠标，确定圆弧的终点，如图 3-10b 所示。

4）确认绘制的圆弧。单击鼠标完成圆弧的绘制，如图 3-10c 所示。

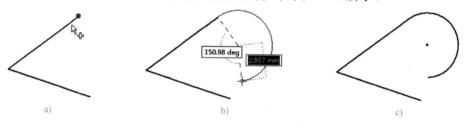

a)   b)   c)

图 3-10 绘制相切圆弧

a) 确定起点 b) 确定终点 c) 完成圆弧绘制

3.3.7 矩形

矩形可以通过四种方式来绘制：一是通过两对角顶点绘制矩形（"两点矩形"按钮）；二是通过三顶点绘制矩形（"三点矩形"按钮）；三是通过中心和一个顶点绘制矩形（"两点中心矩形"按钮）；四是通过三点中心绘制矩形（"三点中心矩形"按钮）。

3.3.8 槽

槽包括五种类型，即"中心到中心槽""整体槽""中心点槽""三点圆弧槽"和"圆心圆弧槽"。

1．创建中心到中心槽

1）执行命令。单击"草图"选项卡"创建"面板的"中心到中心槽"按钮，绘制槽。

2）确定第一个中心点。在图形窗口中单击任意一点，以确定槽的第一个中心。

3）确定第二个中心点。在图形窗口中单击第二点，以确认槽的第二个中心，如图 3-11a 所示。

4）确定宽度。拖动鼠标单击确定槽的宽度，完成槽的绘制，如图 3-11b、c 所示。

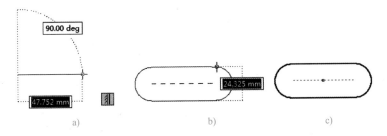

图 3-11 绘制中心到中心槽

a) 确定两个中心点 b) 确定宽度 c) 完成槽

2. 创建整体槽

1）执行命令。单击"草图"选项卡"创建"面板的"整体槽"按钮 ⬭，绘制槽。

2）确定第一点。在图形窗口中单击任意一点，以确定槽的第一中心点。

3）确定长度。拖动鼠标，以确认槽的长度，如图 3-12a 所示。

4）确定宽度。拖动鼠标，以确定槽的宽度如图 3-12b 所示。完成绘制的槽如图 3-12c 所示。

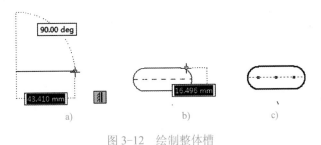

图 3-12 绘制整体槽

a) 确定长 b) 确定宽度 c) 完成槽

3. 创建中心点槽

1）执行命令。单击"草图"选项卡"创建"面板的"中心点槽"按钮 ⬭，绘制槽。

2）确定中心点。在图形窗口中单击任意一点，以确定槽的中心点。

3）确定圆心。在图形窗口中单击第二点，以确定槽圆弧的圆心，如图 3-13a 所示。

4）确定宽度。拖动鼠标，以确定槽的宽度，如图 3-13b 所示。完成槽绘制，如图 3-13c 所示。

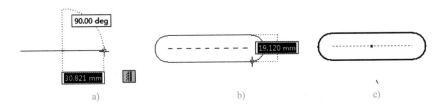

图 3-13 绘制中心点槽

a) 确定中心点和圆心 b) 确定宽度 c) 完成槽

4. 创建三点圆弧槽

1）执行命令。单击"草图"选项卡"创建"面板的"三点圆弧槽"按钮 ⬭，绘制槽。

2）确定圆弧起点。在图形窗口中单击任意一点，以确定槽圆弧的起点，如图 3-14a 所示。

3）确定圆弧终点。在图形窗口中单击任意一点，以确定圆弧槽的终点。

4）确定圆弧大小。在图形窗口中单击任意一点，以确定槽圆弧的大小，如图 3-14b 所示。

5）确定槽宽度。拖动鼠标，以确定槽的宽度，如图 3-14c 所示。完成槽绘制，如图 3-14d 所示。

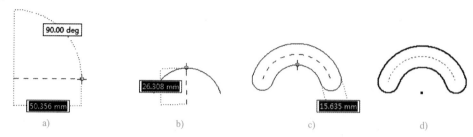

图 3-14　绘制中心点槽

a) 确定起点　b) 确定圆弧大小　c) 确定宽度　d) 完成槽

5. 创建圆心圆弧槽

1）执行命令。单击"草图"选项卡"创建"面板的"圆心圆弧槽"按钮⌔，绘制槽。

2）确定圆弧圆心。在图形窗口中单击任意一点，以确定槽的圆弧圆心，如图 3-15a 所示。

3）确定圆弧起点。在图形窗口中单击任意一点，以确定槽圆弧的起点。

4）确定圆弧终点。拖动鼠标到适当位置，单击确定槽圆弧的终点，如图 3-15b 所示。

5）确定槽的宽度。拖动鼠标，以确定槽的宽度，如图 3-15c 所示。完成槽的绘制，如图 3-15d 所示。

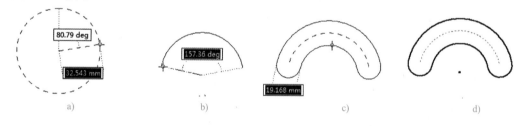

图 3-15　绘制中心点槽

a) 确定圆弧圆心　b) 确定圆弧终点　c) 确定宽度　d) 完成槽

3.3.9　多边形

用户可以通过"多边形"命令创建最多包含 120 条边的多边形，可以通过指定边的数量和创建方法来创建多边形。

1）单击"草图"选项卡"创建"面板上的"多边形"按钮⬠，弹出"多边形"对话框。

2）确定多边形的边数。在"多边形"对话框中，输入多边形的边数。也可以使用默认的边数，在绘制以后再进行修改。

3）确定多边形的中心。在绘图区域单击鼠标，确定多边形的中心。

4）设置多边形参数。在"多边形"对话框中选择是内接圆模式还是外切圆模式。

5）确定多边形的形状。移动鼠标，在合适的位置单击鼠标，确定多边形的形状。

3.3.10　投影

将不在当前草图中的几何图元投影到当前草图以便使用，投影结果与原始图元动态关联。

1. 投影几何图元

可投影其他草图的几何元素、边和回路。

1）打开图形。打开随书网盘"源文件\第 3 章\投影几何图元"文件，如图 3-16a 所示。

2）执行命令。单击"草图"选项卡"创建"面板上的"投影几何图元"按钮 🔲。

3）选择要投影的轮廓。在视图中选择要投影的面或者轮廓线，如图 3-16b 所示。

4）确认投影实体。退出草图绘制状态，图 3-16c 所示为转换实体引用后的图形。

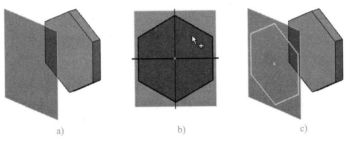

a)　　　　　　　　　b)　　　　　　　　　c)

图 3-16　投影几何图元过程

a) 原始图形　b) 选择面　c) 投影几何图元后的图形

2. 投影剖切边

可以将图 3-16c 中所示投影平面与现有结构的截交线求出来，并投影到当前草图中。

3.3.11　倒角

倒角是指用斜线连接两个不平行的线性对象。

1）执行命令。单击"草图"选项卡"创建"面板上的"倒角"按钮 ⟋，弹出如图 3-17 所示的"二维倒角"对话框。

2）设置"不等边"倒角方式。在"二维倒角"对话框中，按照图 3-18 所示以"不等边"选项设置倒角方式，然后选择图 3-20a 所示的直线 1 和直线 4。

3）设置"距离-角度"倒角方式。在"二维倒角"对话框中，单击"距离-角度"选项，按照图 3-19 所示设置倒角参数，然后选择如图 3-20a 所示的直线 2 和直线 3。

图 3-17　"二维倒角"对话框　　　图 3-18　"不等边"倒角方式　　　图 3-19　"距离-角度"倒角方式

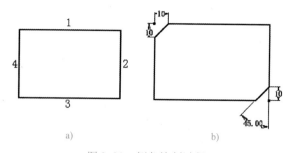

图 3-20　倒角绘制过程

a）绘制前的图形　b）倒角后的图形

4）确认倒角。单击"二维倒角"对话框中的"确定"按钮，完成倒角的绘制。

"二维倒角"对话框选项说明如下。

● █按钮：放置对齐尺寸来指定倒角的大小。

● ▪按钮：单击此按钮，此次操作的所有倒角将被添加"相等"半径的约束，即只有一个驱动尺寸；否则每个圆角有各自的驱动尺寸。

● █等边：通过与点或选中直线的交点相同的偏移距离来定义倒角。

● █不等边：通过每条选中的直线指定到点或交点的距离来定义倒角。

● █距离-角度：由所选的第一条直线的角度和从第二条直线的交点开始的偏移距离来定义倒角。

3.3.12　圆角

圆角是指用指定半径确定的一段平滑圆弧连接两个对象。

1）执行命令。单击"草图"选项卡"创建"面板上的"圆角"按钮 █，弹出如图 3-21 所示的"二维圆角"对话框。

2）设置圆角半径。

3）选择两条绘制圆角的直线或弧线。

4）确认绘制的圆角。

图 3-21　"二维圆角"对话框

3.3.13　实例——槽钢草图

绘制如图 3-22 所示的槽钢草图。

　操作步骤

1）新建文件。运行 Inventor，单击"快速访问"工具栏上的"新建"按钮 █，在打开的"新建文件"对话框中的"Templates"选项卡的零件下拉列表中选择"Standard.ipt"选项，单击"创建"按钮，新建一个零件文件。

2）进入草图环境。单击"三维模型"选项卡"草图"面板上的"开始创建二维草图"按钮 █，选择如图 3-23 所示的基准平面，进入草图环境。

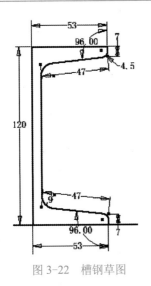

图 3-22　槽钢草图

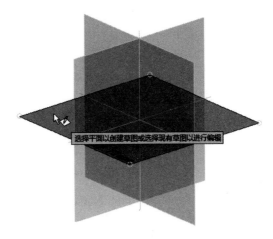

图 3-23　选择基准平面

3）绘制图形。单击"草图"选项卡"绘制"面板上的"直线"按钮 ╱，在视图中指定一点为起点，拖动鼠标输入长度为"120"，角度为"90"，按〈Tab〉键切换输入，如图 3-24 所示；输入长度"53"，角度为"90"；输入长度"7"，角度"90"；输入长度"47"，角度"96"；重复"直线"命令，以第一条竖直直线的下端点为起点，输入长度"53"，角度为"0"；输入长度"7"，角度"90"；输入长度"47"，角度"96"。

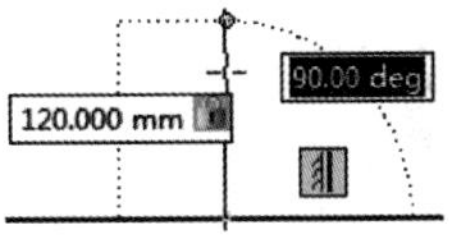

图 3-24　绘制直线

4）圆角。单击"草图"选项卡"绘制"面板上的"圆角"按钮 ，打开"二维圆角"对话框，输入半径为"9"，选择要绘制圆角的直线，单击完成圆角。重复"圆角"命令，绘制所有圆角。

3.3.14　创建文本

向工程图中的激活草图或工程图资源（如标题栏格式、自定义图框或略图符号）中添加文本，所添加的文本既可作为说明性的文字，又可作为创建特征的草图基础。

1. 文本

1）单击"草图"选项卡"创建"面板上的"文本"按钮 A，创建文本。

2）在草图绘图区域内要添加文本的位置单击，弹出"文本格式"对话框，如图 3-25 所示。

3）在该对话框中用户可指定文本的对齐方式、行间距和拉伸的百分比，还可指定字体、字号等。

4）在文本框中输入文本，如图 3-25 所示。

5）单击"确定"按钮完成文本的创建，如图 3-26 所示。

📁 技巧：

如果要编辑已经生成的文本，可在文本上右击，在如图 3-27 所示的快捷菜单中选择"编辑文本"选项，打开"文本格式"对话框，自行修改文本的属性。

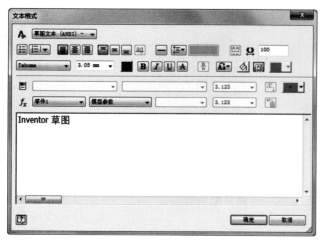

图 3-25 "文本格式"对话框

Inventor草图

图 3-26 文本

2．几何图元文本

1）单击"草图"选项卡"创建"面板上的"几何图元文本"按钮 **A**。

2）在草图绘图区域内单击需要添加文本的曲线，弹出"几何图元文本"对话框，如图 3-28 所示。

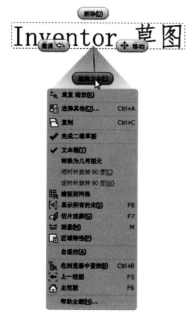

图 3-27 快捷菜单

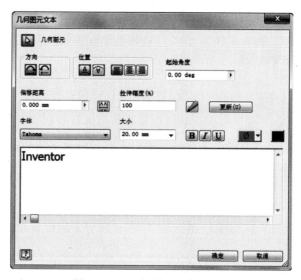

图 3-28 "几何图元文本"对话框

3）在该对话框中用户可指定几何图元文本的方向、偏移距离和拉伸幅度，还可指定字体、字号等。

4）在文本框中输入文本，如图 3-28 所示。

5）单击"确定"按钮完成几何图元文本的创建，如图 3-29所示。

图 3-29 几何图元文本

3.4 草图工具

本节介绍镜像、阵列、偏移、修剪、旋转等草图工具。

3.4.1 镜像

1）执行命令。单击"草图"选项卡"阵列"面板上的"镜像"按钮 ，弹出"镜像"对话框，如图 3-30 所示。

2）选择镜像图元。单击"镜像"对话框中的"选择"按钮，选择要镜像的几何图元，如图 3-31a 所示。

3）选择镜像线。单击"镜像"对话框中的"镜像线"按钮，选择镜像线，如图 3-31b 所示。

4）完成镜像。单击"应用"按钮，镜像草图几何图元即被创建，如图 3-31c 所示。单击"完毕"按钮，退出"镜像"对话框。

图 3-30 "镜像"对话框

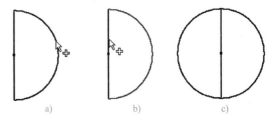

图 3-31 镜像对象的操作过程
a) 选择镜像几何图元 b) 选择镜像线 c) 完成镜像

🔔 注意：

草图几何图元在镜像时，使用镜像线作为其镜像轴，相等约束自动应用到镜像的双方。但在镜像完毕后，用户可删除或编辑某些线段，同时其余的线段仍然保持不变。此时不要给镜像的图元添加对称约束，否则系统会给出约束多余的警告。

3.4.2 阵列

如果要线性阵列或圆周阵列几何图元，就会用到 Inventor 提供的矩形阵列和环形阵列工具。矩形阵列可在两个互相垂直的方向上阵列几何图元；环形阵列则可使某个几何图元沿着圆周阵列。

1. 矩形阵列

1）执行命令。单击"草图"选项卡"阵列"面板上的"矩形阵列"按钮，弹出"矩形阵列"对话框，如图 3-32 所示。

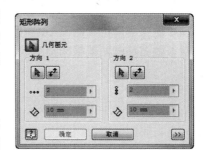

图 3-32 "矩形阵列"对话框

2）选择阵列图元。利用几何图元选择工具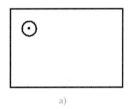选择要阵列的草图几何图元，如图 3-33a 所示。

3）选择阵列方向 1。单击"方向 1"下面的路径选择按钮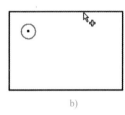，选择几何图元定义阵列的第一个方向，如图 3-33b 所示。如果要选择与选择方向相反的方向，可单击"反向"按钮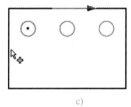。

4）设置参数。在"数量"••• 下拉列表框中，指定阵列中元素的数量，在"间距"◇ 下拉列表框中，指定元素之间的间距。

5）选择阵列方向 2。进行"方向 2"方面的设置，操作与"方向 1"设置相同，如图 3-33c 所示。

6）完成阵列。单击"确定"按钮创建阵列，如图 3-33d 所示。

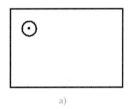

图 3-33　矩形阵列操作过程

a) 选取阵列图元　b) 选取阵列方向 1　c) 选取阵列方向 2　d) 完成矩形阵列

2．环形阵列

1）执行命令。单击"草图"选项卡"阵列"面板上的"环形阵列"按钮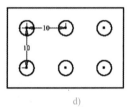，打开"环形阵列"对话框，如图 3-34 所示。

2）选择阵列图元。利用几何图元选择工具选择要阵列的草图几何图元。

3）选择旋转轴。利用旋转轴选择工具（右侧箭头图标），选择旋转轴，如果要选择相反的旋转方向（如顺时针方向变逆时针方向排列）可单击"反向"按钮。

4）设置阵列参数。选择好旋转方向之后，再输入要复制的几何图元的个数••• ，以及旋转的角度◇ 即可。

图 3-34　"环形阵列"对话框

5）单击"确定"按钮完成环形阵列特征的创建。

"环形阵列"对话框选项说明如下。

● 抑制：抑制单个阵列元素，将其从阵列中删除，同时该几何图元将转换为构造几何图元。

● 关联：选中此复选框，阵列成员相互具有关联性，当修改零件时，会自动更新阵列。

● 范围：选中此复选框，则阵列元素均匀分布在指定间距范围内。取消该复选框的选择，阵列位置将取决于两元素之间的间距。

3.4.3　实例——法兰草图

本例绘制法兰草图，如图 3-35 所示。

 操作步骤

1）新建文件。运行 Inventor，选择"快速访问"工具栏，单击"启动"面板上的"新建"

按钮 ，在打开的"新建文件"对话框中的"Templates"选项卡的零件下拉列表中选择"Standard.ipt"选项，单击"创建"按钮，新建一个零件文件。

2）进入草图环境。单击"三维模型"选项卡"草图"面板上的"开始创建二维草图"按钮 ，选择 XY 基准平面，进入草图环境。

3）绘制圆。单击"草图"选项卡"创建"面板上的"圆"按钮 ，分别输入直径为"70""120""150"，绘制如图 3-36 所示的草图。

4）绘制直线。单击"草图"选项卡"创建"面板上的"直线"按钮 ，然后单击"格式"面板中的"中心线"按钮 ，绘制直线，如图 3-37 所示。

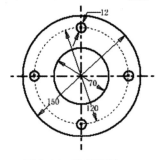

图 3-35　法兰草图　　　　　　　　　图 3-36　绘制圆　　　　　　　　　图 3-37　绘制直线

5）转换为构造线。选择直径为 120 的圆，然后单击"格式"面板中的"构造"按钮 ，将直径为 120 的圆转换为构造线圆，如图 3-38 所示。

6）绘制圆。单击"草图"选项卡"创建"面板上的"圆"按钮 ，以竖直中心线和构造线圆的交点为圆心绘制直径为 12 的圆，如图 3-39 所示。

7）阵列图形。单击"草图"选项卡"阵列"面板中的"环形阵列"按钮 ，选择直径为 12 的圆，选择圆心为阵列轴，输入阵列个数为"4"，取消"关联"复选框的选择，单击"确定"按钮，如图 3-40 所示。最终结果如图 3-35 所示。

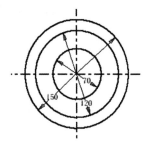

图 3-38　转换为构造线

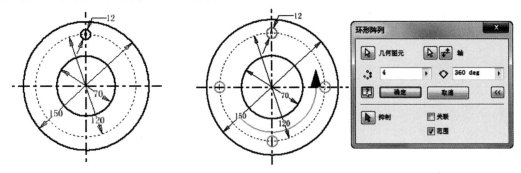

图 3-39　绘制直径 12 的圆　　　　　　　　　　　　图 3-40　阵列圆

3.4.4　偏移

偏移是指复制所选草图几何图元并将其放置在与原图元偏移一定距离的位置。在默认情况下，偏移的几何图元与原几何图元有等距约束。

1）执行命令。单击"草图"选项卡"修改"面板上的"偏移"按钮⊑，创建偏移图元。

2）选择图元。在视图中选择要复制的草图几何图元。

3）在要放置偏移图元的方向上移动光标，此时可预览偏移生成的图元。

4）单击以创建新几何图元。

📁 技巧：

　　如果需要，可使用尺寸标注工具设置指定的偏移距离。在移动鼠标以预览偏移图元的过程中，如果单击右键，可打开关联菜单，如图 3-41 所示。在默认情况下，"回路选择"和"约束偏移量"两个选项是选中的，也就是说软件会自动选择回路（端点连在一起的曲线）并将偏移曲线约束为与原曲线距离相等。

图 3-41　偏移过程中的
关联菜单

　　如果要偏移一个或多个独立曲线，或要忽略等长约束，清除"回路选择"和"约束偏移量"选项上的复选标记即可。

3.4.5　移动

1）执行命令。单击"草图"选项卡"修改"面板上的"移动"按钮✥，打开如图 3-42 所示的"移动"对话框。

2）选择图元。在视图中选择要移动的草图几何图元。

3）设置基准点。选取基准点或选中"精确输入"复选框，输入坐标。

4）在要放置移动图元的方向上移动光标，此时可预览移动生成的图元。动态预览将以虚线显示原始几何图元，以实线显示移动几何图元。

5）单击以创建新几何图元。

复制与移动的操作过程类似，区别在于复制会保留原有的图元（由一个变为两个），而移动仅保留新图元。

图 3-42　"移动"对话框

3.4.6　旋转

1）执行命令。单击"草图"选项卡"修改"面板上的"旋转"按钮↻，打开如图 3-43 所示的"旋转"对话框。

2）选择图元。在视图中选择要旋转的草图几何图元，如图 3-44a 所示。

3）设置中心点。选取中心点或选中"精确输入"复选框，输入坐标，如图 3-44b 所示。

4）在要旋转的图元的方向上移动光标，此时可预览旋转生成的图元，如图 3-44c 所示。动态预览将以虚线显示原始几何图元，以实线显示旋转几何图元。

5）单击以创建新几何图元，如图 3-44d 所示。

图 3-43 "旋转"对话框

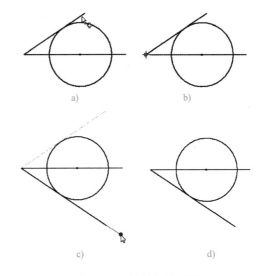

图 3-44 旋转操作过程

a) 选择要旋转的图元 b) 设置中心点 c) 旋转图元 d) 完成旋转

3.4.7 拉伸

1）执行命令。单击"草图"选项卡"修改"面板上的"拉伸"按钮，打开如图 3-45 所示的"拉伸"对话框。

2）选择图元。在视图中选择要拉伸的草图几何图元，如图 3-46a 所示。

3）设置基准点。选取拉伸操作基准点或选中"精确输入"复选框，输入坐标，如图 3-46b 所示。

4）移动光标，此时可预览拉伸生成的图元，如图 3-46c 所示。动态预览将以虚线显示原始几何图元，以实线显示拉伸几何图元。

5）单击以创建新几何图元，如图 3-46d 所示。

图 3-45 "拉伸"对话框

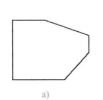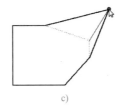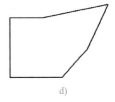

a)   b)   c)   d)

图 3-46 拉伸操作过程

a) 选择要拉伸的图元 b) 设置基准点 c) 拉伸图元 d) 完成拉伸

3.4.8 缩放

"缩放"命令可以统一更改选定二维草图几何图元中的所有尺寸的大小。选定几何图元和未选定几何图元之间共享的约束会影响缩放比例结果。

1）执行命令。单击"草图"选项卡"修改"面板上的"缩放"按钮 □，打开如图 3-47 所示的"缩放"对话框。

2）选择图元。在视图中选择要缩放的草图几何图元，如图 3-48a 所示。

3）设置基准点。选取缩放操作基准点或选中"精确输入"复选框，输入坐标，如图 3-48b 所示。

4）移动光标，此时可预览缩放生成的图元，如图 3-48c 所示。动态预览将以虚线显示原始几何图元，以实线显示缩放几何图元。

5）单击以创建新几何图元，如图 3-48d 所示。

图 3-47　"缩放"对话框

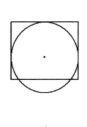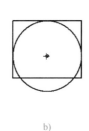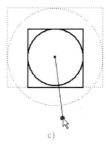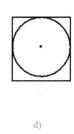

a)　　　　　　b)　　　　　　c)　　　　　　d)

图 3-48　缩放操作过程

a) 选择要缩放的图元　b) 设置基准点　c) 移动光标　d) 完成缩放

3.4.9　延伸

"延伸"命令用来清理草图或闭合处于开放状态的草图。

1）执行命令。单击"草图"选项卡"修改"面板上的"延伸"按钮 →|。

2）选择图元。在视图中选择要延伸的草图几何图元，如图 3-49a 所示。

3）移动光标，此时可预览延伸生成的图元，如图 3-49a 所示。动态预览将以高亮显示原始几何图元，以实线显示延伸几何图元。

4）单击以创建新几何图元，如图 3-49b 所示。

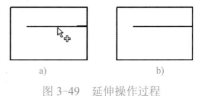

图 3-49　延伸操作过程

a) 选择要延伸的图元　b) 完成延伸

注意：

曲线延伸以后，在延伸曲线和边界曲线端点处创建重合约束。如果曲线的端点具有固定约束，那么该曲线不能延伸。

3.4.10　修剪

"修剪"命令可以将选中曲线修剪到与最近曲线的相交处，该工具可在二维草图、部件和工程图中使用。在一个具有很多相交曲线的二维图环境中，该工具可很好地除去多余的曲线部分，使得图形更加整洁。

1. 修剪单条曲线

1）单击"草图"选项卡"修改"面板上的"修剪"按钮 ✂。

2）在视图中，在曲线上停留光标以预览修剪，如图 3-50a 所示，然后单击曲线完成操作。

3）继续修剪曲线。

4）若要退出修剪曲线操作，按〈Esc〉键，结果如图 3-50b 所示。

2. 框选修剪曲线

1）单击"草图"选项卡"修改"面板上的"修剪"按钮 ✂。

2）在视图中，按住鼠标左键，然后在草图上移动光标。

3）光标接触到的所有直线和曲线将均被修剪，如图 3-51a 所示。

4）若要退出修剪曲线操作，按〈Esc〉键，结果如图 3-51b 所示。

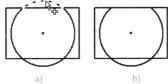

a)　　　　　　b)

图 3-50　修剪操作过程 1

a) 选择要修剪的图元　b) 完成修剪

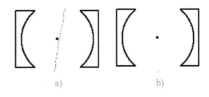

a)　　　　　　b)

图 3-51　修剪操作过程 2

a) 划过曲线　b) 完成修剪

🔔 **注意：**

在曲线中间进行选择会影响离光标最近的端点。存在多个交点时，将选择最近的一个。在修剪操作中，删除掉的是光标下面的部分。

📁 **技巧：**

按〈Shift〉键或右击，可在"修剪"命令和"延伸"命令之间切换。

3.5　草图几何约束

在草图的几何图元绘制完毕以后，往往需要对草图进行约束，如约束两条直线平行或垂直、约束两个圆同心等。

约束的目的就是保持图元之间的某种固定关系，这种关系不受被约束对象的尺寸或位置因素的影响。如在设计开始时要绘制一条直线和一个圆始终相切，如果圆的尺寸或位置在设计过程中发生改变，则这种相切关系将不会自动维持。但是如果给直线和圆添加了相切约束，则无论圆的尺寸和位置怎么改变，这种相切关系都会始终维持下去。

3.5.1　添加草图几何约束

几何约束位于"草图"选项卡"约束"面板上，如图 3-52 所示。

1. 重合约束 ⌐

重合约束可将两点约束在一起或将一个点约束到曲线上。当此约束被应用到两个圆、圆弧或椭圆的中心点时，得到的结果与使用同心约束相同。使用时分别用鼠标选取两个或多个要施加约束的几何图元即可创建重合约束，这里的几何图元要求是两个点或一个点和一条线。

图 3-52 "约束"面板

🔔 注意：

创建重合约束时需要注意以下几点。

1）约束在曲线上的点可能会位于该线段的延伸线上。

2）重合在曲线上的点可沿曲线滑动，因此这个点可位于曲线的任意位置，除非有其他约束或尺寸阻止它移动。

3）当使用重合约束来约束中点时，将创建草图点。

4）如果两个要进行重合限制的几何图元都没有其他位置，则添加约束后二者的位置由第一条曲线的位置决定。

---

2. 共线约束 ✓

共线约束使两条直线或椭圆轴位于同一条直线上。使用该约束工具时分别用鼠标选取两个或多个要施加约束的几何图元即可创建共线约束。如果两个几何图元都没有添加其他位置约束，则由所选的第一个图元的位置来决定另一个图元的位置。

3. 同心约束 ◎

同心约束可将两段圆弧、两个圆或椭圆约束为具有相同的中心点，其结果与在曲线的中心点上应用重合约束是完全相同的。使用该约束工具时分别用鼠标选取两个或多个要施加约束的几何图元即可创建同心约束。需要注意的是，添加约束后的几何图元的位置由所选的第一条曲线来设置中心点，未添加其他约束的曲线被重置为与已约束曲线同心，其结果与应用到中心点的重合约束是相同的。

4. 平行约束 ⫽

平行约束可将两条或多条直线（或椭圆轴）约束为互相平行。使用时分别用鼠标选取两个或多个要施加约束的几何图元即可创建平行约束。

5. 垂直约束 ✕

垂直约束可使所选的直线、曲线或椭圆轴相互垂直。使用时分别用鼠标选取两个要施加约束的几何图元即可创建垂直约束。需要注意的是，要对样条曲线添加垂直约束，约束必须应用于样条曲线和其他曲线的端点处。

6. 水平约束 ⚏

水平约束使直线、椭圆轴或成对的点平行于草图坐标系的 X 轴。添加了该几何约束后，几何图元的两点，如线的端点、中心点、中点或点等被约束到与 X 轴距离相等。使用该约束工具时分别用鼠标选取两个或多个要施加约束的几何图元即可创建水平约束，这里的几何图元是直线、椭圆轴或成对的点。

7. 竖直约束 ⫿

竖直约束可使直线、椭圆轴或成对的点平行于草图坐标系的 Y 轴。添加了该几何约束后，几何图元的两点，如线的端点、中心点、中点或点等被约束到与 Y 轴距离相等。使用该约束工具时分别用鼠标选取两个或多个要施加约束的几何图元即可创建竖直约束，这里的几何图元是直线、椭圆轴或成对的点。

8. 相切约束 🜔

相切约束可将两条曲线约束为彼此相切，即使它们并不相交（在二维草图中）。相切约束通常用于将圆弧约束到直线，也可使用相切约束指定如何约束与其他几何图元相切的样条曲线。在三维草图中，相切约束可应用到三维草图中的与其他几何图元共享端点的三维样条曲线，包括模型边。使用时分别用鼠标选取两个或多个要施加约束的几何图元即可创建相切约束，这里的几何图元是直线和圆弧、直线和样条曲线或圆弧和样条曲线等。

9. 平滑约束 ✍

平滑约束可在样条曲线和其他曲线（如线、圆弧或样条曲线）之间创建曲率连续的曲线。

10. 对称约束 ⟊

对称约束将使所选直线或曲线或圆相对于所选直线对称。应用该约束时，约束到的所选几何图元的线段会重新确定方向和大小。使用该约束工具时依次用鼠标选取两条直线或曲线或圆，然后选择它们的对称轴即可创建对称约束。注意，如果删除对称轴，将随之删除对称约束。

11. 等长约束 =

等长约束将所选的圆弧和圆调整到具有相同半径，或将所选的直线调整到具有相同的长度。使用该约束工具时分别用鼠标选取两个或多个要施加约束的几何图元即可创建等长约束，这里的几何图元是直线、圆弧和圆。

> 💬 注意：
> 需要注意的是，要使几个圆弧或圆具有相同半径或使几条直线具有相同长度，可同时选择这些几何图元，接着单击等长约束工具。

12. 固定约束 🔒

固定约束可将点和曲线固定到相对于草图坐标系的位置。如果移动或转动草图坐标系，固定曲线或点将随之运动。

3.5.2 显示草图几何约束

1. 显示所有几何约束

在给草图添加几何约束以后，默认情况下这些约束是不显示的，但是用户可自行设定是否显示约束。如果要显示全部约束的话，可在草图绘制区域内右击，在弹出的快捷菜单中选择"显示所有约束"选项；相反，如果要隐藏全部约束，在快捷菜单中选择"隐藏所有约束"选项。

2. 显示单个几何约束

单击"草图"选项卡"约束"面板上的"显示约束"按钮 ⬚，在草图绘图区域选择某几何图元，则该几何图元的约束会显示。当鼠标位于某个约束符号的上方时，与该约束有关的几何图元会变为红色，以方便用户观察和选择。在显示约束的小窗口右部有一个"关闭"按钮，单击可关闭该约束显示窗口。另外，还可用鼠标移动约束显示窗口，把它拖放到任何位置。

3.5.3 删除草图几何约束

在约束符号上右击，在快捷菜单中选择"删除"选项，可删除约束。如果多条曲线共享一个点，则每条曲线上都显示一个重合约束。如果在其中一条曲线上删除该约束，此曲线将可被移动。其他曲线仍保持约束状态，除非删除所有重合约束。

草图注意事项：

1）应该尽可能简化草图，复杂的草图会增加控制的难度。

2）重复简单的形状来构建复杂的形体。

3）不需要精确绘图，只需要大致接近。

4）在图形稳定之前，接受默认的尺寸。

5）先用几何约束，然后应用尺寸约束。

3.6 标注尺寸

给草图添加尺寸标注是草图设计过程中非常重要的一步，草图几何图元需要尺寸信息以便保持大小和位置，满足设计意图的需要。一般情况下，Inventor中的所有尺寸都是参数化的。这意味着用户可通过修改尺寸来更改已进行标注的项目大小，也可将尺寸指定为计算尺寸，它反映了项目的大小却不能用来修改项目的大小。向草图几何图元添加参数尺寸的过程也是用来控制草图中对象的大小和位置的约束的过程。在 Inventor 中，如果对尺寸值进行更改，草图也将自动更新，基于该草图的特征也会自动更新，正所谓"牵一发而动全身"。

3.6.1 自动标注尺寸

在 Inventor 中，可利用自动标注尺寸工具自动快速地给图形添加尺寸标注，该工具可计算所有的草图尺寸，然后自动添加。如果单独选择草图几何图元（如直线、圆弧、圆和顶点），系统将自动应用尺寸标注和约束。如果不单独选择草图几何图元，系统将自动对所有未标注尺寸的草图对象进行标注。"自动标注尺寸"命令可以帮助用户通过一个步骤迅速、快捷地完成草图的尺寸标注。

通过自动标注尺寸工具，用户可完全标注和约束整个草图；可识别特定曲线或整个草图，以便进行约束；可仅创建尺寸标注或约束，也可同时创建两者；可使用尺寸工具来提供关键的尺寸，然后使用自动尺寸和约束工具来完成对草图的约束。在复杂的草图中，如果不能确定缺少哪些尺寸，可使用自动尺寸和约束工具来完全约束该草图，用户也可删除自动尺寸标注和约束。

1）单击"草图"选项卡"约束"面板上的"自动尺寸和约束"按钮 ，打开如图 3-53 所示的"自动标注尺寸"对话框。

2）接受默认设置以添加尺寸和约束，或取消复选框的选择以防止应用关联项。

3）在视图中选择单个的几何图元或选择多个几何图元，也可以按住鼠标左键并拖动，将所需的几何图元包含在选择窗口内，单击完成选择。

4）在对话框中单击"应用"按钮向所选的几何图元添加尺寸和约束，如图 3-54 所示。

图 3-53 "自动标注尺寸"对话框

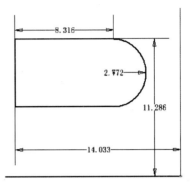

图 3-54 标注尺寸

"自动标注尺寸"对话框中的选项说明如下。

● 尺寸：选中此复选框，对所选的几何图元自动标注尺寸。

● 约束：选中此复选框，对所选的几何图元自动进行约束。

● 所需尺寸：显示要完全约束草图所需的约束和尺寸的数量。如果从方案中删除了约束或尺寸，在显示的总数中也会减去相应的数量。

● 删除：从所选的几何图元中删除尺寸和约束。

3.6.2 手动标注尺寸

虽然自动标注尺寸功能强大，省时省力，但是很多设计人员在实际工作中仍手动标注尺寸。手动标注尺寸的一个优点就是可很好地体现设计思路，设计人员可在标注过程中体现重要的尺寸，以便加工人员更好地掌握设计意图。

1. 线性尺寸标注

线性尺寸标注用来标注线段的长度，或标注两个图元之间的线性距离，如点和直线的距离。

1）单击"草图"选项卡"约束"面板上的"尺寸"按钮，然后选择图元即可。

2）要标注一条线段的长度，单击该线段即可。

3）要标注平行线之间的距离，分别单击两条线即可。

4）要标注点到点或点到线的距离，单击两个点或点与线即可。

5）移动鼠标预览标注尺寸的方向，最后单击以完成标注。图 3-55 所示为线性尺寸标注的几种样式。

2. 圆弧尺寸标注

1）单击"草图"选项卡"约束"面板上的"尺寸"按钮，然后选择要标注的圆或圆弧，这时会出现标注尺寸的预览。

2）如果当前选择标注的尺寸是半径，那么单击右键，在打开的快捷菜单中可看到"半径"选项，选择即可标注半径，如图 3-56 所示。如果当前尺寸标注的是直径，则在打开的快捷菜单中会出现"直径"选项，读者可根据自己的需要灵活地在二者之间切换。

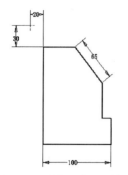

图 3-55　线性尺寸标注样式

图 3-56　圆弧尺寸标注

3）单击左键完成标注。

3.　角度标注

角度标注可标注相交线段形成的夹角，也可标注不共线的三个点之间的角度，还可对圆弧形成的角进行标注，标注的时候只要选择好形成角的元素即可。

1）如果要标注相交直线的夹角，只要依次选择这两条直线即可。

2）如果要标注不共线的三个点之间的角度，依次选择这三个点即可。

3）如果要标注圆弧的角度，只要依次选取圆弧的一个端点、圆心和圆弧的另外一个端点即可。

图 3-57 所示是角度标注范例示意图。

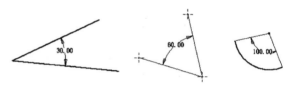

图 3-57　角度标注范例

3.6.3　编辑草图尺寸

用户可在任何时候编辑草图尺寸，不管草图是否已经退化。如果草图未退化，它的尺寸是可见的，可直接编辑；如果草图已经退化，用户可在浏览器中选择该草图并激活草图进行编辑。

1）在草图上右击，在快捷菜单中选择"编辑草图"选项。

2）进入草图绘制环境后，双击要修改的尺寸数值。

3）打开"编辑尺寸"对话框，直接在文本框里输入新的尺寸数据。也可以在文本框中使用计算表达式，常用的是：+、-、*、/、（）等，还可以使用一些函数。

4）在对话框中单击✔按钮接受新的尺寸。

3.6.4　计算尺寸

计算尺寸是草图中可以被引用，但不能修改数据的尺寸，类似于机械设计中的"参考尺寸"，在草图中该尺寸的数据被括号括起。

单击"草图"选项卡"约束"面板中的"尺寸"按钮￼和"格式"面板中的"联动尺寸"按钮￼，可将普通尺寸标注为计算尺寸。

当尺寸标注产生了重复约束时，会出现提示对话框，单击"接受"按钮该尺寸变为计算尺寸，如图 3-58 所示。

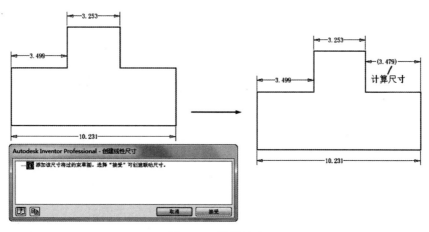

图 3-58　计算尺寸

选择图形中的普通尺寸，单击鼠标右键，在弹出的快捷菜单中选择"联动尺寸"命令，即可将普通尺寸变为计算尺寸。

3.6.5　尺寸的显示设置

在绘图区没有选择任何元素的情况下，右键菜单中的"尺寸显示"选项如图 3-59 所示，在其子菜单中可以选择尺寸显示方式。尺寸的显示方式如图 3-60 所示。

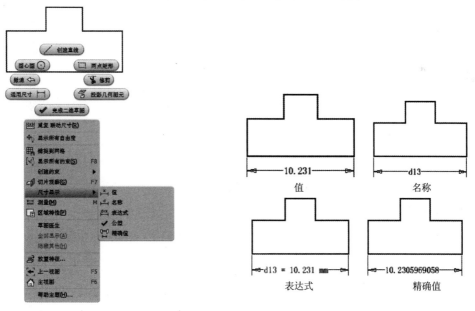

图 3-59　快捷菜单　　　　　　　图 3-60　尺寸显示方式

3.7　草图插入

在 Inventor 中可以导入外部文件供设计者使用，例如，其他 CAD 文件、图片和 Excel 表等。

3.7.1 插入图像

1）单击"草图"选项卡"插入"面板上的"插入图像"按钮，打开"打开"对话框，选择一个图像文件。

2）单击"打开"按钮，将图像文件放置到草图中适当位置单击，完成图像的插入。继续单击放置图像。如果不再继续放置图像，可单击鼠标右键，在弹出的快捷菜单中选择"确定"选项，结束图像的放置。

3）插入后的图像带有边框线，可以通过调整边框线的大小来调整图像文件的位置和大小。

3.7.2 导入点

在二维、三维草图或工程图草图中通过输入按一定格式填写数据的 Excel 文件，可以导入多个点，这些点可以以直线或样条曲线的方式连接。

导入点所选的格式要求如下。

1）点表格必须为文件中的第一个工作表。

2）表格始终从单元 A1 开始。

3）如果第一个单元（A1）包含度量单位，则将其应用于电子表格中的所有点。如果未指定单位，则使用默认的文件单位。

4）必须按照以下顺序定义列：列 A 表示 x 坐标、列 B 表示 y 坐标，列 C 表示 z 坐标。

单元可以包含公式，但是公式必须可计算出数值。点与电子表格的行相对应，第一个导入点与第一行的坐标相对应，以此类推。如果样条曲线或直线自动创建，则它将以第一点开始，并基于其他点的导入顺序穿过这些点。

创建步骤如下。

1）单击"草图"选项卡"插入"面板中的"点"按钮，打开"打开"对话框，选择 Excel 文件。

2）单击"打开"按钮，将根据 Excel 数据创建的点显示到草图中。

3）若在"打开"对话框中单击"选项"按钮，打开如图 3-61 所示的"文件打开选项"对话框，默认选项为"创建点"。如果选择"创建直线"选项，则单击"确定"按钮后将根据坐标自动创建直线，如图 3-62 所示；如果选择"创建样条曲线"选项，则单击"确定"按钮后将根据坐标自动创建样条曲线，如图 3-63 所示。

图 3-61 "文件打开选项"对话框

图 3-62 创建直线

图 3-63 创建样条曲线

3.7.3　插入 AutoCAD 文件

1）单击"草图"选项卡"插入"面板上的"插入 AutoCAD 文件"按钮，打开"打开"对话框，选择.dwg 文件。

2）单击"打开"按钮，打开如图 3-64 所示的"图层和对象导入选项"对话框，选择要导入的图层，也可以全部导入。

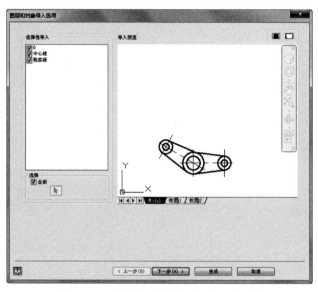

图 3-64　"图层和对象导入选项"对话框

3）单击"下一步"按钮，打开如图 3-65 所示的"导入目标选项"对话框，单击"完成"按钮，将 AutoCAD 图导入到 Inventor 草图中。

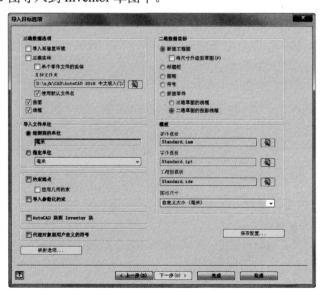

图 3-65　"导入目标选项"对话框

3.8 综合实例——绘制曲柄

本例绘制曲柄草图，如图 3-66 所示。

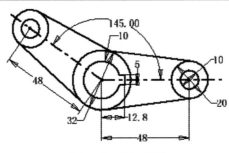

图 3-66　曲柄草图

操作步骤

1）新建文件。运行 Inventor，单击"快速访问"工具栏上的"新建"按钮，在打开的"新建文件"对话框的零件下拉列表中选择"Standard.ipt"选项，单击"创建"按钮，新建一个零件文件。

2）进入草图环境。单击"三维模型"选项卡"草图"面板上的"开始创建二维草图"按钮，在绘图区或浏览器中选择 *XY* 平面作为草图绘制平面（也可以选择其他平面为草图绘制面），进入草图绘制环境。

3）绘制中心线。单击"草图"选项卡"格式"面板上的"中心线"按钮，单击"草图"选项卡中"创建"面板上的"直线"按钮，绘制斜的和水平的中心线，如图 3-67 所示。

4）绘制圆。单击"草图"选项卡"格式"面板上的"中心线"按钮，取消中心线的绘制，然后单击"草图"选项卡中"创建"面板上的"圆心圆"按钮，绘制如图 3-68 所示的草图。

图 3-67　绘制中心线　　　　　　　　　　　　　　　　图 3-68　绘制圆

5）绘制直线 1。单击"草图"选项卡"创建"面板上的"直线"按钮，绘制四条直线，如图 3-69 所示。

6）添加几何约束。单击"草图"选项卡"约束"面板上的"相等约束"按钮，为两端的圆添加相等关系；单击"草图"选项卡中"约束"面板上的"相切约束"按钮，为两条直线与圆添加相切关系，如图 3-70 所示。

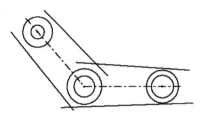

图 3-69　绘制直线 1

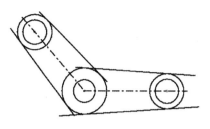

图 3-70　添加相等、相切关系

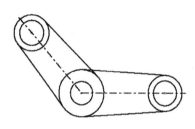

图 3-71　修剪图形 1

7）修剪图形 1。单击"草图"选项卡"修改"面板上的"修剪"按钮✂，修剪多余的线段，如图 3-71 所示。

8）绘制直线 2。单击"草图"选项卡"创建"面板上的"直线"按钮／，绘制直线，如图 3-72 所示。

9）添加几何约束。单击"草图"选项卡"约束"面板上的"对称约束"按钮[]，为第 8）步绘制的两条水平直线和水平中心线添加对称关系。

10）修剪图形 2。单击"草图"选项卡"修改"面板上的"修剪"按钮✂，修剪多余的线段，如图 3-73 所示。

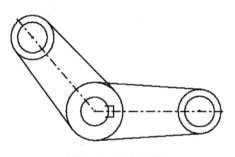

图 3-72　绘制直线 2

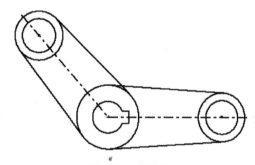

图 3-73　修剪图形 2

11）标注尺寸。单击"草图"选项卡"约束"面板上的"尺寸"按钮⊢，进行尺寸约束，如图 3-74 所示。

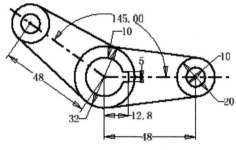

图 3-74　标注尺寸

12）保存文件。单击"快速访问"工具栏上的"保存"按钮💾，打开"另存为"对话框，输入文件名为"曲柄草图.ipt"，单击"保存"按钮即可保存文件。

第 **4** 章

草 图 特 征

知 识 导 引

　　大多数零件都是从绘制草图开始的。草图是创建特征所需的轮廓和任意几何图元的截面轮廓。零件特征取决于草图几何图元，零件的第一个特征通常是一个草图特征。所有的草图几何图元都是在草图环境中使用草图命令创建和编辑的。

　　草图特征包括拉伸、旋转、扫掠、放样等。

学 习 目 标

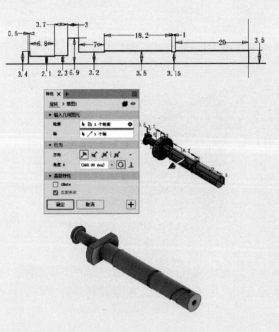

4.1 基本体素

基本体素是从 Inventor 2013 开始新增的功能，本节主要介绍它的操作功能。

4.1.1 长方体

"长方体"命令可自动创建草图并执行拉伸过程创建长方体。创建长方体特征的步骤如下。

1）单击"三维模型"选项卡"基本体素"面板上的"长方体"按钮，选取如图 4-1 所示的平面为草图绘制面。

2）绘制草图，如图 4-2 所示，在"尺寸"文本框中直接输入尺寸或直接单击完成草图，返回到模型环境中。

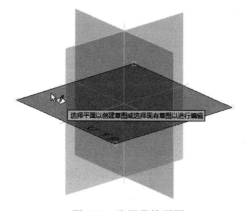

图 4-1 选择草绘平面

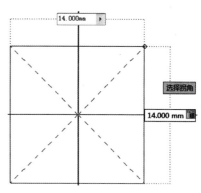

图 4-2 绘制草图

3）在"拉伸"对话框中设置拉伸参数，例如，输入拉伸距离、调整拉伸方向等，如图 4-3 所示。

4）在"拉伸"对话框中单击"确定"按钮，完成长方体特征的创建，如图 4-4 所示。

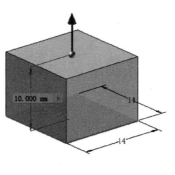

图 4-3 设置拉伸参数

图 4-4 完成长方体创建

4.1.2　圆柱体

创建圆柱体特征的步骤与长方体基本相同。

1）单击"三维模型"选项卡"基本体素"面板上的"圆柱体"按钮 ，选取草图绘制面。

2）绘制草图，直接在"尺寸"文本框中输入直径或单击完成圆的绘制，返回到模型环境中。

3）在"拉伸"对话框中设置拉伸参数，例如，输入拉伸距离、调整拉伸方向等。

4）在"拉伸"对话框中单击"确定"按钮，完成圆柱体特征的创建。

4.2　特征创建

本节主要介绍拉伸、旋转、扫掠、螺旋扫掠等特征的绘制方法。

4.2.1　拉伸

"拉伸"命令可将一个草图中的一个或多个轮廓沿着草图所在面的法向生长出特征实体，沿生长方向，可控制锥角，也可以创建曲面。

创建拉伸特征的步骤如下。

1）单击"三维模型"选项卡"创建"面板上的"拉伸"按钮，打开如图 4-5 所示的"拉伸"对话框。

2）在视图中选取要拉伸的截面，如图 4-6 所示。

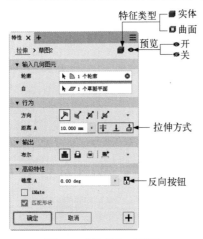

图 4-5　"拉伸"对话框

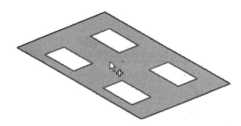

图 4-6　选取拉伸截面

3）在"拉伸"对话框中设置拉伸参数，例如，输入拉伸距离、调整拉伸方向等，如图 4-7 所示。

4）在"拉伸"对话框中单击"确定"按钮，完成拉伸特征的创建，如图 4-8 所示。

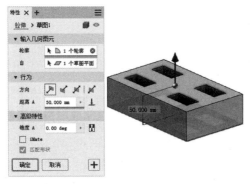

图 4-7　设置拉伸参数　　　　　　　　　图 4-8　完成拉伸特征的创建

📁 技巧：

　　基本体素形状与普通拉伸有何不同之处？

　　如果在"基本体素"面板中指定长方体或圆柱体，则会自动创建草图并执行拉伸过程。用户可以选择草图的起始平面，创建截面轮廓，然后创建实体。基本体素形状创建命令不能创建曲面。

　　"拉伸"对话框的选项说明如下。

　1. 轮廓

　　进行拉伸操作的第一个步骤就是利用"拉伸"对话框上的截面轮廓选择工具选择截面轮廓。在选择截面轮廓时，可以选择多种类型的截面轮廓创建拉伸特征：

　　1）可选择单个截面轮廓，系统会自动选择该截面轮廓。

　　2）可选择多个截面轮廓。

　　3）要取消某个截面轮廓的选择，按下〈Ctrl〉键，然后单击要取消的截面轮廓即可。

　　4）可选择嵌套的截面轮廓，如图 4-9 所示。

　　5）还可选择开放的截面轮廓，该截面轮廓将延伸它的两端直到与下一个平面相交，拉伸操作将填充最接近的面，并填充周围孤岛（如果存在）。这种方式对部件拉伸来说是不可用的，它只能形成拉伸曲面，如图 4-10 所示。

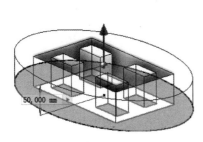

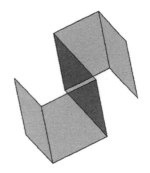

图 4-9　选择嵌套的截面轮廓　　　　　　　图 4-10　拉伸形成曲面

　2. 特征类型

　　拉伸操作提供两种输出方式——实体和曲面。选择"实体"■可将一个封闭的截面形状拉伸成实体，选择"曲面"■可将一个开放的或封闭的曲线拉伸成曲面。

3. 布尔操作

布尔操作提供了三种操作方式，即"求并""求差""求交"。

- 求并■，将拉伸特征产生的体积添加到另一个特征上去，二者合并为一个整体，如图 4-11a 所示。
- 求差■，从另一个特征中去除由拉伸特征产生的体积，如图 4-11b 所示。
- 求交■，将拉伸特征和其他特征的公共体积创建为新特征，未包含在公共体积内的材料被全部去除，如图 4-11c 所示。
- 新建实体■：创建实体。如果拉伸是零件文件中的第一个实体特征，则此选项是默认选项。选择该选项可在包含现有实体的零件文件中创建单独的实体。每个实体均是独立的特征集合，独立于与其他实体而存在。实体可以与其他实体共享特征。

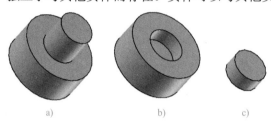

图 4-11　布尔操作

a) 求并　b) 求差　c) 求交

4. 拉伸方式

拉伸方式用来确定轮廓截面拉伸的距离，也就是说要把截面拉伸到什么范围才停止。用户可以用指定的深度进行拉伸，或使拉伸终止到工作平面、构造曲面或零件面（包括平面、圆柱面、球面或圆环面）。在 Inventor 中，提供了四种拉伸方式，即距离、贯通、到、到下一个。

- 距离：系统的默认方式，它需要指定起始平面和终止平面之间建立拉伸的深度。在该模式下，需要在拉伸深度文本框中输入具体的深度数值，数值可有正负，正值代表拉伸方向为正方向。┛方向 1 拉伸、┗方向 2 拉伸，┪对称拉伸和┪不对称拉伸，如图 4-12 所示。

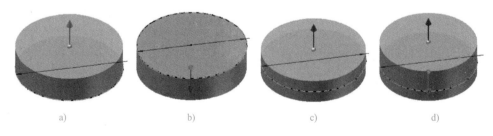

图 4-12　四种方向的拉伸

a) 方向 1　b) 方向 2　c) 对称　d) 不对称

- 贯通┋：可使得拉伸特征在指定方向上贯通所有特征和草图拉伸截面轮廓。可通过拖动截面轮廓的边，将拉伸反向到草图平面的另一端。
- 到┴：对于零件拉伸，选择终止拉伸的终点、顶点、面或平面。对于点和顶点，在平行于通过选定的点或顶点的草图平面的平面上终止零件特征。对于面或平面，在选定的面上或者在延伸到终止平面外的面上终止零件特征。单击"延伸面到结束特征"按钮⊥可以在延伸到终止平面之外的面上终止零件特征。

- 到下一个🔧：选择下一个可用的面或平面，以终止指定方向上的拉伸。拖动操纵器可将截面轮廓翻转到草图平面的另一侧。使用"终止器"选择器选择一个实体或曲面可以在其上终止拉伸，然后选择拉伸方向。

5. 拉伸角度

对于所有终止方式类型，都可为拉伸（垂直于草图平面）设置最大为 180° 的拉伸斜角，拉伸斜角在两个方向对等延伸。如果指定了拉伸斜角，图形窗口中会有符号显示拉伸斜角的固定边和方向，如图图 4-13 所示。

拉伸角度功能的一个常用用途就是创建锥形。要在一个方向上使特征变成锥形，在创建拉伸特征时，使用"拉伸角度"命令为特征指定拉伸斜角。在指定拉伸斜角时，正角表示实体沿拉伸矢量增加截面面积，负角相反，如图 4-14 所示。对于嵌套截面轮廓来说，正角导致外回路增大，内回路减小，负角相反。

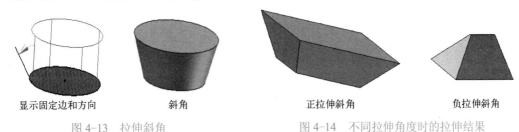

| 显示固定边和方向 | 斜角 | 正拉伸斜角 | 负拉伸斜角 |

图 4-13　拉伸斜角　　　　　　　　图 4-14　不同拉伸角度时的拉伸结果

6. iMate

在封闭的回路（如拉伸圆柱体、旋转特征或孔）上放置 iMate。Autodesk Inventor 会尝试将此 iMate 放置在最可能有用的封闭回路上。多数情况下，每个零件只能放置一个或两个 iMate。

4.2.2　实例——胶垫

本例创建如图 4-15 所示的胶垫。其截面尺寸及拉伸设置如图 4-16 和图 4-17 所示，具体步骤不再赘述。

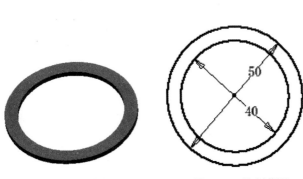

图 4-15　胶垫　　　　　　图 4-16　绘制草图　　　　　　图 4-17　拉伸示意图

4.2.3 旋转

将一个封闭的或不封闭的截面轮廓围绕选定的旋转轴旋转来创建旋转特征，如果截面轮廓是封闭的，则创建实体特征；如果是非封闭的，则创建曲面特征。

创建旋转特征的步骤如下。

1）单击"三维模型"选项卡"创建"面板上的"旋转"按钮，打开如图 4-18 所示的"旋转"对话框。

2）在视图中选取要旋转的截面，如图 4-19 所示。

3）在视图中选取作为旋转轴的轴线，如图 4-20 所示。

图 4-18 "旋转"对话框

图 4-19 选取截面

图 4-20 选取旋转轴

4）在对话框中设置旋转参数，如输入旋转角度、调整旋转方向等，如图 4-21 所示。

5）在对话框中单击"确定"按钮，完成旋转特征的创建，如图 4-22 所示。

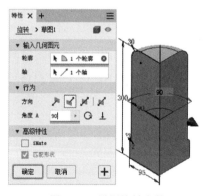

图 4-21 设置旋转参数

图 4-22 完成旋转

可看到很多造型要素和拉伸特征的造型要素相似，所以这里不再详述，仅就其中的不同项进行介绍。旋转轴可以是已经存在的直线，也可以是工作轴或构造线。在一些软件（如 Creo）中，旋转轴必须是参考直线，这就不如 Inventor 方便和快捷。旋转特征的终止方式可以是整周或角度，如果选择角度的话，用户需要自己输入旋转的角度值，还可单击方向箭头以选择旋转方向，或在两个方向上等分输入的旋转角度。

用什么定义旋转特征的尺寸和形状？

旋转特征最终的大小和形状是由截面轮廓草图的尺寸和旋转截面轮廓的角度所决定的。绕草图上的轴旋转可以生成实体特征，如盘、轮毂和斜齿轮毛坯。绕距离草图一定偏移距离的轴旋转可以创建带孔的实体，如垫圈、瓶和导管。可以使用开放的或闭合的截面轮廓来创建一个曲面，该曲面可以用作构造曲面或用来设计复杂的形状。

4.2.4 实例——阀杆

绘制如图 4-23 所示的阀杆。其截面尺寸与旋转设置如图 4-24 和图 4-25 所示，具体步骤不再赘述。

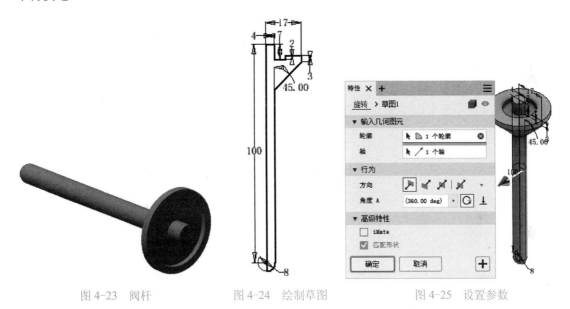

图 4-23　阀杆　　　　　图 4-24　绘制草图　　　　　图 4-25　设置参数

4.2.5 扫掠

在实际操作中，常常需要创建一些沿着一个不规则轨迹有着相同截面形状的对象，如管道和管路的设计、把手、衬垫凹槽等。Inventor 提供了"扫掠"命令用来完成此类特征的创建，该命令通过沿一条平面路径移动草图截面轮廓来创建一个特征。如果截面轮廓是曲线，则创建曲面，如果是闭合曲线，则创建实体。

创建扫掠特征最重要的两个要素就是截面轮廓和扫掠路径。

截面轮廓可以是闭合的或非闭合的曲线，截面轮廓可嵌套，但不能相交。如果选择多个截面轮廓，可按下〈Ctrl〉键，然后继续选择即可。

扫掠路径可以是开放的曲线或闭合的回路，截面轮廓在扫掠路径的所有位置都与扫掠路径保持垂直，扫掠路径的起点必须放置在截面轮廓和扫掠路径所在平面的相交处。扫掠路径草图必须在与扫掠截面轮廓平面相交的平面上。

创建扫掠特征的步骤如下。

1）单击"三维模型"选项卡"创建"面板上的"扫掠"按钮 🔳，打开如图 4-26 所示的"扫掠"对话框。

图 4-26 "扫掠"对话框

2）在视图中选取扫掠截面，如图 4-27 所示。

3）在视图中选取扫掠路径，如图 4-28 所示。

4）在对话框中设置扫掠参数，如扫掠类型、扫掠方向等。

5）在对话框中单击"确定"按钮，完成扫掠特征的创建，如图 4-29 所示。

图 4-27 选取截面　　　图 4-28 选取路径　　　图 4-29 完成扫掠

"扫掠"对话框中的选项说明如下。

1. 轮廓

选择草图的一个或多个截面轮廓以沿选定的路径进行扫掠，也可利用"实体扫掠" 🔳 选项对所选的实体沿所选的路径进行扫掠。

由"扫掠"对话框可知，扫掠也是集创建实体和曲面于一体的特征：对于封闭截面轮廓，用户可以选择创建实体或曲面；而对于开放的截面轮廓，则只创建曲面。无论扫掠路径开放与否，扫掠路径必须要贯穿截面草图平面，否则无法创建扫掠特征。

2．路径

选择扫掠截面轮廓所围绕的轨迹或路径，路径可以是开放回路，也可以是封闭回路，但无论扫掠路径开放与否，扫掠路径必须要贯穿截面草图平面，否则无法创建扫掠特征。

3．方向

用户创建扫掠特征时，除了必须指定截面轮廓和路径外，还要选择扫掠方向、设置扩张角或扭转角等来控制截面轮廓的扫掠方向、比例和扭曲。

1）跟随路径 。创建扫掠时，截面轮廓相对于扫掠路径保持不变，即所有扫掠截面都维持与该路径相关的原始截面轮廓。原始截面轮廓与路径垂直，在结束处扫掠截面仍维持这种几何关系。

当选择控制方式为"路径"时，用户可以指定路径方向上截面轮廓的锥度变化和旋转程度，即扩张角和扭转角。

扩张角相当于拉伸特征的拔模角度，用来设置扫掠过程中在路径的垂直平面内扫掠体的面积变化。当选择正角度时，扫掠特征沿离开起点方向的截面面积增大，反之减小，图 4-30 所示为扫掠扩张角为 0°和 5°时的区别。扩张角不适于封闭的路径。

a)   b)

图 4-30　不同扫掠扩张角下的扫掠结果

a) 0°扫掠扩张角　b) 5°扫掠扩张角

扭转角用来设置轮廓沿路径扫掠的同时，在轴向方向自身旋转的角度，即从扫掠开始到扫掠结束轮廓自身旋转的角度。

2）固定 。创建扫掠时，截面轮廓会保持平行于原始截面轮廓，在路径任一点作平行截面轮廓的剖面，获得的几何形状仍与原始截面相当。

3）引导轨道扫掠 。引导轨道扫掠，即创建扫掠时，选择一条附加曲线作为轨道来控制截面轮廓的比例和扭曲。这种扫掠用于具有不同截面轮廓的对象，沿着轨道扫掠时，扫掠体可能会旋转或扭曲，如吹风机的手柄和高跟鞋底。

在此类型的扫掠中，可以通过控制截面轮廓在 X 和 Y 方向上的缩放创建符合引导轨道的扫掠特征。截面轮廓缩放方式有以下三种。

● X 和 Y：在扫掠过程中，截面轮廓在引导轨道的影响下随路径在 X 和 Y 方向同时缩放。

● X：在扫掠过程中，截面轮廓在引导轨道的影响下随路径在 X 方向上进行缩放。

● 无：使截面轮廓保持固定的形状和大小，此时引导轨道仅控制截面轮廓扭曲。当选择此方式时，相当于传统路径扫掠。

4．优化单个选择

选中"优化单个选择"复选框，进行单个选择后，即自动前进到下一个选择器。进行多项选择时应取消该复选框选择。

4.2.6 实例——节能灯

本例创建如图 4-31 所示的节能灯。

 操作步骤

1）新建文件。单击"快速访问"工具栏中的"新建"按钮 ，
在打开的"新建文件"对话框中的"Templates"选项卡的零件
下拉列表中选择"Standard.ipt"选项，单击"创建"按钮，新建
一个零件文件。

图 4-31　节能灯

2）创建草图。单击"三维模型"选项卡"草图"面板上的"开始创建二维草图"按钮
，选择 XY 平面为草图绘制平面，进入草图绘制环境。单击"草图"选项卡"创建"面板
上的"直线"按钮 ，绘制草图的大体轮廓。单击"创建"面板上的"圆角"按钮 ，对
草图进行倒圆角操作；单击"约束"面板上的"尺寸"按钮 标注尺寸，如图 4-32 所示。
单击"完成草图"按钮 ，退出草图环境。

3）创建旋转体。单击"三维模型"选项卡"创建"面板上的"旋转"按钮 ，打开"旋
转"对话框，选取第 2）步创建的截面为旋转截面轮廓，选取竖直线段为旋转轴，如图 4-32
所示。单击"确定"按钮完成旋转，结果如图 4-33 所示。

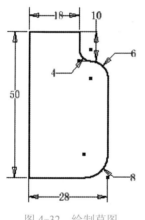

图 4-32　绘制草图

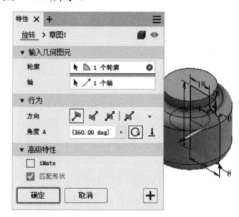

图 4-33　设置参数

4）创建扫掠截面草图。单击"三维模型"选项卡"草图"面板上的"开始创建二维草
图"按钮 ，选择如图 4-34 所示的面 1 为草图绘制平面，进入草图绘制环境。单击"草图"
选项卡"创建"面板上的"圆心圆"按钮 ，绘制草图；单击"约束"面板上的"尺寸"
按钮 标注尺寸，如图 4-35 所示。单击"完成草图"按钮 ，退出草图环境。

5）创建工作平面。单击"三维模型"选项卡"定位特征"面板上的"工作平面"按钮
，在浏览器原始坐标系文件夹下选取 XY 平面为参考面，在视图中选取第 4）步创建的圆
的圆心为参考点，创建工作平面 1 如图 4-36 所示。

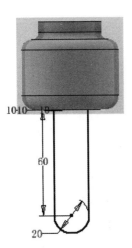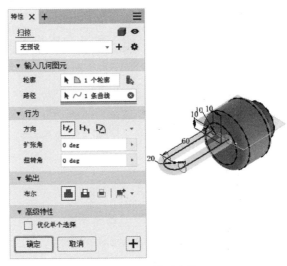

图 4-34　选择草图绘制平面　　　图 4-35　绘制扫掠截面　　　图 4-36　创建工作平面

6）创建扫掠路径草图。单击"三维模型"选项卡"草图"面板上的"开始创建二维草图"按钮，选择第 5）步创建的工作平面 1 为草图绘制平面，进入草图绘制环境。单击"草图"选项卡"创建"面板上的"直线"按钮 和"三点圆弧"按钮，绘制草图；单击"约束"面板上的"尺寸"按钮 标注尺寸，如图 4-37 所示。单击"完成草图"按钮 ，退出草图环境。

7）创建灯管。单击"三维模型"选项卡"创建"面板中的"扫掠"按钮 ，打开"扫掠"对话框，在视图中选取 $\phi 10$ 圆为截面轮廓，选取第 6）步创建的草图为扫掠路径，如图 4-38 所示，单击"确定"按钮，结果如图 4-39 所示。

图 4-37　绘制扫掠路径　　　　　　　图 4-38　设置参数

8）重复步骤 5）~7），创建另一侧的灯管，结果如图 4-40 所示。

图 4-39　扫掠创建灯管　　　　　　　图 4-40　创建另一侧灯管

9）保存文件。单击"快速访问"工具栏上的"保存"按钮 ，打开"另存为"对话框，输入文件名为"节能灯.ipt"，单击"保存"按钮即可保存文件。

4.2.7 放样

放样特征是用两个以上的截面草图为基础，添加"轨道""中心轨道"或"区域放样"等构成要素作为辅助约束而生成的复杂几何结构，它常用来创建一些具有复杂形状的零件，如塑料模具或铸造模样的表面。

创建放样特征的步骤如下。

1）单击"三维模型"选项卡"创建"面板上的"放样"按钮 ，打开如图 4-41 所示的"放样"对话框。

图 4-41 "放样"对话框

2）在视图中选取放样截面，如图 4-42 所示。

3）在对话框中设置放样参数，如放样类型等。

4）在对话框中单击"确定"按钮，完成放样特征的创建，如图 4-43 所示。

图 4-42 选取放样截面

图 4-43 完成放样

"放样"对话框的选项说明如下。

1. 截面形状

放样特征通过将多个截面轮廓与单独的平面、非平面或工作平面上的各种形状相混合来创建复杂的形状，因此截面形状的创建是放样特征的基础也是关键要素。

1）如果截面形状是非封闭的曲线或闭合曲线，或是零件面的闭合面回路，则放样生成曲面特征。

2）如果截面形状是封闭的曲线，或是零件面的闭合面回路，或是一组连续的模型边，则可生成实体特征也可生成曲面特征。

3）截面形状是在草图上创建的，在放样特征的创建过程中，往往需要首先创建大量的工作平面以在对应的位置创建草图，再在草图上绘制放样截面形状。

4）用户可创建任意多个截面轮廓，但是要避免放样形状扭曲，最好沿一条直线向量在每个截面轮廓上映射点。

5）可通过添加轨道进一步控制截面形状，轨道是指连接至每个截面上的点的二维或三维线。起始和终止截面轮廓可以是特征上的平面，并可与特征平面相切以获得平滑过渡。可使用现有面作为放样的起始和终止面，在该面上创建草图以使面的边可被选中用于放样。如果使用平面或非平面的回路，可直接选中它，而不需要在该面上创建草图。

2．轨道

为了加强对放样形状的控制，引入了"轨道"的概念。轨道是在截面之上或之外终止的二维或三维直线、圆弧或样条曲线，如二维或三维草图中开放或闭合的曲线，以及一组连续的模型边等，都可作为轨道。轨道必须与每个截面都相交，并且都应该是平滑的，在方向上没有突变。创建放样特征时，如果轨道延伸到截面之外，则将忽略延伸到截面之外的那一部分轨道。轨道可影响整个放样实体，而不仅仅是与它相交的面或截面。如果没有指定轨道，对齐的截面和仅具有两个截面的放样将用直线连接。未定义轨道的截面顶点受相邻轨道的影响。

3．输出类型和布尔操作

放样的输出可选择实体或曲面，可通过"输出"选项区域中的"实体"按钮 和"曲面"按钮 来实现。还可利用放样来实现三种布尔操作，即"求并" 、"求差" 和"求交" 。前面已经有过相关讲述，这里不再赘述。

4．条件

"放样"对话框中的"条件"选项卡，如图 4-44 所示。"条件"选项卡用来指定终止截面轮廓的边界条件，以控制放样体末端的形状。可对每一个草图几何图元分别设置边界条件。

图 4-44　"条件"选项卡

放样有三种边界条件，即无边界条件、相切条件和方向条件。

● 无边界条件 ：对其末端形状不加以干涉。

● 相切条件 ：仅当所选的草图与侧面的曲面或实体相毗邻，或选中面回路时可用，这时放样的末端与相毗邻的曲面或实体表面相切。

- 方向条件 ：仅当曲线是二维草图时可用，需要用户指定放样特征的末端形状相对于截面轮廓平面的角度。

当选择"相切条件"和"方向条件"选项时，需要指定"角度"和"线宽"条件。

- 角度：指定草图平面和由草图平面上的放样创建的面之间的角度。
- 线宽：决定角度如何影响放样外观的无量纲值。大数值创建逐渐过渡，而小数值创建突然过渡。从图 4-45 所示中可看出，线宽为零意味着没有相切，小线宽可能导致从第一个截面轮廓到放样曲面的不连续过渡，大线宽可能导致从第一个截面轮廓到放样曲面的光滑过渡。需要注意的是，特别大的权值会导致放样曲面的扭曲，并且可能会生成自交的曲面。此时应该在每个截面轮廓的截面上设置工作点并构造轨道（穿过工作点的二维或三维线），以使形状扭曲最小化。

图 4-45　不同线宽下的放样

a) 线宽为 0　b) 线宽为 2　c) 线宽为 5

5. 过渡

"放样"对话框的"过渡"选项卡，如图 4-46 所示。

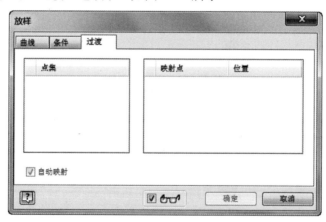

图 4-46　"过渡"选项卡

在"过渡"选项卡中可以定义一个截面的各段如何映射到其前后截面的各段中，自动映射是默认的选项。如果关闭自动映射，将列出自动计算的点集并根据需要添加或删除点。

- 点集：表示在每个放样截面上列出自动计算的点。
- 映射点：表示在草图上列出自动计算的点，以便沿着这些点线性对齐截面轮廓，使放样特征的扭曲最小化。点按照选择截面轮廓的顺序列出。

● 位置：用无量纲值指定相对于所选点的位置。0 表示直线的一端，0.5 表示直线的中点，1 表示直线的另一端，用户可进行修改。

🗁 技巧：

零件面或点是否可用于放样特征？

可以选择非平面或平面作为起始截面和终止截面，使放样对相邻零件表面具有切向连续性（G1）或曲率连续性（G2）以获得平滑过渡。在 G1 放样中，可以看到曲面之间的过渡。G2 过渡（也称为"平滑"）显示为一个曲面。在亮显时，其不会显示曲面之间的过渡。

要将现有面用作放样的起始或终止截面，可以直接选择该面而无须创建草图。

对于开放的放样，可以在某一点处开始或结束截面。

4.2.8 实例——电源插头

绘制如图 4-47 所示的电源插头。

 操作步骤

1）新建文件。运行 Inventor，单击"快速访问"工具栏上的"新建"按钮，在打开的"新建文件"对话框中的零件下拉列表中选择"Standard.ipt"选项，单击"创建"按钮，新建一个零件文件。

图 4-47　电源插头

2）绘制草图 1。单击"三维模型"选项卡"草图"面板上的"开始创建二维草图"按钮，选择 *XY* 平面为草图绘制平面，进入草图绘制环境。单击"草图"选项卡"创建"面板上的"两点矩形"按钮和"圆角"按钮，绘制草图。单击"约束"面板上的"尺寸"按钮标注尺寸，如图 4-48 所示。单击"完成草图"按钮，退出草图环境。

3）创建工作平面 1。单击"三维模型"选项卡"定位特征"面板上的"工作平面"按钮，在浏览器原点文件夹下选取 *XY* 平面并拖动，输入偏移距离为"30"mm，如图 4-49 所示，单击按钮，创建工作平面 1。

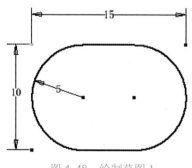

图 4-48　绘制草图 1

图 4-49　创建工作平面 1

4）绘制草图 2。单击"三维模型"选项卡"草图"面板上的"开始创建二维草图"按钮，

73

选择第 3）步绘制的工作平面 1 为草图绘制平面，进入草图绘制环境。单击"草图"选项卡"创建"面板上的"两点矩形"按钮 和"圆角"按钮 ，绘制草图。单击"约束"面板上的"尺寸"按钮 标注尺寸，如图 4-50 所示。单击"完成草图"按钮 ，退出草图环境。

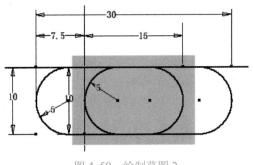

图 4-50　绘制草图 2

5）放样实体。单击"三维模型"选项卡"创建"面板上的"放样"按钮 ，打开"放样"对话框。在视图中选择第 4）步创建的草图作为截面，如图 4-51 所示，单击"确定"按钮，结果如图 4-52 所示。

图 4-51　设置参数

图 4-52　创建放样实体

6）创建工作平面 2。单击"三维模型"选项卡"定位特征"面板上的"工作平面"按钮 ，在浏览器原点文件夹下选取 YZ 平面并拖动，输入偏移距离为"7.5"mm，单击"完成草图"按钮 ，创建工作平面 2，结果如图 4-53 所示。

7）绘制草图 3。单击"三维模型"选项卡"草图"面板上的"开始创建二维草图"按钮 ，选择第 6）步创建的工作平面 2 作为草图绘制平面，进入草图绘制环境。单击"草图"选项卡"创建"面板上的"直线"按钮 ，绘制草图。单击"约束"面板上的"尺寸"按钮 标注尺寸，如图 4-54 所示。单击"完成草图"按钮 ，退出草图环境。

图 4-53　创建工作平面 2

8）创建旋转体。单击"三维模型"选项卡"创建"面板上的"旋转"按钮 ，打开"旋转"对话框，选择第 7）步创建的草图作为旋转截面，选取竖直直线段为旋转轴。单击"确定"按钮完成旋转，结果如图 4-55 所示。

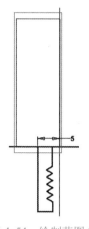

图 4-54　绘制草图 3

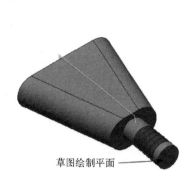

图 4-55　绘制草图 4

9）绘制草图 4。单击"三维模型"选项卡"草图"面板上的"开始创建二维草图"按钮，选择如图 4-55 所示的平面作为草图绘制平面，进入草图绘制环境。单击"草图"选项卡"创建"面板上的"圆心圆"按钮，绘制直径为 2mm 的圆。单击"完成草图"按钮，退出草图环境。

10）创建路径轮廓草图。单击"三维模型"选项卡"草图"面板上的"开始创建二维草图"按钮，选择工作平面 2 为草图绘制平面，进入草图绘制环境。单击"草图"选项卡"创建"面板上的"样条曲线（插值）"按钮，以圆心为起点绘制样条曲线，如图 4-56 所示。单击"完成草图"按钮，退出草图环境。

11）扫掠实体。单击"三维模型"选项卡"创建"面板中的"扫掠"按钮，打开"扫掠"对话框，在视图中选取圆为截面轮廓，选取第 10）步创建的样条曲线为扫掠路径，单击"确定"按钮，结果如图 4-57 所示。

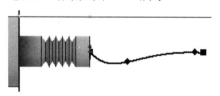

图 4-56　绘制样条曲线

图 4-57　扫掠实体

12）绘制草图 5。单击"三维模型"选项卡"草图"面板上的"开始创建二维草图"按钮，选择工作平面 1 为草图绘制平面，进入草图绘制环境。单击"草图"选项卡"创建"面板上的"两点矩形"按钮，绘制草图。单击"约束"面板上的"尺寸"按钮标注尺寸，如图 4-58 所示。单击"完成草图"按钮，退出草图环境。

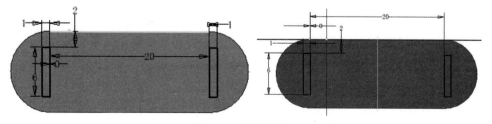

图 4-58　绘制草图 5

13）创建拉伸体。单击"三维模型"选项卡"创建"面板上的"拉伸"按钮![icon]，打开"拉伸"对话框，选取第 12）步绘制的草图为拉伸截面轮廓，将拉伸距离设置为"20mm"。单击"确定"按钮完成拉伸。

14）圆角处理。单击"三维模型"选项卡"修改"面板上的"圆角"按钮![icon]，打开"圆角"对话框，在视图中选择第 13）步创建的拉伸体的棱边，输入圆角半径为"2mm"，如图4-59 所示，单击"确定"按钮，结果如图 4-60 所示。

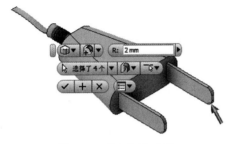

图 4-59　输入圆角半径

图 4-60　创建圆角

15）打孔。单击"三维模型"选项卡"修改"面板上的"孔"按钮![icon]，打开"孔"对话框，选择第 13）步创建的拉伸体的外表面，在视图中选取竖直边为参考 1，距离为 4mm；选取水平边为参考 2，距离为 3mm，输入孔直径为 3mm，如图 4-61 所示，单击"确定"按钮，结果如图 4-62 所示。

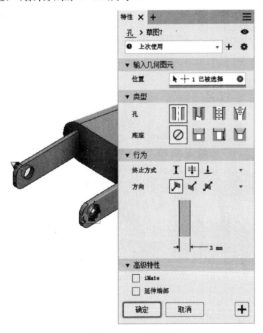

图 4-61　参数设置

图 4-62　打孔

16）隐藏工作平面。在浏览器中选取工作平面，单击鼠标右键，在打开的快捷菜单中取消"可见性"选项选择，使工作平面不可见。

17）保存文件：单击"快速访问"工具栏上的"保存"按钮![icon]，打开"另存为"对话框，输入文件名为"电源插头.ipt"，单击"保存"按钮即可保存文件。

4.2.9　螺旋扫掠

螺旋扫掠特征是扫掠特征的一个特例，它的作用是创建扫掠路径为螺旋线的三维实体特征。

创建螺旋扫掠特征的步骤如下。

1）单击"三维模型"选项卡"创建"面板上的"螺旋扫掠"按钮，打开如图4-63所示的"螺旋扫掠"对话框。

2）在视图中选取扫掠截面轮廓，如图4-64所示。

3）在视图中选取旋转轴，如图4-65所示。

图4-63　"螺旋扫掠"对话框　　　图4-64　选取扫掠截面　　　图4-65　选取旋转轴

4）在对话框中打开"螺旋规格"选项卡设置螺旋扫掠参数，如图4-66所示。

5）在对话框中单击"确定"按钮，完成螺旋扫掠特征的创建，如图4-67所示。

图4-66　设置螺旋扫掠参数　　　图4-67　完成螺旋扫掠

"螺旋扫掠"对话框的选项说明如下。

1. "螺旋形状"选项卡（图4-68）

截面轮廓应该是一个封闭的曲线，以创建实体；旋转轴应该是一条直线，它不能与截面轮廓曲线相交，但是必须在同一个平面内。在"旋转"选项区域中，可指定螺旋扫掠按顺时针方向还是逆时针方向旋转。

2．"螺旋规格"选项卡（图 4-69）

可设置的螺旋扫掠类型一共有四种，即螺距和转数、转数和高度、螺距和高度以及螺旋。选择了不同的类型以后，在下面的参数文本框中输入对应的参数即可。需要注意的是，如果要创建发条之类没有高度的螺旋扫掠特征，可使用"平面螺旋"选项。

图 4-68 "螺旋形状"对话框

图 4-69 "螺旋规格"选项卡

3．"螺旋端部"选项卡（图 4-70）

只有当螺旋线是平底时可用，而在螺旋扫掠为截面轮廓时不可用。用户可指定螺旋扫掠的两端为"自然"或"平底"样式，开始端和终止端可以是不同的终止类型。如果选择"平底"选项的话，可指定具体的"过渡段包角"和"平底段包角"。

● 过渡段包角：螺旋扫掠获得过渡的距离（单位为度数，一般少于一圈）。如图 4-71a 所示的示例中显示了顶部是自然结束，底部是四分之一圈（90°）过渡并且未使用平底段包角的螺旋扫掠。

● 平底段包角：螺旋扫掠过渡后不带螺距（平底）的延伸距离（度数），它是从螺旋扫掠的正常旋转的末端过渡到平底端的末尾。图 4-81b 所示的示例中显示的过渡段包角与图 4-71a 相同，但指定了一半转向（180°）的平底段包角。

图 4-70 "螺旋端部"选项卡

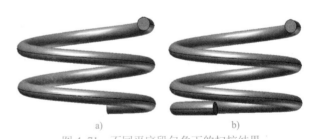

a)　　　　　　　　　　b)

图 4-71　不同平底段包角下的扫掠结果

a）未使用平底段包角　b）使用平底段包角

4.2.10　实例——弹簧

绘制如图 4-72 所示的弹簧。步骤图如图 4-73～图 4-77 所示，具体操作过程不再赘述，可查看讲解视频。

图 4-72　弹簧

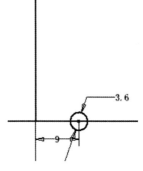

图 4-73　绘制草图 1

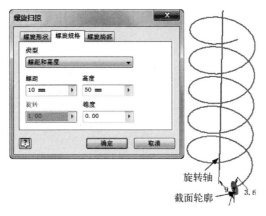

图 4-74　设置参数 1

图 4-75　弹簧

图 4-76　绘制草图 2

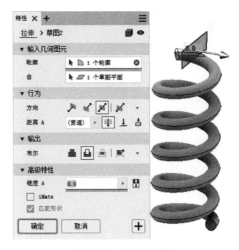

图 4-77　设置参数 2

4.2.11　凸雕

在零件设计中，往往需要在零件表面增添一些凸起或凹进的图案或文字，以实现某种功能或美观性。

在 Inventor 中，可利用凸雕工具来实现这种设计要求。进行凸雕的基本思路是首先创建草图（因为凸雕也是基于草图的特征），在草图上绘制用来形成特征的草图几何图元或草图文本，然后在指定的面上进行特征的生成，也可以将特征缠绕或投影到其他面上。

创建凸雕特征的步骤如下。

1）单击"三维模型"选项卡"创建"面板上的"凸雕"按钮 ，打开如图 4-78 所示的"凸雕"对话框。

2）在视图中选取截面轮廓，如图 4-79 所示。

3）在对话框设置凸雕参数，如选择凸雕类型、输入凸雕深度、调整凸雕方向等，如图 4-78 所示。

4）在对话框中单击"确定"按钮，完成凸雕特征的创建，如图 4-80 所示。

图 4-78 "凸雕"对话框

图 4-79 选取截面

图 4-80 完成凸雕特征

"凸雕"对话框的选项说明如下。

1. 截面轮廓

在创建截面轮廓以前，首先应该选择创建凸雕特征的面。

1）如果是在平面上创建，则可直接在该平面上创建草图绘制截面轮廓。

2）如果在曲面上创建凸雕特征，则应该在对应的位置建立工作平面或利用其他的辅助平面，然后在工作平面上创建草图。

草图中的截面轮廓用作凸雕图像，可使用"二维草图"面板上的工具创建截面轮廓。截面轮廓主要有两种，一是使用文本工具创建文本，二是使用草图工具创建图形，如圆形、多边形等。

2. 类型

"类型"选项指定凸雕区域的方向，有以下三个选项可供选择。

● 从面凸雕：将升高截面轮廓区域，也就是说截面将凸起。

● 从面凹雕：将凹进截面轮廓区域。

● 从平面凸雕/凹雕：将从草图平面向两个方向或一个方向拉伸，向模型中添加并从中去除材料。如果向两个方向拉伸，则会去除或添加材料，这取决于截面轮廓相对于零件的位置。如果凸雕或凹雕对零件的外形没有任何改变作用，那么该特征将无法生成，系统也会给出错误信息。

3. 深度和方向

可指定凸雕或凹雕的深度，即凸雕或凹雕截面轮廓的偏移深度，还可指定凸雕或凹雕特征的方向。当截面轮廓位于从模型面偏移得到的工作平面上时尤其有用，因为如果截面轮廓位于偏移的平面上，而且深度不合适，就不能生成凹雕特征（截面轮廓不能延伸到零件的表面形成切割）。

4. 顶面颜色

通过单击"顶面颜色"按钮指定凸雕顶面（注意不是其边）的颜色。在打开的"颜色"对话框中，单击向下箭头显示一个列表，在列表中滚动或输入颜色开头的字母可以查找所需的颜色。

5. 折叠到面

对于"从面凸雕"和"从面凹雕"类型，用户可通过选中"折叠到面"复选框指定截面轮廓缠绕在曲面上。注意仅限于单个面，不能是接缝面。面只能是平面或圆锥形面，而不能是样条曲线。如果不选中该复选框，图像将投影到面而不是折叠到面。如果截面轮廓相对于曲率有些大，当凸雕或凹雕区域向曲面投影时会轻微失真。遇到垂直面时，缠绕即停止。

6. 锥度

对于"从平面凸雕/凹雕"类型，可指定特征边缘的斜角。指向模型面的角度为正，允许从模型中去除一部分材料。

4.2.12 实例——印章

绘制如图 4-81 所示的印章。草图如图 4-82 所示，通过创建旋转特征完成印章主体，然后在底面输入文字作为草图创建凸雕特征。

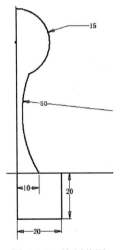

图 4-81　印章　　　　　　　　　图 4-82　绘制草图

4.2.13 加强筋

在模具和铸件的制造过程中，常常为零件增加加强筋和筋板（也称作隔板或腹板），以提高零件强度。

加强筋和筋板也是基于草图的特征，在草图中完成的工作就是绘制二者的截面轮廓。可创建一个封闭的截面轮廓作为加强筋的轮廓，一个开放的截面轮廓作为筋板的轮廓，也可创建多个相交或不相交的截面轮廓定义网状加强筋和筋板。

创建加强筋特征的步骤如下。

1）单击"三维模型"选项卡"创建"面板上的"加强筋"按钮，打开如图 4-83 所示的"加强筋"对话框，选择加强筋类型。

2）在视图中选取截面轮廓，如图 4-84 所示。

图 4-83　"加强筋"对话框

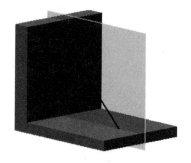

图 4-84　选取截面轮廓

3）在对话框中设置加强筋参数，如输入加强筋厚度、调整拉伸方向等。

4）在对话框中单击"确定"按钮，完成加强筋特征的创建，如图 4-85 所示。

"加强筋"对话框的选项说明如下。

- 垂直于草图平面：垂直于草图平面拉伸几何图元，厚度平行于草图平面。
- 平行于草图平面：平行于草图平面拉伸几何图元，厚度垂直于草图平面。
- 到表面或平面：加强筋终止于下一个面。
- 有限的：需要设置终止加强筋的距离，这时可在弹出的文本框中输入一个数值，结果如图 4-86 所示。

图 4-85　完成加强筋

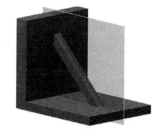

图 4-86　"有限的"选项结果

- 延伸截面轮廓：选中此复选框，则截面轮廓会自动延伸到与零件相交的位置。

4.2.14　实例——导流盖

绘制如图 4-87 所示的导流盖。

　操作步骤

1）新建文件。运行 Inventor，单击"快速访问"工具栏上的"新建"按钮，在打开的"新建文件"对话框中的零件下拉列表中选择"Standard.ipt"选项，单击"创建"按钮，新建一个零件文件。

2）绘制草图 1。单击"三维模型"选项卡"草图"面板上的"开始创建二维草图"按钮
，选择 XY 平面作为草图绘制平面，进入草图绘制环境。单击"草图"选项卡"创建"面
板上的"直线"按钮 和"三点圆弧"按钮 ，绘制草图；单击"约束"面板上的"尺寸"
按钮 标注尺寸，如图 4-88 所示。单击"完成草图"按钮 ，退出草图环境。

图 4-87　导流盖

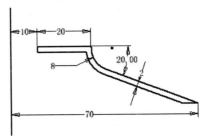

图 4-88　绘制草图 1

3）创建旋转体。单击"三维模型"选项卡"创建"面板上的"旋转"按钮 ，打开"旋
转"对话框，选取第 2）步绘制的草图为旋转截面轮廓，选取竖直直线段为旋转轴。单击"确
定"按钮完成旋转，创建如图 4-89 所示的零件基体。

4）绘制草图 2。单击"三维模型"选项卡"草图"面板上的"开始创建二维草图"按钮
，选择 XY 平面为草图绘制平面，进入草图绘制环境。单击"草图"选项卡"创建"面板
上的"投影几何图元"按钮 ，提取旋转体的外边线；单击"草图"选项卡"创建"面板上
的"直线"按钮 ，捕捉边线的端点绘制草图；单击"约束"面板上的"尺寸"按钮 标注
尺寸，如图 4-90 所示。单击"草图"选项卡上的"完成草图"按钮 ，退出草图环境。

图 4-89　创建零件基体

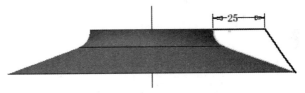

图 4-90　绘制草图 2

5）创建加强筋。单击"三维造型"选项卡"创建"面板上的"加强筋"按钮 ，打开
"加强筋"对话框，在对话框中选择"平行于草图平面" 类型，在视图中选取第 4）步创建
的草图作为截面轮廓，输入厚度为"3mm"，单击"对称"按钮 ，如图 4-91 所示。单击"确
定"按钮，结果如图 4-92 所示。

图 4-91　"加强筋"对话框

图 4-92　创建加强筋

6）重复上述步骤，创建其他三个加强筋。读者也可以利用"环形阵列"命令，创建其他三个加强筋。

7）保存文件。单击"快速访问"工具栏上的"保存"按钮 ，打开"另存为"对话框，输入文件名为"导流盖.ipt"，单击"保存"按钮即可保存文件。

4.3 综合实例——柱塞

绘制如图 4-93 所示的柱塞。

图 4-93 柱塞

操作步骤

1）新建文件。运行 Inventor，单击"快速访问"工具栏中的"新建"按钮，在打开的"新建文件"对话框中的"Templates"选项卡的零件下拉列表中选择"Standard.ipt"选项，单击"创建"按钮，新建一个零件文件。

2）绘制草图 1。单击"三维模型"选项卡"草图"面板上的"开始创建二维草图"按钮，选择 *XY* 平面为草图绘制平面，进入草图绘制环境。单击"草图"选项卡"绘图"面板上的"直线"按钮 /，绘制草图。单击"约束"面板上的"尺寸"按钮 ⊢ 标注尺寸，如图 4-94 所示。单击"完成草图"按钮 ✔，退出草图环境。

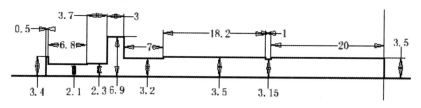

图 4-94 绘制草图 1

3）创建圆柱体。单击"三维模型"选项卡"创建"面板中的"旋转"按钮，打开"旋转"对话框，系统自动选取第 2）步绘制的草图为旋转轮廓，选择下部的水平直线为旋转轴，设置旋转角度为"360"。单击"确定"按钮完成旋转，如图 4-95 所示。

4）绘制草图 2。单击"三维模型"选项卡"草图"面板上的"开始创建二维草图"按钮，选择如图 4-95 中所示的面 1 为草图绘制平面，进入草图绘制环境。单击"草图"选项卡"绘图"面板上的"圆"按钮⊙，绘制草图。单击"约束"面板上的"尺寸"按钮 ⊢ 标注尺寸，直径为 6.8mm。单击"完成草图"按钮✔，退出草图环境。

5）创建工作平面。单击"三维模型"选项卡"定位特征"面板中的"从平面偏移"按钮💼，选择图 4-113 所示的面 1 为参考平面，输入偏移距离为"1.3"，如图 4-96 所示，单击"确定"按钮✔，创建工作平面。

图 4-95　创建圆柱体

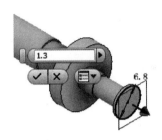

图 4-96　创建工作平面

6）绘制草图 3。单击"三维模型"选项卡"草图"面板中的"开始创建二维草图"按钮📝，选择创建的工作平面 1 为草图绘制平面，进入草图绘制环境。单击"草图"选项卡"创建"面板中的"圆"按钮⊙，绘制草图。单击"约束"面板中的"尺寸"按钮🖵，标注尺寸为"5.5mm"。单击"草图"选项卡中的"完成草图"按钮✔，退出草图环境。

7）创建放样体。单击"三维模型"选项卡"创建"面板中的"放样"按钮🏅，打开"放样"对话框，选取第 4）步和第 6）步绘制的草图为放样截面轮廓，选择"求并"选项。单击"确定"按钮完成放样，如图 4-97 所示。

8）绘制草图 4。单击"三维模型"选项卡"草图"面板中的"开始创建二维草图"按钮📝，选择如图 4-97 中所示的面 2 为草图绘制平面，进入草图绘制环境。单击"草图"选项卡"创建"面板中的"矩形"按钮▢，绘制草图。单击"约束"面板中的"尺寸"按钮🖵标注尺寸，如图 4-98 所示。单击"草图"选项卡中的"完成草图"按钮✔，退出草图环境。

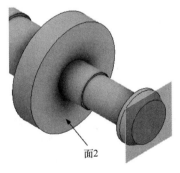

图 4-97　创建放样体

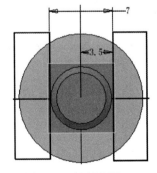

图 4-98　绘制草图 4

9）创建拉伸体 1。单击"三维模型"选项卡"创建"面板中的"拉伸"按钮🗔，打开"拉伸"对话框，选取第 8）步绘制的草图为拉伸截面轮廓，设置拉伸终止方式为"贯通"⇟，选择"求差"🔲选项，如图 4-99 所示。单击"确定"按钮完成拉伸，如图 4-100

所示。

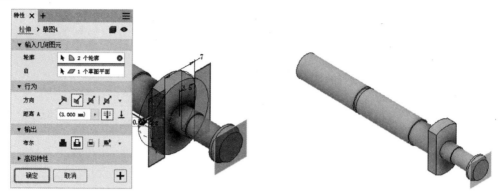

图 4-99　设置拉伸参数　　　　　　　　　　图 4-100　创建拉伸体 1

10）绘制草图 5。单击"三维模型"选项卡"草图"面板中的"开始创建二维草图"按钮，选择 XY 平面为草图绘制平面，进入草图绘制环境。单击"草图"选项卡"创建"面板中的"圆"按钮⊙，绘制草图。单击"约束"面板中的"尺寸"按钮标注尺寸，如图 4-101 所示。单击"草图"选项卡中的"完成草图"按钮✔，退出草图环境。

11）创建拉伸体 2。单击"三维模型"选项卡"创建"面板中的"拉伸"按钮，打开"拉伸"对话框，选取第 10）步绘制的草图为拉伸截面轮廓，设置拉伸终止方式为"贯通"，选择"求差"选项，如图 4-102 所示。单击"确定"按钮完成拉伸。

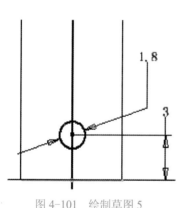

图 4-101　绘制草图 5

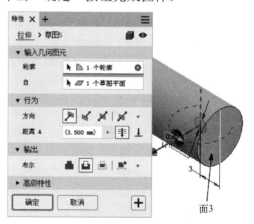

图 4-102　创建拉伸体 2

12）绘制草图 6。单击"三维模型"选项卡"草图"面板中的"开始创建二维草图"按钮，选择如图 4-102 中所示的面 3 为草图绘制平面，进入草图绘制环境。单击"草图"选项卡"创建"面板中的"圆"按钮⊙，绘制草图。单击"约束"面板中的"尺寸"按钮标注直径尺寸，如图 4-103 所示。单击"草图"选项卡中的"完成草图"按钮✔，退出草图环境。

13）创建拉伸体 3。单击"三维模型"选项卡"创建"面板中的"拉伸"按钮，打开"拉伸"对话框，选取第 12）步绘制的草图为拉伸截面轮廓，设置拉伸深度为 7mm，选择"求差"选项，如图 4-104 所示。单击"确定"按钮完成拉伸。

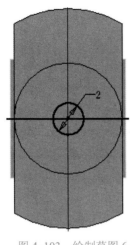

图 4-103　绘制草图 6

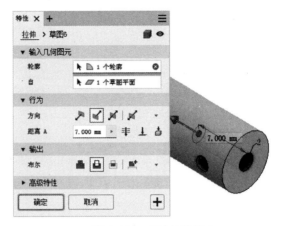

图 4-104　创建拉伸体 3

14）绘制草图 7。单击"三维模型"选项卡"草图"面板中的"开始创建二维草图"按钮，选择 *XZ* 平面为草图绘制平面，进入草图绘制环境。单击"草图"选项卡"创建"面板中的"直线"按钮 ／和"矩形"按钮 ，绘制草图。单击"约束"面板中的"尺寸"按钮 标注草图尺寸，如图 4-105 所示。单击"草图"选项卡中的"完成草图"按钮 ，退出草图环境。

15）创建螺旋扫掠。单击"三维模型"选项卡"创建"面板上的"螺旋扫掠"按钮 ，打开"螺旋扫掠"对话框，由于草图中只有如图 4-105 所示的一个截面轮廓，所以自动被选取为扫掠截面轮廓。选取竖直直线为旋转轴，选择"求差" 选项，在"螺旋规格"选项卡中选择"螺距和转数"类型，输入螺距为"11"mm，转数为"0.45"，如图 4-106 所示。其他采用默认设置，单击"确定"按钮，创建如图 4-93 所示的柱塞。

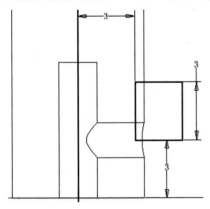

图 4-105　绘制草图 7

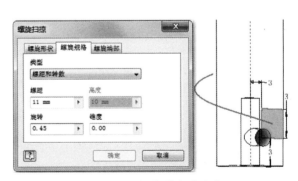

图 4-106　设置螺旋扫掠参数

16）保存文件。隐藏工作平面 1，单击"快速访问"工具栏上的"保存"按钮 ，打开"另存为"对话框，输入文件名为"柱塞.ipt"，单击"保存"按钮即可保存文件。

第 **5** 章

放 置 特 征

知 识 导 引

放置特征包括圆角、倒角、孔、抽壳、拔模、螺纹、镜像、阵列等，它们不需要创建草图，但必须有已存在的相关特征，即创建基于特征的特征。

学 习 目 标

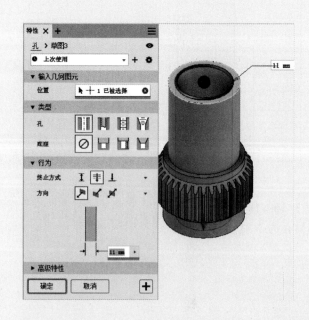

5.1　基本体素

本节介绍边圆角、面圆角、全圆角三种基本体素的创建。

5.1.1　边圆角

1. 边圆角

以现有特征实体或者曲面相交的棱边为基础创建圆角，可以创建等半径圆角、变半径圆角和过渡圆角。

可在零件的一条或多条边上添加内圆角或外圆角。在一次操作中，用户可以创建等半径和变半径圆角、不同大小的圆角和具有不同连续性（相切或平滑 G2）的圆角。在同一次操作中创建的不同大小的所有圆角将成为独立特征。

边圆角特征的创建步骤如下。

1）单击"三维模型"选项卡"修改"面板上的"圆角"按钮 ，打开"圆角"对话框，选择"边圆角"类型，如图 5-1 所示。

图 5-1　"圆角"对话框-边圆角

2）选择要倒圆角的边，并输入圆角半径，如图 5-2 所示。

3）在对话框中设置其他参数，单击"确定"按钮，完成圆角的创建，如图 5-3 所示。

图 5-2　设置参数

图 5-3　创建边圆角

"边圆角"类型选项说明如下。

1）等半径圆角：等半径圆角特征由三个部分组成，即边、半径和类型。首先要选择产生圆角的边，然后指定圆角的半径，再选择一种圆角模式即可。

① 选择模式。

● 边：只对选中的边创建圆角，如图 5-4a 所示。

● 回路：可选中一个回路，这个回路的整个边线都会创建圆角特征，如图 5-4b 所示。

● 特征：选择因某个特征与其他面相交所导致的边以外的所有边都会创建圆角，如图 5-4c 所示。

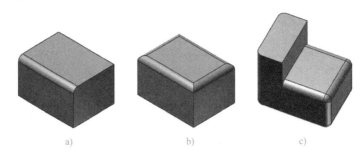

图 5-4　选择模式

a) 边模式　b) 回路模式　c) 特征模式

② 所有圆角：选择此复选框，所有的凹边和拐角都将创建圆角特征。

③ 所有圆边：选择此复选框，所有的凸边和拐角都将创建圆角特征。

④ 沿尖锐边旋转：设置指定圆角半径会使相邻面延伸时圆角的创建方法。选中该复选框可在需要时改变指定的半径，以保持相邻面的边不延伸。取消选中该复选框，保持等半径，并且在需要时延伸相邻的面。

⑤ 在可能的位置使用球面连接：设置圆角的拐角样式。选中该复选框可创建一个圆角，它就像一个球沿着边和拐角滚动时的轨迹一样。取消选中该复选框，在尖锐拐角的圆角之间创建连续相切的过渡，如图 5-5 所示。

图 5-5　圆角的拐角样式

⑥ 自动链选边：设置边的选择配置。选中该复选框，在选择一条边以添加圆角时，自动选择所有与之相切的边；取消选中该复选框，只选择指定的边。

⑦ 保留所有特征：选中此复选框，所有与圆角相交的特征都将被选中，并且在圆角操作中将计算它们的交线。如果取消选中该复选框，在圆角操作中只计算参与操作的边。

2）变半径圆角。如果要创建变半径圆角，可选择"圆角"对话框上的"变半径"选项卡，此时的"圆角"对话框如图 5-6 所示。创建变半径圆角的方法是选择边线上至少三个点，并分别指定这几个点的圆角半径，Inventor 会自动根据指定的半径创建变半径圆角。

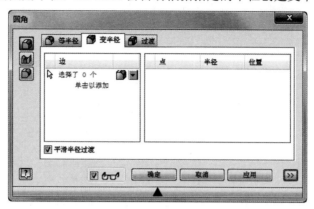

图 5-6　"变半径"选项卡

平滑半径过渡：定义变半径圆角在控制点之间是如何创建的。选中该复选框可使圆角在控制点之间逐渐混合过渡，过渡是相切的（在点之间不存在跃变）。取消选中该复选框，在点之间用线性过渡来创建圆角。

3）过渡圆角。过渡圆角是指相交边上的圆角连续地相切过渡。要创建过渡圆角，可选择"圆角"对话框上的"过渡"选项卡，此时"圆角"对话框如图 5-7 所示。首先选择一个或更多要创建过渡圆角边的顶点，然后再依次选择边即可。此时会出现圆角的预览，修改对话框左侧窗口内的每一条边的过渡尺寸，最后单击"确定"按钮即可完成过渡圆角的创建。

图 5-7　"过渡"选项卡

5.1.2　面圆角

面圆角在不需要共享边的两个所选面集之间添加内圆角或外圆角。

面圆角特征的创建步骤如下。

1）单击"三维模型"选项卡"修改"面板上的"圆角"按钮，打开"圆角"对话框，选择"面圆角"类型，如图 5-8 所示。

图 5-8 "圆角"对话框-面圆角

2）选择要倒圆角的面，并输入圆角半径，如图 5-9 所示。

3）在对话框中设置其他参数，单击"确定"按钮，完成面圆角的创建，如图 5-10 所示。

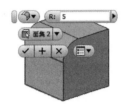

图 5-9 设置参数

图 5-10   创建面圆角

"面圆角"类型选项说明如下。

● 面集 1：单击"选择"按钮，指定在要创建圆角的第一个面集中的模型或曲面实体的一个或多个相切、相邻面。若要添加面，可单击"选择"按钮，然后单击图形窗口中的面。

● 面集 2：单击"选择"按钮，指定要创建圆角的第二个面集中的模型或曲面实体的一个或多个相切、相邻面。若要添加面，可单击"选择"按钮，然后单击图形窗口中的面。

● 反向：反转选择在其上创建圆角的一侧。

● 包括相切面：设置面圆角的面选择配置。选中该复选框则允许圆角在相切、相邻面上自动继续。取消选中该复选框仅在两个选择的面之间创建圆角。此选项不会从选择集中添加或删除面。

● 优化单个选择：进行单个选择后，即自动前进到下一个"选择"按钮。对每个面集进行多项选择时，应取消选中该复选框。要进行多个选择，可单击对话框中的下一个"选择"按钮或选择快捷菜单中的"继续"命令以完成特定选择。

● 半径：指定所选面集的圆角半径，单击后可修改。

5.1.3   全圆角

全圆角特征添加与三个相邻面相切的变半径圆角或外圆角，中心面集由变半径圆角取代。全圆角特征可用于圆化外部零件特征。

全圆角特征的创建步骤如下。

1）单击"三维模型"选项卡"修改"面板上的"圆角"按钮，打开"圆角"对话框，选择"全圆角"类型，如图 5-11 所示。

图 5-11　"圆角"对话框-全圆角

2）选择要倒圆角的面，并输入圆角半径，如图 5-12 所示。

3）在对话框中设置其他参数，单击"确定"按钮，完成圆角的创建，如图 5-13 所示。

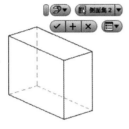

图 5-12　设置参数

图 5-13　创建全圆角

"全圆角"类型选项说明如下。

● 侧面集 1：单击"选择"按钮，指定与中心面集相邻的模型或曲面实体的一个或多个相切、相邻面。若要添加面，可单击"选择"按钮，然后单击图形窗口中的面。

● 中心面集：单击"选择"按钮，指定使用圆角替换的模型或曲面实体的一个或多个相切、相邻面。若要添加面，可单击"选择"按钮，然后单击图形窗口中的面。

● 侧面集 2：单击"选择"按钮，指定与中心面集相邻的模型或曲面实体的一个或多个相切、相邻面。若要添加面，可单击"选择"按钮，然后单击图形窗口中的面。

● 包括相切面：设置面圆角的面选择配置。选中该复选框允许圆角在相切、相邻面上自动继续。取消选中该复选框仅在两个选择的面之间创建圆角。此选项不会从选择集中添加或删除面。

● 优化单个选择：进行单个选择后，即自动前进到下一个"选择"按钮。进行多项选择时取消选中该复选框。要进行多项选择，可单击对话框中的下一个"选择"按钮或选择快捷菜单中的"继续"命令以完成特定选择。

技巧：

1）圆角特征与草图圆角特征有何不同？

在绘制草图时，可以通过添加二维圆角在设计中包含圆角，二维草图圆角和圆角特征可以生成外形完全相同的模型。但是带有圆角特征的模型有以下优点：

① 可以独立于拉伸特征对圆角特征进行编辑、抑制或删除，而不用返回到编辑该拉伸特征的草图。

② 如果对剩余边添加圆角，则可以更好地控制拐角。

③ 在进行后面的操作时有更多的灵活性，例如，应用面拔模。

2）等半径圆角和变半径圆角有何不同？

等半径圆角沿着其整个圆角长度都有相同的半径。变半径圆角的半径沿着其圆角长度会变化，要为起点和终点设置不同的半径。也可以添加中间点，每个中间点处都可以有不同的半径。圆角的形状由过渡类型决定。

5.1.4 实例——手柄

绘制如图 5-14 所示的手柄。

 操作步骤

1）新建文件。运行 Inventor，单击"快速访问"工具栏上的"新建"按钮，在打开的"新建文件"对话框中的零件下拉列表中选择"Standard.ipt"选项，单击"创建"按钮，新建一个零件文件。

2）绘制草图 1。单击"三维模型"选项卡"草图"面板上的"开始创建二维草图"按钮，选择 XY 平面为草图绘制平面，进入草图绘制环境。利用草图命令，绘制轮廓。单击"约束"面板上的"尺寸"按钮标注尺寸，如图 5-15 所示。单击"完成草图"按钮，退出草图环境。

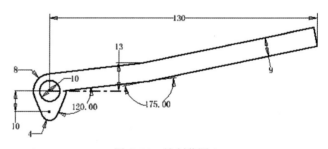

图 5-14　手柄　　　　　　　　　　　　　图 5-15　绘制草图 1

3）创建拉伸体 1。单击"三维模型"选项卡"创建"面板上的"拉伸"按钮，打开"拉伸"对话框，选取第 2）步绘制的草图为拉伸截面轮廓，将拉伸距离设置为 6mm，拉伸方向为"对称"。单击"确定"按钮完成拉伸，创建如图 5-16 所示的零件基体。

4）绘制草图 2。单击"三维模型"选项卡"草图"面板上的"开始创建二维草图"按钮，选择 XY 平面为草图绘制平面，进入草图绘制环境。单击"草图"选项卡"创建"面板上的"圆心圆"按钮，绘制两个同心圆。单击"约束"面板上的"尺寸"按钮标注尺寸，如图 5-17 所示。单击"完成草图"按钮，退出草图环境。

图 5-16　创建拉伸体 1

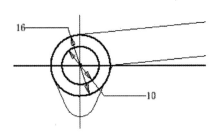

图 5-17　绘制草图 2

5）创建拉伸体 2。单击"三维模型"选项卡"创建"面板上的"拉伸"按钮▇，打开"拉伸"对话框，选取第 4）步绘制的草图为拉伸截面轮廓，将拉伸距离设置为 12mm，拉伸方向为"对称"。单击"确定"按钮完成拉伸，创建如图 5-18 所示的零件基体。

6）绘制草图 3。单击"三维模型"选项卡"草图"面板上的"开始创建二维草图"按钮▇，选择如图 5-18 所示的平面为草图绘制平面，进入草图绘制环境。单击"草图"选项卡"创建"面板上的"圆心圆"按钮⊙，绘制一个圆。单击"约束"面板上的"尺寸"按钮▔标注尺寸，如图 5-19 所示。单击"完成草图"按钮✔，退出草图环境。

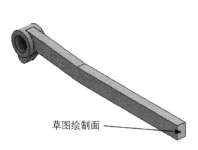

草图绘制面

图 5-18　创建拉伸体 2

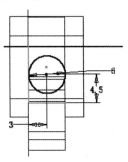

图 5-19　绘制草图 3

7）创建拉伸体 3。单击"三维模型"选项卡"创建"面板上的"拉伸"按钮▇，打开"拉伸"对话框，选取第 6）步绘制的草图为拉伸截面轮廓，将拉伸距离设置为 10mm。单击"确定"按钮完成拉伸，创建如图 5-20 所示的零件基体。

8）圆角处理。单击"三维模型"选项卡"修改"面板上的"圆角"按钮▇，打开"圆角"对话框，在视图中选择如图 5-21 所示的边线，输入圆角半径为"2mm"，单击"确定"按钮，结果如图 5-14 所示。

图 5-20　创建拉伸体 3

图 5-21　选择边线

9）保存文件。单击"快速访问"工具栏上的"保存"按钮，打开"另存为"对话框，输入文件名为"手柄.ipt"，单击"保存"按钮即可保存文件。

5.2 倒角

倒角可在零件和部件环境中使零件的边产生斜角。与圆角相似，倒角不要求有草图，也不要求被约束到要放置的边上。

倒角特征的创建步骤如下。

1）单击"三维模型"选项卡"修改"面板上的"倒角"按钮，打开"倒角"对话框，选择倒角类型，如图5-22所示。

2）选择要倒角的边，并输入倒角参数，单击"确定"按钮，完成倒角的创建，如图5-23所示。

图5-22 "倒角"对话框-边长

图5-23 设置参数

5.2.1 倒角边长

以"倒角边长"创建倒角是最简单的一种创建倒角的方式，该方式通过指定与所选择的边线偏移同样的距离来创建倒角。可选择单条边、多条边或相连的边界链以创建倒角，还可指定拐角过渡类型的外观。创建时仅需选择用来创建倒角的边以及指定倒角距离即可。对于该方式下的选项说明如下。

1. 链选边

● 所有相切连接边：在倒角操作中一次可选择所有相切边。

● 独立边：一次只选择一条边。

2．过渡类型

可在选择了三个或多个相交边创建倒角时应用，以确定倒角的形状。

● 过渡 ⚎：在各边交汇处创建交叉平面而不是拐角，如图 5-24a 所示。

● 无过渡 ⚎：倒角的外观好像通过铣去掉每个边而形成的尖角，如图 5-24b 所示。

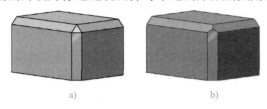

a)   b)

图 5-24　过渡类型

a) 过渡　b) 无过渡

5.2.2　倒角边长和角度

用"倒角边长和角度" ⛏ 创建倒角需要指定倒角边长和倒角角度两个参数。选择了该选项后，"倒角"面板如图 5-25 所示。首先选择创建倒角的边，然后选择一个表面，倒角生成的斜面与该面的夹角就是指定的倒角角度。倒角距离和倒角角度均可在对话框右侧的"倒角边长"和"角度"文本框中输入，然后单击"确定"按钮就可创建倒角特征。

5.2.3　两个倒角边长

用"两个倒角边长" ⛏ 创建倒角需要指定两个倒角距离来创建倒角。选择该选项后，"倒角"对话框如图 5-26 所示。首先选定倒角边，然后分别指定两个倒角距离即可。可利用"反向"选项使得两个距离调换，单击"确定"按钮即可完成创建。

图 5-25　"倒角"对话框-边长和角度

图 5-26　"倒角"对话框-两个倒角边长

5.2.4　实例——底座

绘制如图 5-27 所示的底座。

操作步骤

1）新建文件。运行 Inventor，单击"快速访问"工具栏上的"新建"按钮 ，在打开的
"新建文件"对话框中的零件下拉列表中选择"Standard.ipt"选项，单击"创建"按钮，新建
一个零件文件。

2）绘制草图 1。单击"三维模型"选项卡"草图"面板上的"开始创建二维草图"按钮
，选择 *XZ* 平面为草图绘制平面，进入草图绘制环境。单击"草图"选项卡"绘图"面板
上的"多边形"按钮 ，绘制六边形。单击"约束"面板上的"尺寸"按钮 标注尺寸，如
图 5-28 所示。单击"完成草图"按钮 ，退出草图环境。

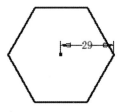

图 5-27　底座　　　　　　　　　　　　　　　　图 5-28　绘制草图 1

3）创建拉伸体。单击"三维模型"选项卡"创建"面板上的"拉伸"按钮 ，打开"拉
伸"对话框，由于草图中只有如图 5-28 所示的一个截面轮廓，所以自动被选取为拉伸截面轮
廓，将拉伸距离设置为"8mm"。单击"确定"按钮完成拉伸，创建如图 5-29 所示的零件
基体。

4）绘制草图 2。单击"三维模型"选项卡"草图"面板上的"开始创建二维草图"按钮
，选择 *YZ* 平面为草图绘制平面，进入草图绘制环境。单击"草图"选项卡"绘图"面板上
的"直线"按钮 ，绘制轮廓。单击"约束"面板上的"尺寸"按钮 标注尺寸，如图 5-30
所示。单击"完成草图"按钮 ，退出草图环境。

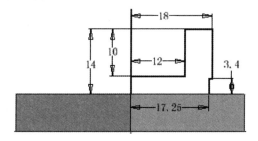

图 5-29　创建拉伸体　　　　　　　　　　　　　图 5-30　绘制草图 2

5）创建旋转体 1。单击"三维模型"选项卡"创建"面板上的"旋转"按钮 ，打开"旋
转"对话框，选取如图 5-30 所示的草图为截面轮廓，选取竖直直线段为旋转轴。单击"确定"
按钮完成旋转，效果如图 5-31 所示。

6）绘制草图 3。单击"三维模型"选项卡"草图"面板上的"开始创建二维草图"按钮
，选择 *XY* 平面为草图绘制平面，进入草图绘制环境。单击"草图"选项卡"绘图"面板
上的"直线"按钮 ，绘制轮廓。单击"约束"面板上的"尺寸"按钮 标注尺寸，如图 5-32
所示。单击"完成草图"按钮 ，退出草图环境。

图 5-31　创建旋转体 1

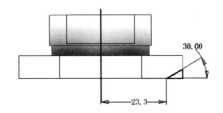
图 5-32　绘制草图 3

7）创建旋转体 2。单击"三维模型"选项卡"创建"面板上的"旋转"按钮，打开"旋转"对话框，由于草图中只有如图 5-32 所示的一个截面轮廓，所以自动被选取为旋转截面轮廓，选取竖直直线段为旋转轴，选择"求差"布尔方式。单击"确定"按钮完成旋转，效果如图 5-33 所示。

8）创建倒角。单击"三维模型"选项卡"修改"面板上的"倒角"按钮，打开"倒角"对话框，选择"倒角边长"选项，选择图 5-33 中的下边线，输入倒角边长为"1.6mm"，单击"确定"按钮，结果如图 5-34 所示。

图 5-33　创建旋转体 2

图 5-34　倒角处理

9）创建外螺纹。单击"三维模型"选项卡"修改"面板上的"螺纹"按钮，打开"螺纹"对话框，选择如图 5-35 所示的面为螺纹放置面，单击"全螺纹"按钮，单击"确定"按钮，创建螺纹如图 5-36 所示。

螺纹放置面
图 5-35　设置参数

图 5-36　创建螺纹

10）保存文件。单击"快速访问"工具栏上的"保存"按钮，打开"另存为"对话框，输入文件名为"底座.ipt"，单击"保存"按钮即可保存文件。

5.3 孔

在"Inventor"中可利用打孔工具在零件环境、部件环境和焊接环境中创建参数化直孔、沉头孔、锪平或倒角孔特征，还可自定义螺纹孔的螺纹特征和顶角的类型，来满足设计要求。

5.3.1 操作步骤

1）单击"三维模型"选项卡"修改"面板上的"孔"按钮 ，打开"孔"对话框，如图 5-37 所示。

2）在视图中选择孔放置面。

3）分别选择两条边为参考边，并输入尺寸，如图 5-38 所示。

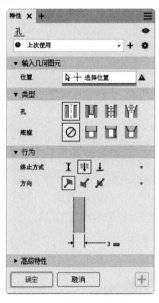

图 5-37 "孔"对话框

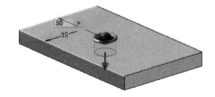

图 5-38 选择参考边

4）在对话框中选择孔类型，并输入孔直径，选择孔底类型并输入角度，选择终止方式。

5）单击"确定"按钮，按指定的参数生成孔。

5.3.2 选项说明

1. 位置

指定孔的放置位置。在放置孔的过程中，可以通过以下三种方法设置孔的位置。

1）单击平面或工作平面上的任意位置。采用此方法放置的孔中心为鼠标单击的位置，此时孔中心未被约束，可以拖动中心将其重新定位。

2）单击参考边以放置尺寸。此方法首先选择放置孔的平面，然后选择参考边线，系统出现"距离尺寸"文本框，通过距离约束确定孔的具体位置。

3）创建同心孔。采用该方法，首先选择要放置孔的平面，然后选择要同心的对象，可以是环形边或圆柱面，最后所创建的孔与同心引用对象具有同心约束。

2. 孔的形状

用户可选择创建四种形状的孔，即"无" $\oslash$、"沉头孔" 、"沉头平面孔" 和"倒角孔" ，如图 5-39 所示。直孔与平面齐平，并且具有指定的直径；沉头孔具有指定的直径、沉头直径和沉头深度；沉头平面孔具有指定的直径、沉头平面直径和沉头平面深度，孔和螺纹深度从沉头平面的底部曲面进行测量；倒角孔具有指定的直径、倒角孔直径和倒角孔角度。

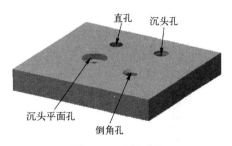

图 5-39　孔的形状

> ♤ 注意:
>
> 不能将锥角螺纹孔与沉头孔结合使用。

3. 孔预览区域

在孔的预览区域内可预览孔的形状。需要注意的是孔的尺寸是在预览窗口中进行修改的，双击对话框中孔图形上的尺寸，此时尺寸值变为可编辑状态，然后输入新值即完成修改。

4. 孔底

通过"孔底"选项设定孔的底部形状，有两个选项："平直" 和"角度" 。如果选择了"角度"选项，应设定角度的值。

5. 终止方式

通过"终止方式"选项区域中的选项可设置孔的方向和终止方式。终止方式有"距离"、"贯通"和"到"。其中，"到"方式仅可用于零件特征，在该方式下需要指定是在曲面还是在延伸面（仅适用于零件特征）上终止孔。如果选择"距离"或"贯通"选项，则通过方向按钮 、 选择是否反转孔的方向。

6. 孔的类型

用户可选择创建四种类型的孔，即简单孔、螺纹孔、配合孔和锥螺纹孔。要为孔设置螺纹特征，可选中"螺纹孔"或"锥螺纹孔"选项，此时出现"螺纹"选项区域，用户可自己指定螺纹类型。

1）英制螺纹孔的螺纹类型为"ANSI Unified Screw Threads"，公制螺纹孔则为"ANSI Metric M Profile"。

2）可设定螺纹的右旋或左旋方向，设置是否为全螺纹，可设定公称尺寸、螺距、系列和直径等。

3）如果选中"配合孔"选项，创建与所选紧固件配合的孔，此时出现"紧固件"选项区域。可从"标准"下拉列表框中选择紧固件标准，从"紧固件类型"下拉列表框中选择紧固件类型，从"大小"下拉列表框中选择紧固件的大小，从"配合"下拉列表框中设置孔配合的类型，可选的值为"常规""紧"或"松"。

5.3.3 实例——球头

绘制如图 5-40 所示的球头。

 操作步骤

1）新建文件。运行 Inventor，单击"快速访问"工具栏上的"新建"按钮，在打开的"新建文件"对话框中的零件下拉列表中选择"Standard.ipt"选项，单击"创建"按钮，新建一个零件文件。

图 5-40　球头

2）创建球体。单击"三维模型"选项卡"基本体素"面板上的"球体"按钮，选择 XZ 平面为草图绘制面，进入草图绘制环境。选择原点为圆心，绘制直径为 17 的圆，如图 5-41 所示。按〈Enter〉键，返回建模环境，系统打开"旋转"对话框，自动选取圆为旋转截面轮廓。单击"确定"按钮完成旋转，结果如图 5-42 所示。

3）绘制草图 2。单击"三维模型"选项卡"草图"面板上的"开始创建二维草图"按钮，选择 XZ 平面为草图绘制平面，进入草图绘制环境。单击"草图"选项卡"绘图"面板上的"两点矩形"按钮，绘制草图。单击"约束"面板上的"尺寸"按钮标注尺寸，如图 5-43 所示。单击"完成草图"按钮，退出草图环境。

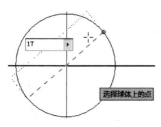

图 5-41　绘制草图 1

图 5-42　创建球体

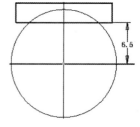

图 5-43　绘制草图 2

4）创建拉伸体。单击"三维模型"选项卡"创建"面板上的"拉伸"按钮，打开"拉伸"对话框，选取第 3）步绘制的草图为拉伸截面轮廓，设置拉伸范围为"贯通"，拉伸方向为"对称"，选择布尔"求差"方式。单击"确定"按钮，完成拉伸切除，如图 5-44 所示。

5）创建直孔。单击"三维模型"选项卡"修改"面板上的"孔"按钮，打开"孔"对话框。在视图中选取第 4）步创建的拉伸体外表面为孔放置平面，选取圆弧边线为同心参考，选择孔为"简单孔"类型，"终止方式"为"距离"，输入孔直径为"6mm"，距离为"10mm"，如图 5-45 所示，单击"确定"按钮。

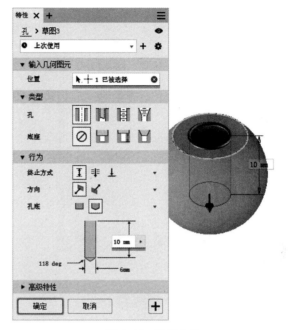

图 5-44　创建拉伸体　　　　　　　　　　　　　　　图 5-45　设置参数

🔔 注意:

　　绘制球头时还有另一种方法比较简单，就是直接绘制球头截面的草图轮廓，通过旋转即可得到球头，读者可以自己动手操作。

6）保存文件。单击"快速访问"工具栏上的"保存"按钮 📇，打开"另存为"对话框，输入文件名为"球头.ipt"，单击"保存"按钮即可保存文件。

5.4　抽壳

　　抽壳特征是指从零件的内部去除材料，创建一个具有指定厚度的空腔零件。抽壳也是参数化特征，常用于模具和铸造方面的造型。本节包含一个实例——支架。

5.4.1　操作步骤

　　1）单击"三维模型"选项卡"修改"面板上的"抽壳"按钮 🔲，打开"抽壳"对话框，如图 5-46 所示。

　　2）选择开口面，指定一个或多个要去除的零件面，只保留作为壳壁的面，如果不想选择某个面，可按住〈Ctrl〉键的同时单击该面即可。

3）选择好开口面以后，需要指定壳体的壁厚，设置效果如图 5-47 所示。单击"确定"按钮完成抽壳特征的创建。

图 5-46 "抽壳"对话框

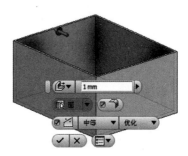

图 5-47 设置参数

5.4.2 选项说明

1. 抽壳方式

● 向内![icon]：向零件内部偏移壳壁，原始零件的外壁成为抽壳的外壁。

● 向外![icon]：向零件外部偏移壳壁，原始零件的外壁成为抽壳的内壁。

● 双向![icon]：向零件内部和外部以相同距离偏移壳壁，每侧偏移厚度是壳壁厚度的一半。

2. 特殊面厚度

用户可忽略默认厚度，而对所选的壁面应用其他厚度。需要指出的是，指定相等的壁厚是一个好的习惯，因为相等的壁厚有助于避免在加工和冷却的过程中出现变形。当然如果情况特殊，可为特定壳壁指定不同的厚度。

● 选择：显示应用新厚度的所选面个数。

● 厚度：显示和修改为所选面设置的新厚度。

5.4.3 实例——支架

本例创建如图 5-48 所示的支架。

操作步骤

1）新建文件。运行 Inventor，单击"快速访问"工具栏上的"新建"按钮![icon]，在打开的"新建文件"对话框中的零件下拉列表中选择"Standard.ipt"选项，单击"创建"按钮，新建一个零件文件。

2）绘制草图 1。单击"三维模型"选项卡"草图"面板上的"开始创建二维草图"按钮 📝，选择 XY 平面为草图绘制平面，进入草图绘制环境。单击"草图"选项卡"创建"面板上的"直线"按钮 ╱和"圆心圆"按钮 ⊙，绘制草图；单击"修改"面板上的"修剪"按钮 ✂，修剪多余的线段；单击"约束"面板内的"尺寸"按钮 ┣━┫标注尺寸，如图 5-49 所示。单击"完成草图"按钮 ✔，退出草图环境。

3）创建拉伸体。单击"三维模型"选项卡"创建"面板上的"拉伸"按钮 📦，打开"拉伸"对话框，选取第 2）步绘制的草图为拉伸截面轮廓，将拉伸距离设置为"65mm"。单击"确定"按钮完成拉伸，结果如图 5-50 所示。

图 5-48　支架

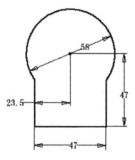

图 5-49　绘制草图 1

图 5-50　创建拉伸体

4）创建抽壳。单击"三维模型"选项卡"修改"面板上的"抽壳"按钮 📦，打开"抽壳"对话框，选择"向内"类型，在视图中选取如图 5-51 所示的两个面为开口面，输入厚度为"3mm"，单击"确定"按钮，结果如图 5-52 所示。

图 5-51　设置参数 1

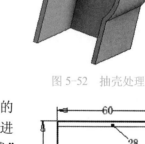

图 5-52　抽壳处理

5）绘制草图 2。单击"三维模型"选项卡"草图"面板上的"开始创建二维草图"按钮 📝，选择 YZ 平面为草图绘制平面，进入草图绘制环境。单击"草图"选项卡"创建"面板上的"直线"按钮 ╱和"三点圆弧"按钮 ╭，绘制草图；单击"约束"面板上的"尺寸"按钮 ┣━┫标注尺寸，如图 5-53 所示。单击"完成草图"按钮 ✔，退出草图环境。

6）切除拉伸。单击"三维模型"选项卡"创建"面板上的"拉伸"按钮 📦，打开"拉伸"对话框，选取第 5）步绘制的草图为拉伸截面轮廓，拉伸方式选择"贯通"，选择"求差"选项，单击"对称"按钮 ⧓，如图 5-54 所示。单击"确定"按钮完成拉伸，

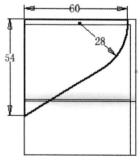

图 5-53　绘制草图 2

结果如图 5-55 所示。

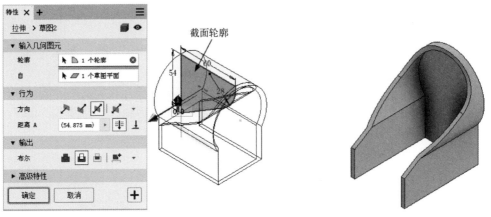

图 5-54　设置参数 2　　　　　　　　　　　　　图 5-55　拉伸切除实体

7）创建孔 1。单击"三维模型"选项卡"修改"面板上的"孔"按钮，打开"孔"对话框。选取侧面为孔放置面，选取竖直边线为参考 1，输入距离为"57mm"，选取水平边线为参考 2，输入距离为"13mm"；选择"简单孔"类型，输入孔直径为"10mm"，"终止方式"为"贯通"，如图 5-56 所示。单击"确定"按钮，结果如图 5-57 所示。

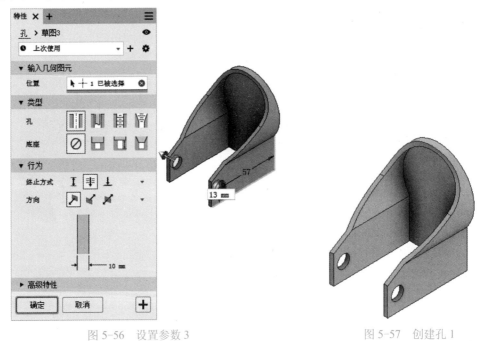

图 5-56　设置参数 3　　　　　　　　　　　　　图 5-57　创建孔 1

8）创建孔 2。单击"三维模型"选项卡"修改"面板上的"孔"按钮，打开"孔"对话框。选取如图 5-58 所示的面为孔放置面，选取圆弧边线为同心参考边，选择"简单孔"类型，输入孔直径为"16mm"，"终止方式"为"贯通"，单击"确定"按钮，结果如图 5-59 所示。

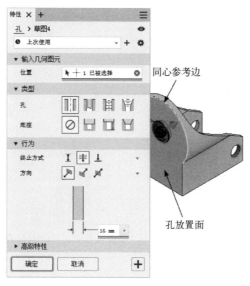

同心参考边

孔放置面

图 5-58　设置参数 4

9）圆角处理。单击"三维模型"选项卡"修改"面板上的"圆角"按钮 ，打开"圆角"
对话框，输入圆角半径为"15mm"，在视图中选取如图 5-60 所示的两条边线，单击"确定"
按钮，结果如图 5-61 所示。

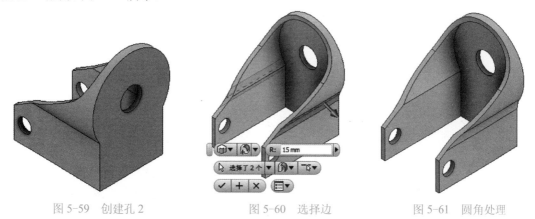

图 5-59　创建孔 2 　　　　　　图 5-60　选择边 　　　　　　图 5-61　圆角处理

10）保存文件。单击"快速访问"工具栏上的"保存"按钮 ，打开"另存为"对话框，
输入文件名为"支架.ipt"，单击"保存"按钮即可保存文件。

5.5　拔模斜度

在进行铸件设计时，通常需要一个拔模面使得零件更容易
从模具里面取出。在为模具或铸造零件设计特征时，可通过为
拉伸或扫掠指定正的或负的斜角来应用拔模斜度，当然也可直
接对现成的零件进行拔模斜度操作。在 Inventor 中提供了一个拔
模斜度工具，可很方便地对零件进行拔模操作。

5.5.1 操作步骤

创建拔模斜度的步骤如下。

1）单击"三维模型"选项卡"修改"面板上的"拔模"按钮 ，打开"面拔模"对话框，如图 5-62 所示，选择拔模类型。

图 5-62 "面拔模"对话框

2）在对话框右侧的"拔模斜度"选项区域中输入要进行拔模的斜度，可以是正值或负值。

3）选择要进行拔模的平面，可选择一个或多个拔模面，注意拔模的平面不能与拔模方向垂直。当鼠标位于某个符合要求的平面时，会出现效果的预览，如图 5-63 所示。

4）单击"确定"按钮即可完成拔模斜度特征的创建，如图 5-64 所示。

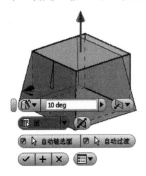

图 5-63 设置拔模参数

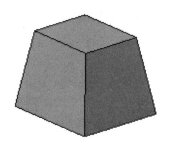

图 5-64 创建拔模特征

5.5.2 选项说明

1. 拔模方式

- 固定边：在每个平面的一个或多个相切的连续固定边处创建拔模，拔模结果是创建额外的面。
- 固定平面：选择一个固定平面（或者工作平面），选择以后拔模方向就自动设定为垂直于所选平面，然后再选择拔模面，即根据确定的拔模斜度角来创建拔模斜度特征。
- 分模线：创建有关二维或三维草图的拔模，模型将在分模线上方和下方进行拔模。

2. 自动链选面

包含与拔模选择集中的选定面相切的面。

3. 自动过渡

适用于以圆角或其他特征过渡到相邻面的面。选中此选项，可维护过渡的几何图元。

5.5.3 实例——充电器

本例创建如图 5-65 所示的充电器。

操作步骤

1）新建文件。运行 Inventor，单击"快速访问"工具栏上的"新建"按钮 ，在打开的"新建文件"对话框中的零件下拉列表中选择"Standard.ipt"选项，单击"创建"按钮，新建一个零件文件。

2）绘制草图 1。单击"三维模型"选项卡"草图"面板上的"开始创建二维草图"按钮 ，选择 XY 平面为草图绘制平面，进入草图绘制环境。单击"草图"选项卡"绘图"面板上的"两点中心矩形"按钮 ，绘制截面轮廓。单击"约束"面板上的"尺寸"按钮 标注尺寸，如图 5-66 所示。单击"完成草图"按钮 ，退出草图环境。

图 5-65　充电器

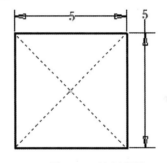

图 5-66　绘制草图 1

3）创建拉伸体 1。单击"三维模型"选项卡"创建"面板上的"拉伸"按钮 ，打开"拉伸"对话框，选取第 2）步绘制的草图为拉伸截面轮廓，将拉伸距离设置为"4mm"。单击"确定"按钮完成拉伸，结果如图 5-67 所示。

4）创建工作平面。单击"三维模型"选项卡"定位特征"面板上的"工作平面"按钮 ，在视图中选取拉伸体的上表面并拖动，输入偏移距离为"0.5mm"，单击"确定"按钮 ，创建工作平面 1，如图 5-68 所示。

5）绘制草图 2。单击"三维模型"选项卡"草图"面板上的"开始创建二维草图"按钮 ，选择第 4）步创建的工作平面为草图绘制平面，进入草图绘制环境。单击"草图"选项卡"创建"面板上的"投影几何图元"按钮 ，提取第 4）步创建的拉伸体的外边线，单击"完成草图"按钮 ，退出草图环境。

6）创建拉伸体 2。单击"三维模型"选项卡"创建"面板上的"拉伸"按钮 ，打开"拉伸"对话框，选取第 5）步绘制的草图为拉伸截面轮廓，将拉伸距离设置为"2mm"。单击"确定"按钮完成拉伸，结果如图 5-69 所示。

图 5-67　创建拉伸体 1

图 5-68　创建工作平面

图 5-69　创建拉伸体 2

7）拔模处理。单击"三维造型"选项卡"修改"面板上的"面拔模"命令 ，打开"面拔模"对话框，如图 5-70 所示。选择"固定平面"类型，在视图中选取第一个拉伸体的上表面为固定平面，选择四个面为拔模面，输入拔模斜度为"10°"，单击"确定"按钮，结果如图 5-71 所示。

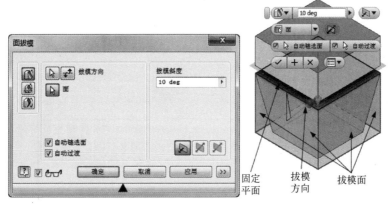
图 5-70　设置参数 1

8）拔模处理 1。单击"三维造型"选项卡"修改"面板上的"面拔模"命令 ，打开"面拔模"对话框，如图 5-72 所示。选择"固定平面"类型，在视图中选取第二个拉伸体的下表面为固定平面，选择四个面为拔模面，输入拔模斜度为"30°"，单击"确定"按钮，结果如图 5-73 所示。

图 5-71　拔模处理 1

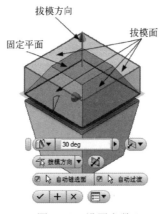
图 5-72　设置参数 2

图 5-73　拔模处理 2

9）创建共享草图。在浏览器中"拉伸 2"特征下选取"草图 2"，单击鼠标右键，在打开的快捷菜单中选择"共享草图"选项，系统自动生成一个草图 2。

10）创建拉伸体 3。单击"三维模型"选项卡"创建"面板上的"拉伸"按钮，打开"拉伸"对话框，选取第 9）步共享的草图 2 为拉伸截面轮廓，选择拉伸终止方式为"到"，在视图中选取拉伸体 1 的上表面，如图 5-74 所示。单击"确定"按钮完成拉伸，结果如图 5-75 所示。隐藏工作平面 1 和共享草图 2。

11）绘制草图 3。单击"三维模型"选项卡"草图"面板上的"开始创建二维草图"按钮，选择拉伸体 2 上表面为草图绘制平面，进入草图绘制环境。单击"草图"选项卡"创建"面板上的"两点中心矩形"按钮，绘制矩形。单击"约束"面板内的"尺寸"按钮标注尺寸，如图 5-76 所示。单击"完成草图"按钮，退出草图环境。

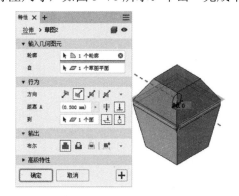  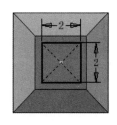

图 5-74　设置参数 3　　　　图 5-75　创建拉伸体 3　　图 5-76　绘制草图 3

12）创建拉伸体 4。单击"三维模型"选项卡"创建"面板上的"拉伸"按钮，打开"拉伸"对话框，选取第 11）步创建的草图为拉伸截面轮廓，输入拉伸距离为"0.3mm"。单击"确定"按钮完成拉伸，如图 5-77 所示。

13）绘制草图 4。单击"三维模型"选项卡"草图"面板上的"开始创建二维草图"按钮，选择第 12）步绘制的拉伸体上表面为草图绘制平面，进入草图绘制环境。单击"草图"选项卡"创建"面板上的"两点矩形"按钮，绘制矩形。单击"约束"面板内的"尺寸"按钮标注尺寸，如图 5-78 所示。单击"完成草图"按钮，退出草图环境。

14）创建拉伸5。单击"三维模型"选项卡"创建"面板上的"拉伸"按钮，打开"拉伸"对话框，选取第 13）步绘制的草图为拉伸截面轮廓，输入拉伸距离为"2mm"。单击"确定"按钮完成拉伸，结果如图 5-79 所示。

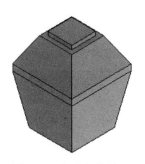 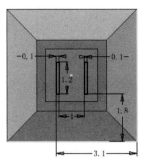 

图 5-77　创建拉伸体 4　　　　图 5-78　绘制草图 4　　　　图 5-79　创建拉伸体 5

111

15）圆角处理。单击"三维模型"选项卡"修改"面板上的"圆角"按钮，打开"圆角"对话框，在视图中选择如图 5-80 所示的边进行圆角处理，圆角半径为 0.6mm，单击"确定"按钮，结果如图 5-81 所示。

图 5-80　选择边

图 5-81　圆角

16）保存文件。单击"快速访问"工具栏上的"保存"按钮，打开"另存为"对话框，输入文件名为"充电器.ipt"，单击"保存"按钮即可保存文件。

5.6　螺纹特征

在 Inventor 中，可使用螺纹特征工具在孔或诸如轴、螺柱、螺栓等圆柱面上创建螺纹特征。Inventor 的螺纹特征实际上不是真实存在的螺纹，而是用贴图的方法实现的效果图。这样可大大减少系统的计算量，使得特征的创建时间更短，效率更高。

5.6.1　操作步骤

1）单击"三维模型"选项卡"修改"面板上的"螺纹"按钮，打开"螺纹"对话框，如图 5-82 所示。

2）在视图区中选择一个圆柱/圆锥面放置螺纹，如图 5-83 所示。

3）在对话框中设置螺纹长度，更改螺纹类型。

4）单击"确定"按钮即可完成螺纹特征的创建，如图 5-84 所示。

图 5-83　选择放置面

图 5-82　"螺纹"对话框　　图 5-84　创建螺纹特征

5.6.2 选项说明

"螺纹"对话框中的选项说明如下。

1）显示模型中的螺纹：选中此复选框，创建的螺纹可在模型上显示出来，否则即使创建了螺纹也不会显示在零件上。

2）深度：可指定螺纹是全螺纹，也可指定螺纹相对于螺纹起始面的偏移量和螺纹的长度。

3）"螺纹"选项区域，如图 5-85 所示，可指定螺纹类型、尺寸、规格、类和"右旋"（R）或"左旋"（L）方向。

图 5-85 "定义"选项卡

Inventor 使用 Excel 电子表格来管理螺纹和螺纹孔数据。默认情况下，电子表格位于"\Inventor 安装文件夹\Inventor 2020\Design Data\文件夹"中。电子表格中包含了一些常用行业标准的螺纹类型和标准的螺纹孔数据，用户可编辑该电子表格，以便包含更多的螺纹尺寸和螺纹类型，创建自定义螺纹尺寸及螺纹类型等。

电子表格的基本形式介绍如下。

1）每张工作表表示不同的螺纹类型或行业标准。

2）每个工作表上的单元格 A1 保留用来定义测量单位。

3）每行表示一个螺纹条目。

4）每列表示一个螺纹条目的独特信息。

如果用户要自行创建或修改螺纹（或螺纹孔）数据，应该考虑以下因素。

1）编辑文件之前备份电子表格（thread.xls）；要在电子表格中创建新的螺纹类型，应先复制一份现有工作表以便维持数据列结构的完整性，然后在新工作表中进行修改得到新的螺纹数据。

2）要创建自定义尺寸螺纹孔，应在电子表格中创建一个新工作表，使其包含自定义尺寸的螺纹，然后选择"螺纹"对话框的"定义"选项卡，再选择"螺纹"类型列表中的"自定义"选项。

3）修改电子表格不会使现有的螺纹和螺纹孔产生关联变动。

4）修改并保存电子表格后，编辑螺纹特征并选择不同的螺纹类型，然后保存文件即可。

5.6.3 实例——锁紧螺母

绘制如图 5-86 所示的锁紧螺母。

操作步骤

1）新建文件。运行 Inventor，单击"快速访问"工具栏上的"新建"按钮，在打开的"新建文件"对话框中的零件下拉列表中选择"Standard.ipt"选项，单击"创建"按钮，新建一个零件文件。

2）创建草图。单击"三维模型"选项卡"草图"面板上的"开始创建二维草图"按钮，选择 XY 平面为草图绘制平面，进入草图绘制环境。单击"草图"选项卡"绘图"面板上的"直线"按钮 ∕，绘制草图。单击"约束"面板上的"尺寸"按钮 标注尺寸，如图 5-87 所示。单击"完成草图"按钮 ✔，退出草图环境。

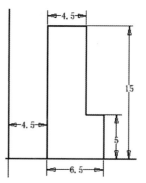

图 5-86　锁紧螺母　　　　　　　　　　　　图 5-87　绘制草图

3）创建旋转体。单击"三维模型"选项卡"创建"面板上的"旋转"按钮，打开"旋转"对话框，由于草图中只有如图 5-87 所示的一个截面轮廓，所以自动被选取为旋转截面轮廓，选取竖直直线段为旋转轴。单击"确定"按钮完成旋转，结果如图 5-88 所示。

4）创建外螺纹。单击"三维模型"选项卡"修改"面板上的"螺纹"按钮，打开"螺纹"对话框，选择上面的外圆面为螺纹放置面，取消按下"全螺纹"按钮，输入"深度"为"6mm"，单击"确定"按钮，结果如图 5-89 所示。

图 5-88　创建旋转体　　　　　　　　　　　图 5-89　创建外螺纹

5）保存文件。单击"快速访问"工具栏上的"保存"按钮，打开"另存为"对话框，输入文件名为"锁紧螺母.ipt"，单击"保存"按钮即可保存文件。

5.7　镜像

镜像特征可以以等长距离在平面的另外一侧创建一个或多个特征甚至整个实体的副本。如果零件中有多个相同的特征且在空间的排列上具有一定的对称性，可使用镜像工具以减少工作量，提高工作效率。

5.7.1　镜像特征

镜像特征的操作步骤如下。

1）单击"三维模型"选项卡"阵列"面板上的"镜像"按钮，打开"镜像"对话框，选择"镜像各个特征"，如图 5-90 所示。

2）选择一个或多个要镜像的特征，如果所选特征带有从属特征，则它们也将被自动选中，如图 5-91 所示。

3）选择镜像平面。任何直的零件边、平坦零件表面、工作平面或工作轴都可用于镜像所选特征的对称平面。

4）单击"确定"按钮完成特征的创建，如图 5-92 所示。

图 5-90　"镜像"对话框-特征

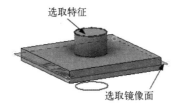

图 5-91　选取特征和镜像平面

图 5-92　镜像特征

5.7.2　镜像实体

镜像实体的操作步骤如下。

1）单击"三维模型"选项卡"阵列"面板上的"镜像"按钮，打开"镜像"对话框，选择"镜像实体"，如图 5-93 所示。

2）选择一个或多个要镜像的实体，如果所选实体带有从属实体，则它们也将被自动选中，如图 5-94 所示。

图 5-93　"镜像"对话框-实体

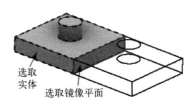

图 5-94　选取实体和镜像平面

3）选择镜像平面。任何直的零件边、平坦零件表面、工作平面或工作轴都可作为镜像所选实体的对称平面。

4）单击"确定"按钮完成实体的创建，如图 5-95 所示。"镜像"对话框中的选项说明如下。

- 包括定位/曲面特征：选择一个或多个要镜像的定位特征。

- 镜像平面：选中该选项，选择工作平面或平面，所选定位特征将穿过该平面创建镜像。

图 5-95　镜像实体

- 删除原始特征：选中该选项，则删除原始实体，零件文件中仅保留镜像引用。可使用此选项对零件的左旋和右旋版本进行造型。

- 优化：选中该选项，则创建的镜像引用是原始特征的直接副本。

- 完全相同：选中该选项，则创建完全相同的镜像体，而不管它们是否与另一特征相交。当镜像特征终止在工作平面上时，使用此方法可高效地镜像出大量的特征。

- 调整：选中该选项，用户可根据其中的每个特征分别计算各自的镜像特征。

5.7.3　实例——圆头导向键

绘制如图 5-96 所示的圆头导向键。

 操作步骤

1）新建文件。运行 Inventor，单击"快速访问"工具栏上的"新建"按钮，在打开的"新建文件"对话框中的零件下拉列表中选择"Standard.ipt"选项，单击"创建"按钮，新建一个零件文件。

2）创建草图。单击"三维模型"选项卡"草图"面板上的"开始创建二维草图"按钮，选择 *XZ* 平面为草图绘制平面，进入草图绘制环境。单击"草图"选项卡"创建"面板上的"两点矩形"按钮，绘制矩形。单击"约束"面板上的"尺寸"按钮标注尺寸，如图 5-97所示。单击"完成草图"按钮，退出草图环境。

图 5-96　圆头导向键

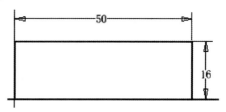

图 5-97　绘制草图

3）创建拉伸体。单击"三维模型"选项卡"创建"面板上的"拉伸"按钮，打开"拉伸"对话框，选取第 2）步绘制的草图为拉伸截面轮廓，将拉伸距离设置为"10mm"。单击"确定"按钮完成拉伸，结果如图 5-98 所示。

4）创建沉头孔。单击"三维模型"选项卡"修改"面板上的"孔"按钮，打开"孔"对话框。在视图中选取拉伸体的上表面为孔放置面，选取长边为参考 1，输入距离为"8"mm，

图 5-98　创建拉伸体

选取短边为参考2，输入距离为"20"mm，选择"沉头孔"类型，输入沉头孔参数如图5-99所示，单击"确定"按钮，结果如图5-100所示。

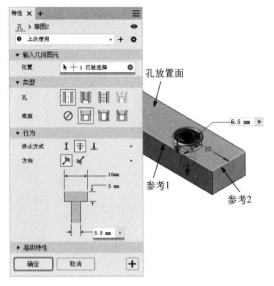

图5-99 "孔"对话框及预览

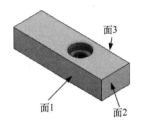

图5-100 沉头孔

5）圆角处理。单击"三维模型"选项卡"修改"面板上的"圆角"按钮，打开"圆角"对话框，选择"全圆角"类型，在视图中选择面1、2、3，注意"中心面集"是面2，单击"确定"按钮，结果如图5-101所示。

6）镜像处理。这里有两种方法可以实现对模型的镜像，读者可任选一种。

方法一：单击"三维模型"选项卡"阵列"面板上的"镜像"按钮，打开"镜像"对话框，选择"镜像各个特征"类型，在视图中选取拉伸体、孔特征和圆角，选取如图5-102所示的面为镜像平面，单击"确定"按钮。

图5-101 圆角处理

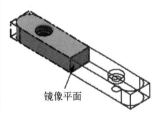

图5-102 "镜像"对话框

方法二：单击"三维模型"选项卡"阵列"面板上的"镜像"按钮，打开"镜像"对话框，选择"镜像实体"类型，系统自动选取视图中的所有实体，选取与方法一相同的镜像平面，单击"确定"按钮，结果如图5-103所示。

7）创建倒角。单击"三维模型"选项卡"修改"面板上的"倒角"按钮，打开"倒角"对话框，选择图5-103中的上边线，输入倒角边长为"1mm"，单击"确定"按钮，效果如图5-104所示。

图 5-103　镜像特征或实体　　　　　　　　图 5-104　倒角

8）保存文件。单击"快速访问"工具栏上的"保存"按钮，打开"另存为"对话框，输入文件名为"圆头导向键.ipt"，单击"保存"按钮即可保存文件。

5.8　阵列

阵列是指多重复制选择对象，并把这些副本按矩形或环形排列。

5.8.1　矩形阵列

矩形阵列是指复制一个或多个特征的副本，并且在矩形中或沿着指定的线性路径排列所得到的引用特征。线性路径可以是直线、圆弧、样条曲线或修剪的椭圆。

矩形阵列步骤如下。

1）单击"三维模型"选项卡"阵列"面板上的"矩形阵列"按钮，打开"矩形阵列"对话框，如图 5-105 所示。

2）选择要阵列的特征或实体。

3）选择阵列的两个方向。

4）为在该方向上复制的特征指定副本的个数，以及副本之间的距离。副本之间的距离可用三种方法来定义，即间距、距离和曲线长度。

5）在"方向"选项区域中，选择"完全相同"选项，用第一个所选特征的放置方式放置所有特征，或选择"方向 1"或"方向 2"选项，指定控制阵列特征排列的路径，如图 5-106 所示。

6）单击"确定"按钮完成特征的创建，如图 5-107 所示。

图 5-105　"矩形阵列"对话框

图 5-106　设置参数　　　　　　　图 5-107　矩形阵列

“矩形阵列”对话框中的选项说明如下。

1. 选择阵列“各个特征” /阵列“整个实体”

如果要阵列各个特征，可选择要阵列的一个或多个特征，对于精加工特征（如圆角和倒角），仅当选择了它们的父特征时才能包含在阵列中。

2. 选择方向

选择阵列的两个方向，用路径选择工具来选择线性路径以指定阵列的方向。路径可以是二维或三维直线、圆弧、样条曲线、修剪的椭圆或边，可以是开放回路，也可是闭合回路。“反向”按钮用来使得阵列方向反向。

3. 设置参数

- 间距：指定每个特征副本之间的距离。
- 距离：指定特征副本的总距离。
- 曲线长度：在指定长度的曲线上等距排列特征的副本，两个方向上的设置是完全相同的。对于任何一个方向，“起始位置”选项应选择路径上的一点以指定一列或两列的起点。如果路径是封闭回路，则必须指定起点。

4. 计算

- 优化：创建一个副本并重新生成面，而不是重新生成特征。
- 完全相同：创建完全相同的特征，而不管终止方式。
- 调整：使特征在遇到面时终止。需要注意的是，用“完全相同”方法创建的阵列比用“调整”方法创建的阵列计算速度快。如果使用“调整”方法，则阵列特征会在遇到平面时终止，所以可能会得到一个其大小和形状与原始特征不同的特征。

🔔 注意：

阵列整个实体的选项与阵列特征选项基本相同，只是“调整”选项在阵列整个实体时不可用。

---

5. 方向

- 完全相同：用第一个所选特征的放置方式放置所有特征。
- “方向 1”/“方向 2”：指定控制阵列特征排列的路径。

📂 技巧：

在矩形（环形）阵列中，可抑制某一个或几个单独的引用特征即创建的特征副本。当创建了一个矩形阵列特征后，在浏览器中显示每一个引用特征的图标，右键单击某个引用特征，该引用特征即被选中，同时打开右键菜单。如果选择其中的“抑制”选项，该特征即被抑制，同时变为不可见。要同时抑制多个引用特征，可按住〈Ctrl〉键的同时单击想要抑制的引用特征即可。如果要去除引用特征的抑制，右键单击被抑制的引用特征，在打开的快捷菜单中取消“抑制”选项的选择即可。

5.8.2 实例——齿条

绘制如图 5-108 所示的齿条。

🎬 操作步骤

1）新建文件。运行 Inventor，单击"快速访问"工具栏中的"新建"按钮 🔲，在打开的"新建文件"对话框中的"Templates"选项卡的零件下拉列表中选择"Standard.ipt"选项，单击"创建"按钮，新建一个零件文件。

2）绘制草图 1。单击"三维模型"选项卡"草图"面板中的"开始创建二维草图"按钮 📝，选择 YZ 平面为草图绘制平面，进入草图绘制环境。单击"草图"选项卡"创建"面板中的"圆"按钮 ⊙，绘制截面轮廓。单击"约束"面板中的"尺寸"按钮 — 标注尺寸，如图 5-109 所示。单击"草图"选项卡中的"完成草图"按钮 ✔，退出草图环境。

图 5-108 齿条

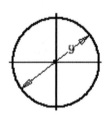

图 5-109 绘制草图 1

3）创建拉伸体 1。单击"三维模型"选项卡"创建"面板中的"拉伸"按钮 🔲，打开"拉伸"对话框，系统自动选取第 2）步绘制的草图为拉伸截面轮廓，将拉伸距离设置为 35mm，拉伸方向为"对称"，如图 5-110 所示。单击"确定"按钮，完成拉伸。

4）绘制草图 2。单击"三维模型"选项卡"草图"面板中的"开始创建二维草图"按钮 📝，选择 XY 平面为草图绘制平面，进入草图绘制环境。单击"草图"选项卡"创建"面板中的"直线"按钮 /，绘制截面轮廓。单击"约束"面板中的"尺寸"按钮 — 标注尺寸，如图 5-111 所示。单击"草图"选项卡中的"完成草图"按钮 ✔，退出草图环境。

图 5-110 设置拉伸参数 1

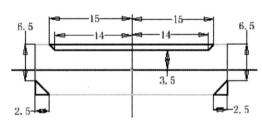

图 5-111 绘制草图 2

5）创建拉伸体 2。单击"三维模型"选项卡"创建"面板中的"拉伸"按钮 🔲，打开"拉伸"对话框，选取第 4）步绘制的草图为拉伸截面轮廓，设置拉伸终止方式为"贯通"，拉伸方向为"对称"，布尔运算为"求差"，如图 5-112 所示，单击"确定"按钮，完成拉伸。

6）绘制草图 3。单击"三维模型"选项卡"草图"面板中的"开始创建二维草图"按钮 📝，选择 XY 平面为草图绘制平面，进入草图绘制环境。单击"草图"选项卡"创建"面板中的"直线"按钮╱，绘制截面轮廓。单击"约束"面板中的"尺寸"按钮┤┤标注尺寸，如图 5-113 所示。单击"草图"选项卡中的"完成草图"按钮✔，退出草图环境。

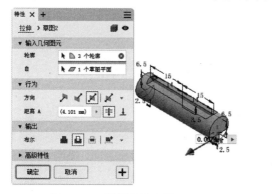

图 5-112　设置拉伸参数 2

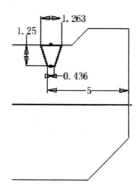

图 5-113　绘制草图 3

7）创建拉伸体 3。单击"三维模型"选项卡"创建"面板中的"拉伸"按钮▮，打开"拉伸"对话框，选取第 6）步绘制的草图为拉伸截面轮廓，设置拉伸终止方式为"贯通"，拉伸方向为"对称"，布尔运算为"求差"，单击"确定"按钮，完成拉伸。

8）矩形阵列齿。单击"三维模型"选项卡"阵列"面板中的"矩形阵列"按钮▦，打开"矩形阵列"对话框，在视图中选取第 7）步创建的拉伸特征为阵列特征，选取最长边线为阵列方向，输入阵列个数"17"，距离为"1.6mm"，单击"确定"按钮，结果如图 5-114 所示。

9）绘制草图 4。单击"三维模型"选项卡"草图"面板的"开始创建二维草图"按钮▽，选择 XY 平面为草图绘制面。单击"草图"选项卡"创建"面板的"直线"按钮╱，绘制草图。单击"约束"面板中的"尺寸"按钮┤┤标注尺寸，如图 5-115 所示。单击"草图"选项卡中的"完成草图"按钮✔，退出草图环境。

图 5-114　矩形阵列齿

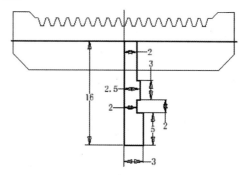

图 5-115　绘制草图 4

10）创建旋转特征。单击"三维模型"选项卡"创建"面板中的"旋转"按钮●，打开"旋转"对话框，选取第 9）步创建的草图为拉伸截面轮廓，选择左侧的竖直直线为旋转轴，其他采用默认设置，单击"确定"按钮，完成旋转，如图 5-116 所示。

11）圆角处理。单击"三维模型"选项卡"修改"面板中的"圆角"按钮●，打开"圆角"对话框，输入半径为"2.5mm"，选择如图 5-117 所示的边线进行倒圆角，单击"确定"按钮，完成圆角操作。

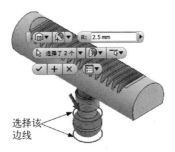

图 5-116　创建旋转特征　　　　　　　　　图 5-117　创建圆角

12）保存文件。单击"快速访问"工具栏中的"保存"按钮 ，打开"另存为"对话框，输入文件名为"齿条.ipt"，单击"保存"按钮，保存文件。

5.8.3　环形阵列

环形阵列是指复制一个或多个特征，然后在圆弧或圆中按照指定的数量和间距排列所得到的引用特征。

环形阵列创建步骤如下。

1）单击"三维模型"选项卡"阵列"面板上的"环形阵列"按钮 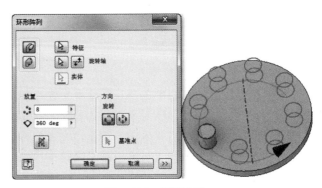，打开"环形阵列"对话框，如图 5-118 所示。

2）选择阵列"各个特征" 或阵列"整个实体" 。如果要阵列各个特征，可以选择要阵列的一个或多个特征。

3）选择旋转轴。旋转轴可以是边线、工作轴以及圆柱的中心线等，它可以不和特征在同一个平面上。

4）在"放置"选项区域中，可指定引用的数目，引用之间的夹角。创建方法与矩形阵列中的对应选项的含义相同。

5）在"放置方法"选项区域中，可定义引用夹角是所有引用之间的夹角（"范围"选项）还是两个引用之间的夹角（"增量"选项），如图 5-119 所示。

图 5-118　"环形阵列"对话框　　　　　　　　　　图 5-119　设置参数

6）单击"确定"按钮完成阵列特征的创建，如图 5-120 所示。

"环形阵列"对话框中的选项说明如下。

1．放置

- 数量：指定阵列中引用的数目。
- 角度：引用之间的角度间距，取决于放置方法。
- 中间平面：指定在原始特征的两侧分布特征引用。

2．放置方法

- 增量：定义特征之间的间距。
- 范围：阵列使用一个角度来定义阵列特征占用的总区域。

图 5-120　环形阵列

📁 **技巧：**

如果选择阵列"整个实体"选项，则"创建方法"选项区域中的"调整"选项不可用。其他选项意义和阵列"各个特征"的对应选项相同。

5.8.4　实例——齿圈

本例创建如图 5-121 所示的齿圈。

 操作步骤

1）新建文件。单击"快速访问"工具栏上的"新建"按钮 ，在打开的"新建文件"对话框中的"Templates"选项卡的零件下拉列表中选择"Standard.ipt"选项，单击"创建"按钮，新建一个零件文件。

2）绘制草图 1。单击"三维模型"选项卡"草图"面板上的"开始创建二维草图"按钮 ，选择 *XY* 平面为草图绘制平面，进入草图绘制环境。单击"草图"选项卡"创建"面板上的"直线"按钮 ，绘制草图。单击"约束"面板上的"尺寸"按钮 标注尺寸，如图 5-122 所示。单击"草图"选项卡上的"完成草图"按钮 ，退出草图环境。

3）创建旋转体。单击"三维模型"选项卡"创建"面板上的"旋转"按钮 ，打开"旋转"对话框，系统自动选取第 2）步绘制的草图为旋转截面轮廓，选择左侧的竖直直线为旋转轴，其他采用默认设置，如图 5-123 所示。单击"确定"按钮完成旋转。

图 5-121　齿圈

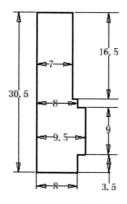

图 5-122　绘制草图 1

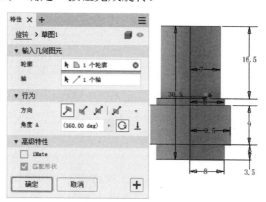

图 5-123　旋转示意图

4）创建倒角特征。单击"三维模型"选项卡"修改"面板上的"倒角"按钮▣，打开"倒角"对话框，设置"倒角边长"为"1.5mm"，选择倒角边线，如图 5-124 所示，单击"确定"按钮，创建倒角特征。

图 5-124　创建倒角特征

5）绘制草图 2。单击"三维模型"选项卡"草图"面板上的"开始创建二维草图"按钮▣，选择 *XZ* 平面为草图绘制平面，进入草图绘制环境。单击"草图"选项卡"创建"面板上的"圆"按钮⊙，绘制三个直径分别为 16.75，18 和 19 的圆；然后单击"草图"选项卡"创建"面板上的"直线"按钮／，通过原点绘制一条竖直直线，再将该直线向右分别偏移 0.26，0.39 和 0.64，如图 5-125 所示；然后在圆和直线的交点处绘制点，再利用"圆弧"命令，通过绘制的点绘制圆弧，如图 5-126 所示；然后将绘制的圆弧以左侧的竖直直线为镜像线进行镜像，修剪草图后如图 5-127 所示。单击"草图"选项卡上的"完成草图"按钮✔，退出草图环境。

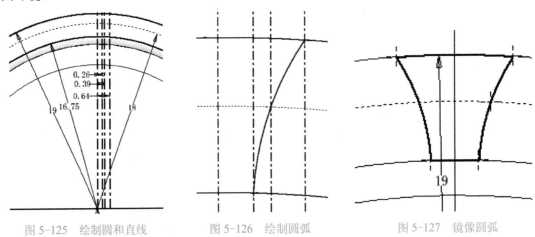

图 5-125　绘制圆和直线　　　　图 5-126　绘制圆弧　　　　图 5-127　镜像圆弧

6）创建拉伸体 1。单击"三维模型"选项卡"创建"面板中的"拉伸"按钮▣，打开"拉伸"对话框，系统自动选取第 5）步绘制的草图为拉伸截面轮廓，设置拉伸终止方式为"贯通"，设置"布尔"为"求差"，如图 5-128 所示，单击"确定"按钮，完成拉伸。

7）环形阵列齿槽。单击"三维模型"选项卡"阵列"面板上的"环形阵列"按钮▣，打开"环形阵列"对话框。选择第 6）步创建的齿槽特征为阵列特征，选取拉伸体的外圆柱面，系统自动选取圆柱面的中心轴为旋转轴，输入阵列个数为"36"，引用夹角为"360（deg）"，单击

"确定"按钮，结果如图 5-129 所示。

8）创建孔。单击"三维模型"选项卡"修改"面板上的"孔"按钮，打开"孔"对话框，选择零件的上表面为放置孔的端面，选择零件圆柱的上表面边线为同心参考，选择孔的类型为"简单孔"，设置"终止方式"为"贯通"，设置孔的直径为"11mm"。单击"确定"按钮完成孔特征操作，结果如图 5-130 所示。

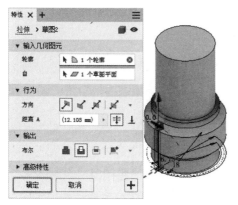

图 5-128 设置拉伸参数 1 　　　　图 5-129 阵列齿槽 　　　　图 5-130 创建孔特征

9）绘制草图 3。单击"三维模型"选项卡"草图"面板上的"开始创建二维草图"按钮，选择 XY 平面为草图绘制平面，进入草图绘制环境。单击"草图"选项卡"创建"面板上的"矩形"按钮，绘制草图。单击"约束"面板上的"尺寸"按钮标注尺寸，如图 5-131 所示。单击"草图"选项卡上的"完成草图"按钮，退出草图环境。

10）创建拉伸体 2。单击"三维模型"选项卡"创建"面板中的"拉伸"按钮，打开"拉伸"对话框，系统自动选取第 9）步绘制的草图为拉伸截面轮廓，设置拉伸终止方式为"贯通"，设置拉伸方向为"对称"，设置"布尔"为"求差"，如图 5-132 所示。单击"确定"按钮，完成拉伸，结果如图 5-133 所示。

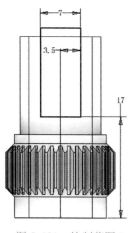

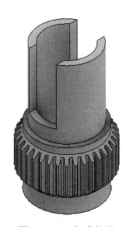

图 5-131 绘制草图 3 　　　　图 5-132 设置拉伸参数 2 　　　　图 5-133 完成拉伸

11）保存文件。单击"快速访问"工具栏上的"保存"按钮，打开"另存为"对话框，输入文件名为"齿圈.ipt"，单击"保存"按钮，保存文件。

5.9 综合实例——阀体

绘制如图 5-134 所示的阀体。

 操作步骤

1）新建文件。运行 Inventor，单击"快速访问"工具栏上的"新建"按钮，在打开的"新建文件"对话框中的零件下拉列表中选择"Standard.ipt"选项，单击"创建"按钮，新建一个零件文件。

2）绘制草图 1。单击"三维模型"选项卡"草图"面板上的"开始创建二维草图"按钮，选择 XZ 平面为草图绘制平面，进入草图绘制环境。单击"草图"选项卡"绘图"面板上的"直线"按钮、"圆心圆"按钮、"圆角"按钮 和"修剪"按钮，绘制截面轮廓。单击"约束"面板上的"尺寸"按钮标注尺寸，如图 5-135 所示。单击"完成草图"按钮，退出草图环境。

图 5-134　阀体

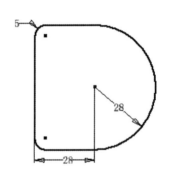

图 5-135　绘制草图 1

3）创建拉伸体 1。单击"三维模型"选项卡"创建"面板上的"拉伸"按钮，打开"拉伸"对话框，由于草图中只有如图 5-135 所示的一个截面轮廓，所以自动被选取为拉伸截面轮廓，将拉伸距离设置为"120mm"。单击"确定"按钮完成拉伸，创建如图 5-136 所示的零件基体。

4）绘制草图 2。单击"三维模型"选项卡"草图"面板上的"开始创建二维草图"按钮，选择 YZ 平面为草图绘制平面，进入草图绘制环境。单击"草图"选项卡"绘图"面板上的"圆心圆"按钮，绘制截面轮廓。单击"约束"面板上的"尺寸"按钮标注尺寸，如图 5-137 所示。单击"完成草图"按钮，退出草图环境。

5）创建拉伸体 2。单击"三维模型"选项卡"创建"面板上的"拉伸"按钮，打开"拉伸"对话框，由于草图中只有如图 5-137 所示的一个截面轮廓，所以自动被选取为拉伸截面轮廓，将拉伸距离设置为"56mm"。单击"确定"按钮完成拉伸，结果如图 5-138 所示。

图 5-136　创建拉伸体 1

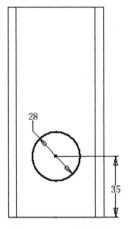

图 5-137　绘制草图 2

图 5-138　创建拉伸体 2

6）绘制草图 3。单击"三维模型"选项卡"草图"面板上的"开始创建二维草图"按钮 ，选择 *YZ* 平面为草图绘制平面，进入草图绘制环境。单击"草图"选项卡"绘图"面板上的"直线"按钮 、"圆心圆"按钮 、和"修剪"按钮 ，绘制截面轮廓。单击"约束"面板上的"尺寸"按钮 标注尺寸，如图 5-139 所示。单击"完成草图"按钮 ，退出草图环境。

7）创建拉伸体 3。单击"三维模型"选项卡"创建"面板上的"拉伸"按钮 ，打开"拉伸"对话框，由于草图中只有如图 5-139 所示的一个截面轮廓，所以自动被选取为拉伸截面轮廓，将拉伸距离设置为"56mm"，单击"方向 2"按钮 ，调整拉伸方向。单击"确定"按钮完成拉伸，结果如图 5-140 所示。

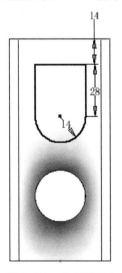

图 5-139　绘制草图 3

图 5-140　创建拉伸体 3

8）绘制草图 4。单击"三维模型"选项卡"草图"面板上的"开始创建二维草图"按钮 ，选择 *XY* 平面为草图绘制平面，进入草图绘制环境。单击"草图"选项卡"绘图"面板上的"直线"按钮 ，绘制截面轮廓。单击"约束"面板上的"尺寸"按钮 标注尺寸，如图 5-141 所示。单击"完成草图"按钮 ，退出草图环境。

9）创建加强筋。单击"三维模型"选项卡"创建"面板上的"加强筋"按钮 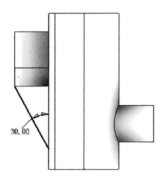，打开"加强筋"对话框，选择"平行于草图平面" 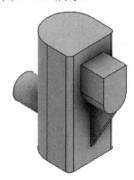 类型，选取第 8）步绘制的草图为截面轮廓，将加强筋厚度设为"4mm"，单击"方向 1"按钮 ，调整加强筋方向，设置加强筋的宽度为"对称"。单击"确定"按钮完成加强筋的创建，结果如图 5-142 所示。

图 5-141　绘制草图 4　　　　　　　　　　图 5-142　创建加强筋

10）绘制草图 5。单击"三维模型"选项卡"草图"面板上的"开始创建二维草图"按钮 ，选择 *XY* 平面为草图绘制平面，进入草图绘制环境。单击"草图"选项卡"绘图"面板上的"直线"按钮 ，绘制截面轮廓。单击"约束"面板上的"尺寸"按钮 标注尺寸，如图 5-143 所示。单击"完成草图"按钮 ，退出草图环境。

11）创建旋转体。单击"三维模型"选项卡"创建"面板上的"旋转"按钮 ，打开"旋转"对话框，选取第 10）步绘制的草图截面为旋转轮廓，选取竖直直线段为旋转轴，选择布尔求差操作，单击"确定"按钮完成旋转，结果如图 5-144 所示。

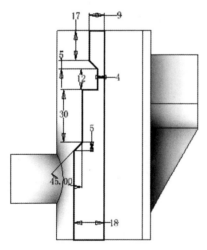

图 5-143　绘制草图 5　　　　　　　　　　图 5-144　创建旋转切除

12）创建孔 1。单击"三维模型"选项卡"修改"面板上的"孔"按钮 ，打开"孔"对话框。在视图中选取第 5）步创建的拉伸体端面为孔放置平面，选取圆边线为同心参考，选择"简单孔"类型，输入孔的直径为"16mm"，"终止方式"为"到"，选择第 11）步创建的内孔面，如图 5-145 所示。单击"确定"按钮完成直孔。

13）创建孔 2。单击"三维模型"选项卡"修改"面板上的"孔"按钮 ，打开"孔"

对话框。在视图中选取第 7）步创建的拉伸体端面为孔放置平面，选取圆弧边线为同心参考，选择"直孔"类型，输入孔的直径为"16mm"，"终止方式"为"到"，选择第 11）步创建的内孔面，如图 5-146 所示。单击"确定"按钮完成直孔。

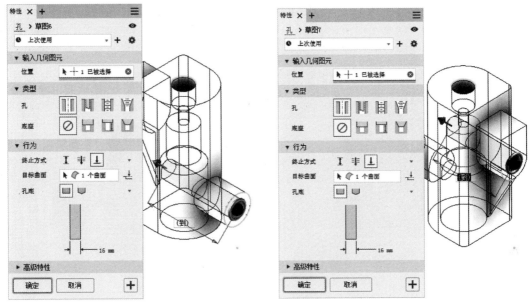

图 5-145　设置参数 1　　　　　　　　　　　　图 5-146　设置参数 2

14）绘制草图 6。单击"三维模型"选项卡"草图"面板上的"开始创建二维草图"按钮，选择图 5-146 中的上表面为草图绘制平面，进入草图绘制环境。单击"草图"选项卡"绘图"面板上的"圆心圆弧"按钮，绘制草图轮廓。单击"约束"面板内的"尺寸"按钮标注尺寸，如图 5-147 所示。单击"完成草图"按钮，退出草图环境。

15）创建拉伸体 4。单击"三维模型"选项卡"创建"面板上的"拉伸"按钮，打开"拉伸"对话框，选取第 14）步绘制的草图为拉伸截面轮廓，将拉伸距离设置为"20mm"，选择布尔求差方式。单击"确定"按钮完成拉伸，结果如图 5-148 所示。

图 5-147　绘制草图 6　　　　　　　图 5-148　创建拉伸体 4

16）绘制草图 7。单击"三维模型"选项卡"草图"面板上的"开始创建二维草图"按钮，选择如图 5-148 所示的平面为草图绘制平面，进入草图绘制环境。单击"草图"选项卡"绘图"面板上的"两点矩形"按钮，绘制草图轮廓。单击"约束"面板内的"尺寸"按钮标注尺寸，如图 5-149 所示。单击"完成草图"按钮，退出草图环境。

17）创建拉伸体 5。单击"三维模型"选项卡"创建"面板上的"拉伸"按钮，打开"拉伸"对话框，选取第 16）步绘制的草图为拉伸截面轮廓，将拉伸距离设置为"40mm"。单击"确定"按钮完成拉伸，结果如图 5-150 所示。

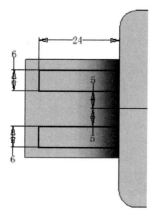

草图绘制平面

图 5-149 绘制草图 7

图 5-150 创建拉伸体 5

18）绘制草图 8。单击"三维模型"选项卡"草图"面板上的"开始创建二维草图"按钮，选择如图 5-150 所示的平面为草图绘制平面，进入草图绘制环境。单击"草图"选项卡"绘图"面板上的"两点矩形"按钮，绘制草图轮廓。单击"约束"面板内的"尺寸"按钮标注尺寸，如图 5-151 所示。单击"完成草图"按钮，退出草图环境。

19）创建拉伸体 6。单击"三维模型"选项卡"创建"面板上的"拉伸"按钮，打开"拉伸"对话框，选取第 18）步绘制的草图为拉伸截面轮廓，设置拉伸范围为"贯通"，选择布尔求差方式。单击"确定"按钮完成拉伸，结果如图 5-152 所示。

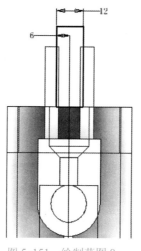

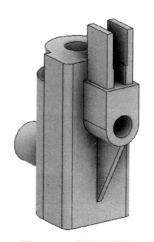

图 5-151 绘制草图 8

图 5-152 创建拉伸体 6

20）创建孔 3。单击"三维模型"选项卡"修改"面板上的"孔"按钮，打开"孔"对话框。在视图中选取第 17）步创建的拉伸体端面为孔放置平面，选择如图 5-153 所示的参考，孔到两条参考边的距离均为 12，输入孔直径为"10mm"，"终止方式"为"贯通"，单击"确定"按钮，结果如图 5-154 所示。

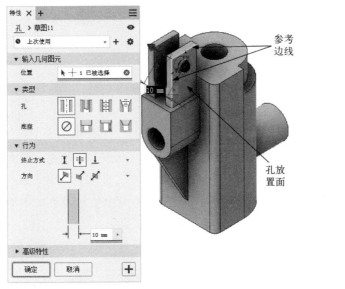

图 5-153　设置参数 3

图 5-154　创建孔 3

21）圆角处理。单击"三维模型"选项卡"修改"面板上的"圆角"按钮，打开"圆角"对话框，在视图中选择如图 5-155 所示的边线，输入圆角半径为"12mm"，单击"应用"按钮；选择如图 5-156 所示的边线，输入圆角半径为"2mm"，单击"确定"按钮。

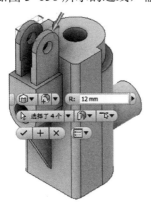

图 5-155　选择边线 1

图 5-156　选择边线 2

22）创建倒角。单击"三维模型"选项卡"修改"面板上的"倒角"按钮，打开"倒角"对话框，设置为"倒角边长"类型，选择如图 5-157 所示的边线，输入倒角边长为"2mm"，单击"应用"按钮；选择如图 5-158 所示的边线，输入倒角边长为"1mm"，单击"确定"按钮。

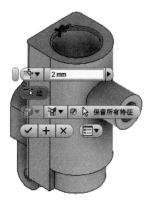
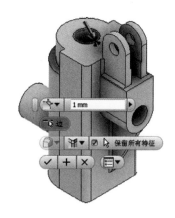

图 5-157　选择倒角边 1　　　　　　　图 5-158　选择倒角边 2

23）创建内螺纹。单击"三维模型"选项卡"修改"面板上的"螺纹"按钮，打开"螺纹"对话框，选择如图 5-159 所示的面为螺纹放置面，取消"全螺纹"按钮的选择，输入"深度"为"10"mm，单击"确定"按钮。同理在另一侧创建长度为 20mm 的螺纹，效果如图 5-160 所示。

图 5-159　设置参数 4　　　　　　　图 5-160　创建螺纹

24）保存文件。单击"快速访问"工具栏上的"保存"按钮，打开"另存为"对话框，输入文件名为"阀体.ipt"，单击"保存"按钮即可保存文件。

第6章

钣金设计

知识导引

钣金零件通常用来作为零部件的外壳，在产品设计中的地位越来越重要。本章主要介绍如何运用 Autodesk Inventor 2020 中的钣金特征创建钣金零件。

学习目标

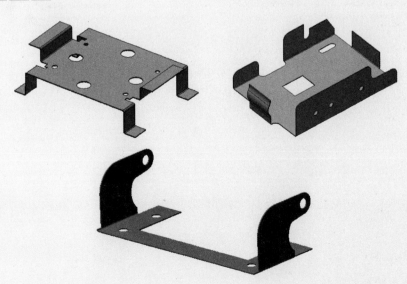

6.1 设置钣金环境

钣金零件的特点之一就是同一种零件都具有相同的厚度，所以它的加工方式和普通的零件不同。在三维 CAD 软件中，普遍将钣金零件和普通零件分开，并且提供不同的设计方法。

📁 技巧：

Inventor 将零件造型和钣金作为零件文件的子类型。用户在任何时候通过单击"转换"菜单，然后选择子菜单中的"零件"选项或者"钣金"选项，即可在零件造型子类型和钣金子类型之间转换。零件子类型转换为钣金子类型后，零件被识别为钣金，并启用"钣金特征"面板和添加钣金参数。如果将钣金子类型改回为零件子类型，钣金参数还将保留，但系统会将其识别为零件造型子类型。

6.1.1 进入钣金环境

创建钣金件有以下两种方法。

1. 启动新的钣金件

1）单击"快速访问"工具栏"启动"面板中的"新建"按钮 ，打开"新建文件"对话框，在对话框中选择"SheetMetal.ipt"模板。

2）单击"创建"按钮，进入钣金环境，如图 6-1 所示。

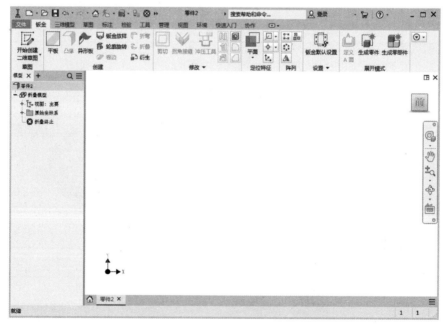

图 6-1　钣金环境

2. 将零件转换为钣金件

1）打开要转换的零件。

2）单击"三维模型"选项卡"转换"面板中的"转换为钣金件"按钮，选择基础平面。

3）打开"钣金默认设置"对话框，设置钣金参数，单击"确定"按钮，进入钣金环境。

6.1.2 钣金默认设置

钣金零件具有描述其特性和制造方式的样式参数，可在已命名的钣金规则中获取这些参数创建新的钣金零件时，默认应用这些参数。

单击"钣金"选项卡"设置"面板中的"钣金默认设置"按钮，打开"钣金默认设置"对话框，如图 6-2 所示。

图 6-2 "钣金默认设置"对话框

"钣金默认设置"对话框选项说明如下。

● 钣金规则：在下拉列表中显示所有钣金规则。单击"编辑钣金规则"按钮，打开"样式和标准编辑器"对话框，对钣金规则进行修改。

● 使用规则中的厚度：取消此复选框的选择，在"厚度"文本框中输入厚度。

● 材料：在下拉列表中选择钣金材料。如果所需的材料位于其他库中，浏览该库，然后选择材料。

● 展开规则：在下拉列表中选择钣金展开规则，单击"编辑展开规则"按钮，打开"样式和标准编辑器"对话框，编辑线性展开方式和折弯表驱动的折弯及 K 系数值和折弯表公差选项。

6.2 创建简单钣金特征

钣金模块是 Inventor 众多模块中的一个，提供了基于参数、特征方式的钣金零件建模功能。

6.2.1 平板

通过为草图截面轮廓添加深度来创建钣金平板，平板通常是钣金零件的基础特征。

平板创建步骤如下。

1）单击"钣金"选项卡"创建"面板上的"平板"按钮 ，打开"面"对话框，如图 6-3 所示。

图 6-3 "面"对话框

2）在视图中选择用于钣金平板的截面轮廓，如图 6-4 所示。

3）在对话框中单击"偏移方向"选项区域中的各类按钮 ，更改平板厚度的方向。

4）在对话框中单击"确定"按钮，完成平板的创建，结果如图 6-5 所示。

图 6-4 选择截面轮廓

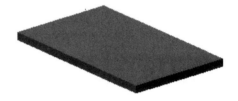

图 6-5 平板

"面"对话框中的选项说明如下。

1. "形状"选项卡

1）截面轮廓：选择一个或多个截面轮廓，按钣金厚度进行拉伸。

2）实体：如果该零件文件中存在两个或两个以上的实体，单击"实体"选择器以选择参与的实体。

3）偏移方向：单击此选项区域中的方向按钮更改拉伸的方向。

4）折弯。

● 半径：显示默认的折弯半径，包括"测量""显示尺寸"和"列出参数"选项。

● 边：选择要包含在折弯中的其他钣金平板边。

2. "展开选项"选项卡（图 6-6）

展开规则：允许选择先前定义的任意展开规则。

3. "折弯"选项卡（图 6-7）

1）释压形状。

● 线性过渡：由方形拐角定义的折弯释压形状。

● 水滴形：由材料故障引起的可接受的折弯释压。

● 圆角：由使用半圆形终止的、切割定义的折弯释压形状。

图 6-6 "展开选项"选项卡 　　　　　　　　图 6-7 "折弯"选项卡

2）折弯过渡。

● 无：根据几何图元，在选定折弯处相交的两个面的边之间会产生一条样条曲线。

● 交点：从与折弯特征的边相交的折弯区域的边上产生一条直线。

● 直线：从折弯区域的一条边到另一条边产生一条直线。

● 圆弧：根据输入的圆弧半径值，产生一条相应尺寸的圆弧，该圆弧与折弯特征的边相切且具有线性过渡。

● 修剪到折弯：折叠模型中显示此类过渡，用垂直于折弯的特征对折弯区域进行切割。

3）释压宽度：定义折弯释压的宽度。

4）释压深度：定义折弯释压的深度。

5）最小余量：定义了沿折弯释压切割允许保留的最小备料的可接受尺寸。

6.2.2　凸缘

凸缘特征包含一个平板以及沿直边连接至现有平板的折弯。通过选择一条或多条边并指定可确定添加材料位置和大小的一组选项来添加凸缘特征。

凸缘的创建步骤如下。

1）单击"钣金"选项卡"创建"面板上的"凸缘"按钮，打开"凸缘"对话框，如图 6-8 所示。

2）在钣金零件上选择一条边、多条边或回路来创建凸缘，如图 6-9 所示。

3）在对话框中指定凸缘的角度，默认为 90°。

4）使用默认的折弯半径或直接输入半径值。

5）指定测量高度的基准，包括"从两个外侧面的交线折弯""从两个内侧面的交线折弯""平行于凸缘终止面""对齐与正交"等选项。

6）指定相对于选定边的折弯位置，包括"基

图 6-8 "凸缘"对话框

137

础面范围之内""从相邻面折弯""基础面范围之外""与侧面相切的折弯"等选项。

7）在对话框中单击"确定"按钮，完成凸缘的创建，如图 6-10 所示。

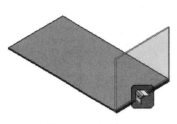
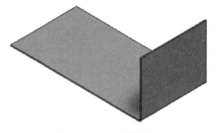

图 6-9　选择边　　　　　　　　　　图 6-10　创建凸缘

"凸缘"对话框中的选项说明如下。

1. 边

选择用于凸缘的一条或多条边，还可以选择由选定面周围的边回路定义的所有边。

- 边选择模式▢：选择应用于凸缘的一条或多条独立边。
- 回路选择模式▢：选择一个边回路，然后将凸缘应用于选定回路的所有边。

2. 凸缘角度

定义相对于包含选定边的面的凸缘角度。

3. 折弯半径

定义凸缘和包含选定边的面之间的折弯半径。

4. 高度范围

确定凸缘高度。单击▯按钮，使凸缘反向。

5. 高度基准

- 从两个外侧面的交线折弯▯：从外侧面的交线测量凸缘高度，如图 6-11a 所示。
- 从两个内侧面的交线折弯▯：从内侧面的交线测量凸缘高度，如图 6-11b 所示。
- 平行于凸缘终止面▯：测量平行于凸缘面且折弯相切的凸缘高度，如图 6-11c 所示。
- 对齐与正交▯：可以确定高度测量是与凸缘面对齐还是与基础面正交。

图 6-11　高度基准

a) 从两个外侧面的交线折弯　b) 从两个内侧面的交线折弯　c) 平行于凸缘终止面

6. 折弯位置

- 折弯面范围之内▯：定位凸缘的外表面使其保持在选定边的面范围之内，如图 6-12a 所示。
- 从相邻面折弯▯：将折弯定位在从选定面的边开始的位置，如图 6-12b 所示。
- 折弯面范围之外▯：定位凸缘的内表面使其保持在选定边的面范围之外，如图 6-12c 所示。

● 与侧面相切的折弯 ：将折弯定位在与选定边相切的位置，如图 6-12d 所示。

a)   b)   c)   d)

图 6-12　折弯位置

a) 折弯面范围之内　b) 从相邻面折弯　c) 折弯面范围之外　d) 与侧面相切的折弯

7. 宽度范围

● 边：创建选定平板边的全长创建凸缘。
● 宽度：以单个顶点、工作点、工作平面或平面的指定偏移量来创建指定宽度的凸缘，还可以指定凸缘为居中选定边的中点的特定宽度。
● 偏移量：以两个选定顶点、工作点、工作平面或平面的指定偏移量创建凸缘。
● 从表面到表面：创建通过选择现有零件几何图元定义其宽度的凸缘，该几何图元定义了凸缘的自/至范围。

6.2.3　实例——提手

绘制如图 6-13 所示的提手。

操作步骤

1）新建文件。运行 Inventor，单击"快速访问"工具栏上的"新建"按钮，在打开的"新建文件"对话框中选择"Sheet Metal.ipt"选项，单击"创建"按钮，新建一个钣金文件。

2）创建草图。单击"钣金"选项卡"草图"面板上的"开始创建二维草图"按钮，选择 XZ 平面为草图绘制平面，进入草图绘制环境。单击"草图"选项卡"绘图"面板上的"两点矩形"按钮，绘制草图。单击"约束"面板上的"尺寸"按钮标注尺寸，如图 6-14 所示。单击"完成草图"按钮，退出草图环境。

图 6-13　提手

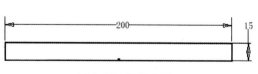

图 6-14　绘制草图

3）创建平板。单击"钣金"选项卡"创建"面板上的"平板"按钮，打开"面"对话框，系统自动选取第2）步绘制的草图为截面轮廓。单击"确定"按钮完成平板的创建，如图 6-15 所示。

4）创建凸缘 1。单击"钣金"选项卡"创建"面板上的"凸缘"按钮，打开"凸缘"对话框，选择平板的长边线，输入高度为"15mm"，"凸缘角度"为"100°"，选择"从两个外侧面的交线折弯" 选项和"折弯面范围之内" 选项，单击"应用"按钮完成一侧凸缘的创建，在另一侧创建相同参数的凸缘，效果如图 6-16 所示。

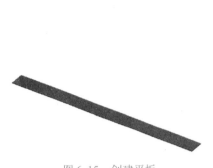

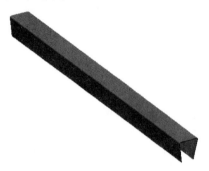

图 6-15 创建平板　　　　　　　　　　　　　　　　图 6-16 创建凸缘 1

5）创建凸缘 2。单击"钣金"选项卡"创建"面板上的"凸缘"按钮，打开"凸缘"对话框，选择一条长边线，输入高度为"4.8mm"，"凸缘角度"为"80°"，选择"从两个外侧面的交线折弯" 选项和"折弯面范围之内" 选项，单击"应用"按钮完成一侧凸缘的创建。在另一侧创建相同参数的凸缘。效果如图 6-17 所示。

6）创建凸缘 3。单击"钣金"选项卡"创建"面板上的"凸缘"按钮，打开"凸缘"对话框，选择第 5）步产生的一条长边，输入高度为"2.5mm"，"凸缘角度"为"90°"，选择"从两个外侧面的交线折弯" 选项和"折弯面范围之内" 选项，单击"应用"按钮完成一侧凸缘的创建。在另一侧创建相同参数的凸缘，效果如图 6-18 所示。

图 6-17 创建凸缘 2　　　　　　　　　　　　　　　图 6-18 创建凸缘 3

7）创建凸缘 4。单击"钣金"选项卡"创建"面板上的"凸缘"按钮，打开"凸缘"对话框，选择如图 6-19 所示的边，输入高度为"2.5mm"，"凸缘角度"为"90°"，选择"从两个外侧面的交线折弯" 选项和"从相邻面折弯" 选项，单击"更多"按钮，展开对话框，设置"宽度范围"中的"类型"为"偏移量"，输入"偏移 1"为"2.3mm"，"偏移 2"为"1.2mm"，单击"应用"按钮完成一侧凸缘的创建，在其他三条边线上创建相同参数的凸缘，如图 6-19 所示。

8）保存文件。单击"快速访问"工具栏上的"保存"按钮，打开"另存为"对话框，输入文件名为"提手.ipt"，单击"保存"按钮即可保存文件。

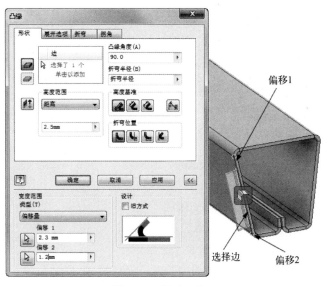

偏移1

选择边   偏移2

图 6-19   创建凸缘 4

6.2.4   卷边

沿钣金边创建折叠的卷边可以加强零件刚度或删除尖锐边。

卷边的创建步骤如下。

1）单击"钣金"选项卡"创建"面板上的"卷边"按钮，打开"卷边"对话框，如图 6-20 所示。

图 6-20   "卷边"对话框

2）在对话框中选择卷边类型。

3）在视图中选择平板边，如图 6-21 所示。

4）在对话框中根据所选类型设置参数，如卷边的间隙、长度或半径等值。

5）在对话框中单击"确定"按钮，完成卷边的创建，结果如图 6-22 所示。

图 6-21 选择边 图 6-22 创建卷边

"卷边"对话框中的选项说明如下。

1. 类型

● 单层：创建单层卷边，如图 6-23a 所示。

● 水滴形：创建水滴形卷边，如图 6-23b 所示。

● 滚边形：创建滚边形卷边，如图 6-23c 所示。

● 双层：创建双层卷边，如图 6-23d 所示。

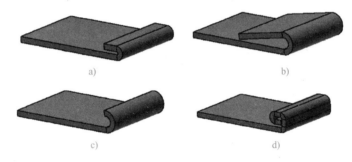

a) b)

c) d)

图 6-23 类型

a) 单层 b) 水滴形 c) 滚边形 d) 双层

2. 形状

● 选择边：用于选择钣金边以创建卷边。

● 反向：单击此按钮，反转卷边的方向。

● 间隙：指定卷边内表面之间的距离。

● 长度：指定卷边的长度。

6.2.5 实例——机箱底板

绘制如图 6-24 所示的机箱底板。

操作步骤

1）新建文件。单击"快速访问"工具栏上的"新建"按钮 ，在打开的"新建文件"对话框中选择"Sheet Metal.ipt"选项，单击"创建"按钮，新建一个钣金文件。

2）绘制草图 1。单击"钣金"选项卡"草图"面板上的"开始创建二维草图"按钮 ，选择 XZ 平面为草图绘制平面，进入草图绘制环境。单击"草图"选项卡"绘图"面板上的"两点中心矩形"按钮 ，绘制草图。单击"约束"面板上的"尺寸"按钮 标注尺寸，如图 6-25

所示。单击"完成草图"按钮 ✔，退出草图环境。

图 6-24　机箱底板

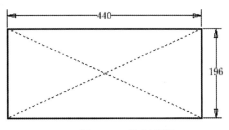

图 6-25　绘制草图 1

3）创建平板。单击"钣金"选项卡"创建"面板上的"平板"按钮▨，打开"面"对话框，系统自动选取第 2）步绘制的草图为截面轮廓。单击"确定"按钮完成平板的创建，如图 6-26 所示。

4）创建凸缘。单击"钣金"选项卡"创建"面板上的"凸缘"按钮◥，打开"凸缘"对话框，选择如图 6-27 所示的边，输入高度为"16mm"，"凸缘角度"为"90°"，选择"从两个外侧面的交线折弯"▨选项和"折弯面范围之内"▨选项，单击"应用"按钮完成一侧凸缘的创建，在另一侧创建相同参数的凸缘，效果如图 6-28 所示。

图 6-26　创建平板

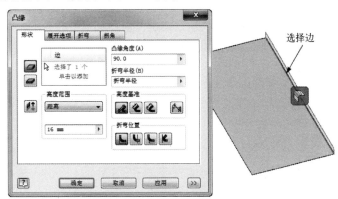

图 6-27　设置参数

5）绘制草图 2。单击"钣金"选项卡"草图"面板上的"开始创建二维草图"按钮▨，选择零件的侧面为草图绘制平面，进入草图绘制环境。单击"草图"选项卡"绘图"面板上的"直线"按钮╱，绘制草图。单击"约束"面板上的"尺寸"按钮▭标注尺寸，如图 6-29 所示。单击"完成草图"按钮 ✔，退出草图环境。

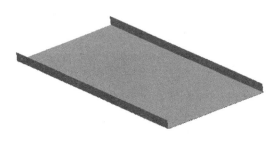

图 6-28　创建凸缘

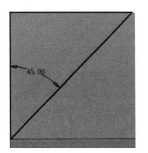

图 6-29　绘制草图 2

6）创建拉伸体 1。单击"三维模型"选项卡"创建"面板上的"拉伸"按钮，打开"拉伸"对话框，选取第 5）步绘制的草图为拉伸截面轮廓，设置拉伸范围为"贯通"，单击"对称"按钮，选择"求差"方式。单击"确定"按钮完成拉伸，如图 6-30 所示。

图 6-30　拉伸切除实体 1

7）镜像特征。单击"钣金"选项卡"阵列"面板上的"镜像"按钮，打开"镜像"对话框，选择第 6）步创建的拉伸特征为镜像特征，选择 YZ 平面为镜像平面，如图 6-31 所示，单击"确定"按钮，结果如图 6-32 所示。

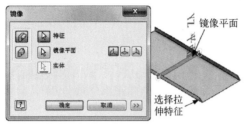

图 6-31　镜像参数设置

图 6-32　镜像特征

8）绘制草图 3。单击"钣金"选项卡"草图"面板上的"开始创建二维草图"按钮，选择 XY 平面为草图绘制平面，进入草图绘制环境。单击"草图"选项卡"绘图"面板上的"直线"按钮和"圆角"按钮，绘制草图。单击"约束"面板上的"尺寸"按钮标注尺寸，如图 6-33 所示。单击"完成草图"按钮，退出草图环境。

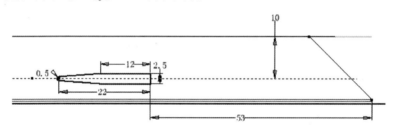

图 6-33　绘制草图 3

9）创建拉伸体 2。单击"三维模型"选项卡"创建"面板上的"拉伸"按钮，打开"拉伸"对话框，选取第 8）步绘制的草图为拉伸截面轮廓，设置拉伸范围为"贯通"，单击"对称"按钮，选择"求差"方式。单击"确定"按钮完成拉伸，如图 6-34 所示。

10）阵列特征。单击"三维模型"选项卡"阵列"面板上的"矩形阵列"按钮，打开"矩形阵列"对话框，选择第 9）步创建的拉伸切除特征为阵列特征，选择长边为阵列方向，输入阵列个数为"4"，输入距离为"105mm"，单击"确定"按钮，完成阵列。

11）创建卷边。单击"钣金"选项卡"创建"面板上的"卷边"按钮，打开"卷边"对话框，选择如图 6-35 所示的边，选择"单层"类型，输入"间隙"为"0.1"，

图 6-34　拉伸切除实体 2

"长度"为"2.5"，单击"更多"按钮 >> ，展开对话框，"类型"选择"偏移量"，输入"偏移1"为"10mm"，"偏移 2"为"10mm"，单击"应用"按钮完成一侧卷边的创建，在另一侧创建相同参数的卷边，如图 6-36 所示。

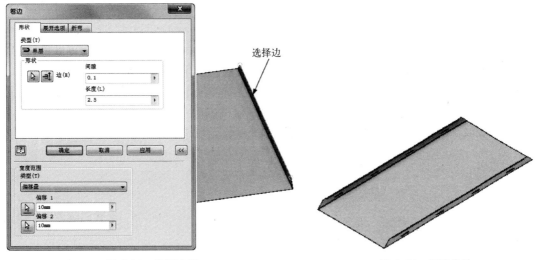

图 6-35　设置参数　　　　　　　　　　图 6-36　创建卷边

12）绘制草图 4。单击"钣金"选项卡"草图"面板上的"开始创建二维草图"按钮 ，选择平板上表面为草图绘制平面，进入草图绘制环境。单击"草图"选项卡"绘图"面板上的"圆心圆"按钮 ，绘制草图。单击"约束"面板上的"尺寸"按钮 标注尺寸，如图 6-37 所示。单击"完成草图"按钮 ，退出草图环境。

13）创建拉伸体 3。单击"三维模型"选项卡"创建"面板上的"拉伸"按钮 ，打开"拉伸"对话框，选取第 12）步绘制的草图为拉伸截面轮廓，设置拉伸范围为"贯通"，选择"求差"方式，单击"确定"按钮完成拉伸，如图 6-38 所示。

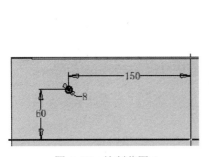

图 6-37　绘制草图 4

图 6-38　拉伸切除实体 3

14）阵列特征。单击"三维模型"选项卡"阵列"面板上的"矩形阵列"按钮 ，打开"矩形阵列"对话框，选择第 13）步创建的拉伸切除特征为阵列特征，选择长边为方向 1，输入阵列个数为"2"，输入距离为"300mm"。选择短边为方向 2，输入阵列个数为"2"，距离为"120mm"，单击"确定"按钮，完成阵列，效果如图 6-24 所示。

15）保存文件。单击"快速访问"工具栏上的"保存"按钮 ，打开"另存为"对话框，输入文件名为"机箱底板.ipt"，单击"保存"按钮即可保存文件。

6.2.6　轮廓旋转

通过旋转由线、圆弧、样条曲线和椭圆弧组成的轮廓创建轮廓旋转特征。轮廓旋转特征可以是基础特征也可以是钣金零件模型中的后续特征。利用"轮廓旋转"命令可以将轮廓旋转创建为常规特征或基础特征。与异形板一样，轮廓旋转将尖锐的草图拐角变换成零件中的圆角。

轮廓旋转的操作步骤如下。

1）单击"钣金"选项卡"创建"面板上的"轮廓旋转"按钮，打开"轮廓旋转"对话框，如图 6-39 所示。

图 6-39　"轮廓旋转"对话框

2）在视图中选择旋转截面和旋转轴，如图 6-40 所示。

3）在对话框中设置参数，单击"确定"按钮，完成轮廓旋转的创建，如图 6-41 所示。

图 6-40　选择截面轮廓和旋转轴　　　　图 6-41　轮廓旋转

6.2.7　钣金放样

钣金放样特征允许使用两个截面轮廓草图定义形状。草图几何图元可以表示钣金材料的内侧面或外侧面，还可以表示材料中间平面。

钣金放样的创建步骤如下。

1）单击"钣金"选项卡"创建"面板上的"钣金放样"按钮 ，打开"钣金放样"对话框，如图 6-42 所示。

图 6-42　"钣金放样"对话框

2）在视图中选择已经创建好的截面轮廓 1 和截面轮廓 2，如图 6-43 所示。

3）在对话框中设置偏移方向、折弯半径和输出形式。

4）在对话框中单击"确定"按钮，创建钣金放样，如图 6-44 所示。

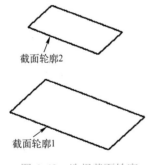

图 6-43　选择截面轮廓

图 6-44　钣金放样

"钣金放样"对话框中的选项说明如下。

1．形状

1）截面轮廓 1：选择第一个用于定义钣金放样的截面轮廓草图。

2）截面轮廓 2：选择第二个用于定义钣金放样的截面轮廓草图。

3）反转到对侧 ：单击此按钮，将材料厚度偏移到选定截面轮廓的对侧。

4）对称：单击此按钮，将材料厚度等量偏移到选定截面轮廓的两侧。

2．输出

1）冲压成形 ：单击此按钮，生成平滑的钣金放样。

2）折弯成形 ：单击此按钮，生成镶嵌的折弯钣金放样。

3）面控制：从下拉列表中选择方法来控制所得面的大小，包括 A 弓高允差、B 相邻面角度和 C 面宽度三种方法。

6.2.8 异形板

通过使用截面轮廓草图和现有平板上的直边来定义异形板。截面轮廓草图由线、圆弧、样条曲线和椭圆弧组成。截面轮廓中的连续几何图元会在零件中产生符合钣金样式的折弯半径值的折弯，可以通过使用"特定距离""由现有特征定义的自/至位置"和"从选定边的任一端或两端偏移"选项创建异形板。

异形板的创建步骤如下。

1）单击"钣金"选项卡"创建"面板上的"异形板"按钮 ，打开"异形板"对话框，如图 6-45 所示。

图 6-45 "异形板"对话框

2）在视图中选择已经绘制好的截面轮廓，如图 6-46 所示。

3）在视图中选择边或回路，如图 6-46 所示。

4）在对话框中设置参数，并单击"确定"按钮，完成异形板创建，如图 6-47 所示。

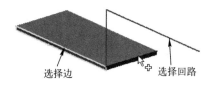

图 6-46 选择边和回路

图 6-47 异形板

"异形板"对话框中的选项说明如下。

1. 形状

- 截面轮廓：选择一个包括定义了异形板形状的、开放截面轮廓的、未使用草图。
- 边选择模式 ：选择一条或多条独立边，边必须垂直于截面轮廓草图平面。当截面轮廓草图的起点或终点与选定的第一条边定义的直线不重合，或者选定的截面轮廓包含了非直线或圆弧段的几何图元，不能选择多边。

● 回路选择模式▨：选择一个边回路，然后将凸缘应用于选定回路的所有边。截面轮廓草图必须和回路的任一边重合和垂直。

2．折弯范围

确定折弯参与平板的边之间的延伸材料。包括"与侧面对齐的延伸折弯"和"与侧面垂直的延伸折弯"选项。

● 与侧面对齐的延伸折弯▨：沿由折弯连接的侧边上的平板延伸材料，而不是垂直于折弯轴。在平板侧边不垂直的时候有用。

● 与侧面垂直的延伸折弯▨：与侧面垂直地延伸材料。

6.2.9　实例——门帘吊架

绘制如图 6-48 所示的门帘吊架。

操作步骤

1）新建文件。单击"快速访问"工具栏上的"新建"按钮▢，在打开的"新建文件"对话框中选择"Sheet Metal.ipt"选项，单击"创建"按钮，新建一个钣金文件。

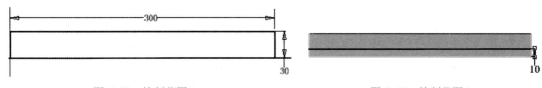

图 6-48　门帘吊架

2）绘制草图 1。单击"钣金"选项卡"草图"面板上的"开始创建二维草图"按钮▢，选择 XZ 平面为草图绘制平面，进入草图绘制环境。单击"草图"选项卡"绘图"面板上的"两点矩形"按钮▢，绘制草图。单击"约束"面板上的"尺寸"按钮▭标注尺寸，如图 6-49 所示。单击"完成草图"按钮✔，退出草图环境。

3）创建平板。单击"钣金"选项卡"创建"面板上的"平板"按钮▨，打开"面"对话框，系统自动选取第 2）步绘制的草图为截面轮廓。单击"确定"按钮完成平板的创建。

4）绘制草图 2。单击"钣金"选项卡"草图"面板上的"开始创建二维草图"按钮▢，选择平板的上表面为草图绘制平面，进入草图绘制环境。单击"草图"选项卡"绘图"面板上的"直线"按钮╱，绘制草图。单击"约束"面板上的"尺寸"按钮▭标注尺寸，如图 6-50 所示。单击"完成草图"按钮✔，退出草图环境。

图 6-49　绘制草图 1

图 6-50　绘制草图 2

5）创建折叠。单击"钣金"选项卡"创建"面板上的"折叠"按钮▨，打开"折叠"对话框，选择如图 6-50 所示的草图作为折弯线，单击"反转到对侧"按钮▨和"反向"按钮▨调整折叠方向，输入折叠角度为"90°"，选择"折弯中心线"选项▨，单击"确定"按钮。

6）绘制草图 3。单击"钣金"选项卡"草图"面板上的"开始创建二维草图"按钮▢，

选择如图 6-51 所示的面 1 为草图绘制平面，进入草图绘制环境。单击"草图"选项卡"绘图"面板上的"圆弧"按钮 ⌒ 和"直线"按钮 ╱，绘制草图。单击"约束"面板上的"尺寸"按钮 ┣━ 标注尺寸，如图 6-87 所示。单击"完成草图"按钮 ✔，退出草图环境。

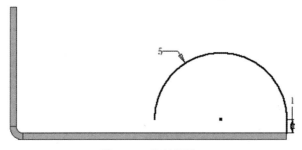

图 6-51　绘制草图 3

7）创建异形板。单击"钣金"选项卡"创建"面板上的"异形板"按钮 ，打开"异形板"对话框，选择如图 6-52 所示的草图为截面轮廓，选择如图 6-52 所示的边，"类型"选择"偏移量"，输入"偏移 1"为"295mm"，"偏移 2"为"0mm"，单击"确定"按钮，如图 6-53 所示。

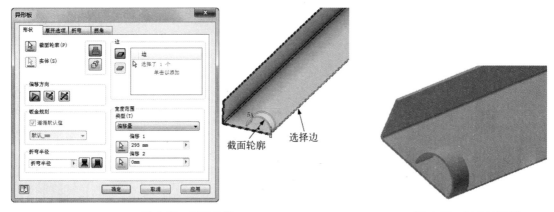

图 6-52　设置参数　　　　　　　　　　　　图 6-53　创建异形板

8）阵列特征。单击"三维模型"选项卡"阵列"面板上的"矩形阵列"按钮 ，打开"矩形阵列"对话框，选择第 7）步创建的异形板特征为阵列特征，选择如图 6-54 所示的边为阵列方向，输入阵列个数为"20"，选择"曲线长度"选项，单击"确定"按钮，效果如图 6-48 所示。

图 6-54　矩形阵列示意图

9）保存文件。单击"快速访问"工具栏上的"保存"按钮 ，打开"另存为"对话框，输入文件名为"门帘吊架.ipt"，单击"保存"按钮即可保存文件。

6.3 创建高级钣金特征

在 Inventor 中可以生成复杂的钣金零件，并可以对其进行参数化编辑，能够定义和仿真钣金零件的制造过程，对钣金模型进行展开和重叠的模拟操作。

6.3.1 折弯

钣金折弯特征通常用于连接为满足特定设计条件而在某个特殊位置创建的钣金平板。通过选择现有钣金特征上的边，使用由钣金样式定义的折弯半径和材料厚度将材料添加到模型。

折弯的操作步骤如下。

1）单击"钣金"选项卡"创建"面板上的"折弯"按钮 <span></span>，打开"折弯"对话框，如图 6-55 所示。

2）在视图中选择平板上的模型边，如图 6-56 所示。

图 6-55 "折弯"对话框

图 6-56 选择边

3）在对话框中选择折弯类型，设置折弯参数，如图 6-57 所示。如果平板平行但不共面，则可在"双向折弯"选项区域中选择折弯方式。

4）在对话框中单击"确定"按钮，完成折弯特征，结果如图 6-58 所示。

图 6-57 设置折弯参数

图 6-58 折弯特征

"折弯"对话框中的选项说明如下。

1. 折弯

- 边：在每个平板上选择模型边，根据需要修剪或延伸平板创建折弯。
- 折弯半径：显示默认的折弯半径。

2. 双向折弯

- 固定边：添加等长折弯到现有的钣金边。
- 45 度：平板根据需要进行修剪或延伸，并插入 45°折弯。
- 全半径：平板根据需要进行修剪或延伸，并插入半圆折弯，如图 6-59b 所示。
- 90 度：平板根据需要进行修剪或延伸，并插入 90°折弯，如图 6-59c 所示。
- 固定边反向：反转顺序。

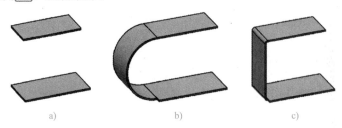

图 6-59　双向折弯示意图

a) 原图　b) 全半径　c) 90°

6.3.2　折叠

在现有平板上沿折弯草图线折弯钣金平板。

折叠的操作步骤如下。

1）单击"钣金"选项卡"创建"面板上的"折叠"按钮，打开"折叠"对话框，如图 6-60 所示。

2）在视图中选择用于折叠的折弯线，如图 6-61 所示。折弯线必须放置在要折叠的平板上，并终止于平板的边。

图 6-60　"折叠"对话框

图 6-61　选择折弯线

3）在对话框中设置折叠参数，或接受当前钣金样式中指定的默认折弯半径和角度。

4）设置折叠的折叠侧和方向，单击"确定"按钮，结果如图 6-62 所示。

"折叠"对话框中的选项说明如下。

1. 折弯线

指定用于折叠线的草图。草图直线端点必须位于边上，否则该线不能选作折弯线。

2. 反向控制

- 反转到对侧 ：将折弯线的折叠侧改为向上或向下，如图 6-63a 所示。
- 反向 ：更改折叠的上/下方向，如图 6-63b 所示。

图 6-62 折叠   图 6-63 反向控制

a) 反转到对侧   b) 反向

3. 折叠位置

- 折弯中心线 ：将草图线用作折弯的中心线，如图 6-64a 所示。
- 折弯起始线 ：将草图线用作折弯的起始线，如图 6-64b 所示。
- 折弯终止线 ：将草图线用作折弯的终止线，如图 6-64c 所示。

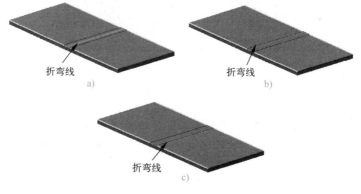

图 6-64 折叠位置

a) 折弯中心线   b) 折弯起始线   c) 折弯终止线

4. 折叠角度

指定用于折叠的角度。

6.3.3 实例——校准架

绘制如图 6-65 所示的校准架。

操作步骤

1）新建文件。单击"快速访问"工具栏中的"新建"按钮，在打开的"新建文件"对话框中的"Templates"选项卡的零件下拉列表中选择"Sheet Metal.ipt"选项，单击"创建"按钮，新建一个零件文件。

2）绘制草图 1。单击"钣金"选项卡"草图"面板中的"开始创建二维草图"按钮，选择 XZ 平面为草图绘制平面，进入草图绘制环境。单击"草图"选项卡"创建"面板中的"两点中心矩形"按钮，绘制草图。单击"约束"面板中的"尺寸"按钮标注尺寸，如图 6-66 所示。单击"草图"选项卡中的"完成草图"按钮，退出草图环境。

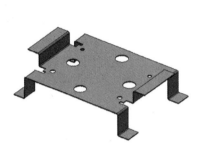

图 6-65　校准架

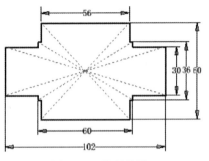

图 6-66　绘制草图 1

3）创建平板。单击"钣金"选项卡"创建"面板中的"平板"按钮，打开"面"对话框，系统自动选取第 2）步绘制的草图为截面轮廓。单击"确定"按钮，完成平板的创建，如图 6-67 所示。

4）绘制草图 2。单击"钣金"选项卡"草图"面板中的"开始创建二维草图"按钮，选择平板的上表面为草图绘制平面，进入草图绘制环境。单击"草图"选项卡"创建"面板中的"圆"按钮，绘制草图。单击"约束"面板中的"尺寸"按钮标注尺寸，如图 6-68 所示。单击"草图"选项卡中的"完成草图"按钮，退出草图环境。

图 6-67　创建平板

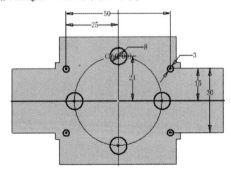

图 6-68　绘制草图 2

5）创建剪切。单击"钣金"选项卡"修改"面板中的"剪切"按钮，打开"剪切"对话框，选择如图 6-69 所示的截面轮廓。采用默认设置，单击"确定"按钮。

6）绘制草图 3。单击"钣金"选项卡"草图"面板中的"开始创建二维草图"按钮，选择平板上表面为草图绘制平面，进入草图绘制环境。单击"草图"选项卡"创建"面板中的"直线"按钮，绘制草图。单击"约束"面板中的"尺寸"按钮标注尺寸，如图 6-70

所示。单击"草图"选项卡中的"完成草图"按钮 ，退出草图环境。

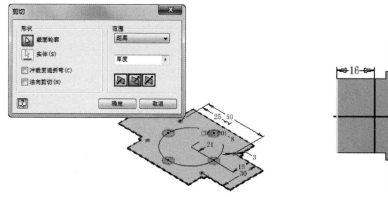

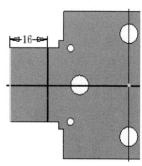

图 6-69 设置剪切参数

图 6-70 绘制草图 3

7）创建折叠 1。单击"钣金"选项卡"创建"面板中的"折叠"按钮 ，打开"折叠"对话框，选择如图 6-70 所示的草图线，输入"折叠角度"为"90"，选择"折弯中心线"选项 。单击"确定"按钮，结果如图 6-71 所示。

8）绘制草图 4。单击"钣金"选项卡"草图"面板的"开始创建二维草图"按钮 ，选择如图 6-71 所示的面 1 为草图绘制平面，进入草图绘制环境。单击"草图"选项卡"创建"面板中的"直线"按钮 ，绘制草图。单击"约束"面板中的"尺寸"按钮 标注尺寸，如图 6-72 所示。单击"草图"选项卡中的"完成草图"按钮 ，退出草图环境。

9）创建折叠 2。单击"钣金"选项卡"创建"面板中的"折叠"按钮 ，打开"折叠"对话框，选择如图 6-72 所示的草图线，输入"折叠角度"为"90"，选择"折弯中心线"选项 ，单击"确定"按钮，结果如图 6-73 所示。

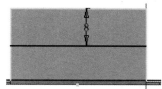

图 6-71 创建折叠 1

图 6-72 绘制草图 4

图 6-73 创建折叠 2

10）镜像折叠特征。单击"钣金"选项卡"阵列"面板中的"镜像"按钮 ，打开如图 6-74 所示"镜像"对话框，选择前面创建的"折叠 1"和"折叠 2"为镜像特征，选择 YZ 平面为镜像平面，单击"确定"按钮，结果如图 6-75 所示。

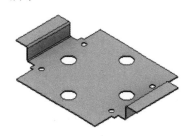

图 6-74 "镜像"对话框

图 6-75 镜像折叠特征

11）创建凸缘 1。单击"钣金"选项卡"创建"面板中的"凸缘"按钮，打开"凸缘"对话框，选择如图 6-76 所示的边，输入高度为"7mm"，"凸缘角度"为"0°"，选择"从两个外侧面的交线折弯"选项和"折弯面范围之内"选项，单击按钮，"类型"选择"偏移量"，输入"偏移 1"为"2mm"，输入"偏移 2"为"0mm"，单击"确定"按钮，结果如图 6-77 所示。

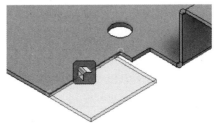

图 6-76　设置参数 1

12）创建凸缘 2。单击"钣金"选项卡"创建"面板中的"凸缘"按钮，打开"凸缘"对话框，选择如图 6-77 所示的边，输入高度为"15mm"，"凸缘角度"为"90°"，选择"从两个外侧面的交线折弯"选项和"折弯面范围之内"选项，单击"确定"按钮，结果如图 6-77 所示。

图 6-77　设置参数 2

13）创建凸缘 3。单击"钣金"选项卡"创建"面板中的"凸缘"按钮，打开"凸缘"对话框，选择第 12）步生成的凸缘短边，输入高度为"8mm"，"凸缘角度"为"90°"，选择"从两个外侧面的交线折弯"选项和"折弯面范围之内"选项，单击"确定"按钮，结果如图 6-78 所示。

14）镜像凸缘特征 1。单击"钣金"选项卡"阵列"面板中的"镜像"按钮⚠，打开"镜像"对话框，选择前面创建的三个凸缘特征为镜像特征，选择 *XY* 平面为镜像平面，单击"确定"按钮，结果如图 6-79 所示。

图 6-78　创建凸缘 3　　　　　　　　　图 6-79　镜像特征

15）镜像凸缘特征 2。单击"钣金"选项卡"阵列"面板中的"镜像"按钮⚠，打开"镜像"对话框，选择凸缘特征和第 14）步创建的镜像后的特征为镜像特征，选择 *YZ* 平面为镜像平面，单击"确定"按钮，结果如图 6-65 所示。

16）保存文件。单击"快速访问"工具栏中的"保存"按钮💾，打开"另存为"对话框，输入文件名为"校准架.ipt"，单击"保存"按钮，保存文件。

6.3.4　剪切

剪切就是从钣金平板中删除材料，与拉伸去除材料的效果相似。在钣金平板上绘制截面轮廓，然后贯穿一个或多个平板进行切割。

剪切钣金特征的操作步骤如下。

1）单击"钣金"选项卡"修改"面板上的"剪切"按钮▢，打开"剪切"对话框，如图 6-80 所示。

图 6-80　"剪切"对话框

2）如果草图中只有一个截面轮廓，系统将自动选择，如果有多个截面轮廓，单击"截面轮廓"按钮，选择要切割的截面轮廓。

3）在"范围"下拉列表中选择终止方式，调整剪切方向。

4）在对话框中单击"确定"按钮，完成剪切。

"剪切"对话框中的选项说明如下。

1. 形状

- 截面轮廓：选择一个或多个截面作为要删除材料的截面轮廓。
- 冲裁贯通折弯：选中此复选框，通过环绕截面轮廓贯通平板以及一个或多个钣金折弯的截面轮廓来删除材料。
- 法向剪切：将选定的截面轮廓投影到曲面，然后按垂直于投影相交的面进行剪切。

2. 范围

- 距离：设置剪切深度，默认为平板厚度，如图 6-81a 所示。
- 到表面或平面：剪切终止于下一个表面或平面，如图 6-81b 所示。
- 到：选择终止剪切的表面或平面。可以在所选面或其延伸面上终止剪切，如图 6-81c 所示。
- 从表面到表面：选择终止拉伸的起始和终止面或平面，如图 6-81d 所示。
- 贯通：在指定方向上贯通所有特征和草图拉伸截面轮廓，如图 6-81e 所示。

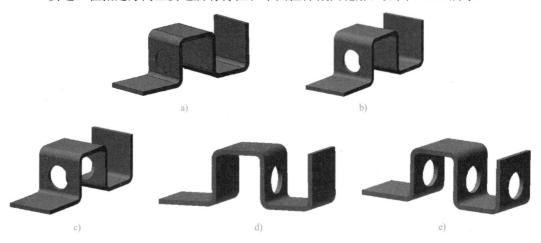

图 6-81　范围示意图

a) 距离为厚度的一半　b) 到表面或平面　c) 到　d) 从表面到表面　e) 贯通

6.3.5　实例——仪表面板

绘制如图 6-82 所示的仪表面板。

 操作步骤

1）新建文件。单击"快速访问"工具栏上的"新建"按钮，在打开的"新建文件"对话框中选择"Sheet Metal.ipt"选项，单击"创建"按钮，新建一个钣金文件。

2）设置钣金厚度。单击"钣金"选项卡"设置"面板上的"钣金默认设置"按钮，打开"钣金默认设置"对话框，取消选择"使用规则中的厚度"复选框，输入钣金厚度为

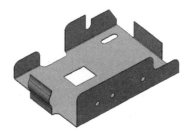

图 6-82　仪表面板

"1mm"，其他采用默认设置，如图 6-83 所示，单击"确定"按钮。

3）绘制草图 1。单击"钣金"选项卡"草图"面板上的"开始创建二维草图"按钮，选择 XZ 平面为草图绘制平面，进入草图绘制环境。利用草图绘制命令绘制草图，单击"约束"面板上的"尺寸"按钮标注尺寸，如图 6-84 所示。单击"完成草图"按钮，退出草图环境。

图 6-83 "钣金默认设置"对话框

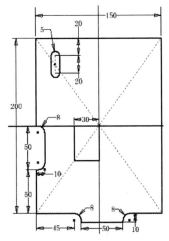

图 6-84 绘制草图 1

4）创建平板。单击"钣金"选项卡"创建"面板上的"平板"按钮，打开"面"对话框，选取第 3）步绘制的草图为截面轮廓，单击"确定"按钮完成平板的创建，如图 6-85 所示。

5）创建凸缘 1。单击"钣金"选项卡"创建"面板上的"凸缘"按钮，打开"凸缘"对话框，选择图 6-85 中的长边，输入高度为"60mm"，"凸缘角度"为"90°"，单击"从两个外侧面的交线折弯"选项和"折弯面范围之内"选项，单击"确定"按钮完成凸缘的创建，如图 6-86 所示。

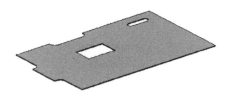

图 6-85 创建平板

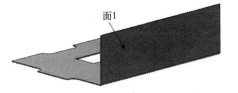

图 6-86 创建凸缘 1

6）绘制草图 2。单击"钣金"选项卡"草图"面板上的"开始创建二维草图"按钮，选择如图 6-86 所示的面 1 为草图绘制平面，进入草图绘制环境。单击"草图"选项卡"绘图"面板上的"直线"按钮和"绘制圆角"按钮，绘制草图。单击"约束"面板上的"尺寸"按钮标注尺寸，如图 6-87 所示。单击"完成草图"按钮，退出草图环境。

7）创建剪切 1。单击"钣金"选项卡"修改"面板上的"剪切"按钮，打开"剪切"对话框，选择如图 6-87 所示的截面轮廓。采用默认设置，单击"确定"按钮，效果如图 6-88所示。

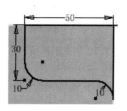

图 6-87　绘制草图 2

图 6-88　剪切实体 1

8）绘制草图 3。单击"钣金"选项卡"草图"面板上的"开始创建二维草图"按钮 ，选择如图 6-86 所示的面 1 为草图绘制平面，进入草图绘制环境。单击"草图"选项卡"绘图"面板上的"圆心圆"按钮 ，绘制草图。单击"约束"面板上的"尺寸"按钮 标注尺寸，如图 6-89 所示。单击"完成草图"按钮 ，退出草图环境。

9）创建剪切 2。单击"钣金"选项卡"修改"面板上的"剪切"按钮 ，打开"剪切"对话框，选择如图 6-89 所示的截面轮廓。采用默认设置，单击"确定"按钮，如图 6-90 所示。

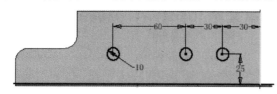

图 6-89　绘制草图 3

图 6-90　剪切实体 2

10）创建凸缘 2。单击"钣金"选项卡"创建"面板上的"凸缘"按钮 ，打开"凸缘"对话框，选择如图 6-91 所示的边，输入高度为"50mm"，"凸缘角度"为"90°"，单击"从两个外侧面的交线折弯" 选项和"折弯面范围之内" 选项，单击"确定"按钮完成凸缘的创建，如图 6-92 所示。

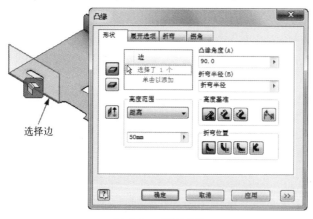

图 6-91　设置参数 1

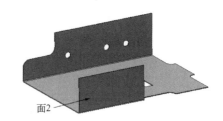

图 6-92　创建凸缘 2

11）绘制草图 4。单击"钣金"选项卡"草图"面板上的"开始创建二维草图"按钮 ，选择如图 6-92 所示的面 2 为草图绘制平面，进入草图绘制环境。单击"草图"选项卡"绘图"面板上的"直线"按钮 和"圆弧"按钮 ，绘制草图。单击"约束"面板上的"尺寸"按钮 标注尺寸，如图 6-93 所示。单击"完成草图"按钮 ，退出草图环境。

12）创建剪切 3。单击"钣金"选项卡"修改"面板上的"剪切"按钮 ，打开"剪切"对话框，选择如图 6-93 所示的截面轮廓。采用默认设置，单击"确定"按钮，结果如图 6-94 所示。

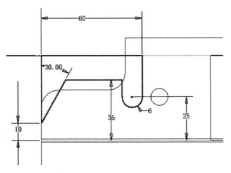

图 6-93　绘制草图 4

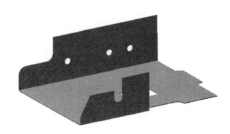

图 6-94　剪切实体 3

13）创建凸缘 3。单击"钣金"选项卡"创建"面板上的"凸缘"按钮 ⤵，打开"凸缘"对话框，选择如图 6-95 所示的边，输入高度为"30mm"，"凸缘角度"为"90°"，单击"从两个外侧面的交线折弯" 选项和"折弯面范围之内" 选项，单击"确定"按钮完成凸缘的创建，如图 6-96 所示。

图 6-95　设置参数 2

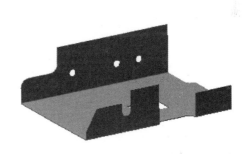

图 6-96　创建凸缘 3

14）圆角处理。单击"三维模型"选项卡"修改"面板上的"圆角"按钮 ⤵，打开"圆角"对话框，输入半径为"10mm"，选择如图 6-97 所示的边线进行圆角操作，单击"确定"按钮完成圆角操作。

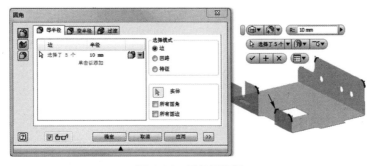

图 6-97　圆角示意图

15）绘制草图 5。单击"钣金"选项卡"草图"面板上的"开始创建二维草图"按钮 ，选择如图 6-98 所示的面 3 为草图绘制平面，进入草图绘制环境。单击"草图"选项卡"绘图"面板上的"直线"按钮 和"圆弧"按钮 ，绘制草图。单击"约束"面板上的"尺寸"按钮 标注尺寸，如图 6-99 所示。单击"完成草图"按钮 ，退出草图环境。

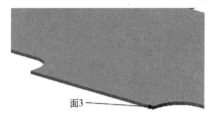

面3

图 6-98　选取平面

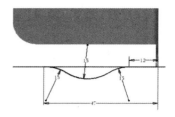

图 6-99　绘制草图 5

16）创建异形板。单击"钣金"选项卡"创建"面板上的"异形板"按钮 ，打开"异形板"对话框，选择第 15）步绘制的草图为截面轮廓，选择如图 6-100 所示的边。单击"反转到对侧"按钮 ，调整方向，单击"确定"按钮，结果如图 6-101 所示。

选择边　　截面轮廓

图 6-100　设置参数 3

图 6-101　异形板

17）创建凸缘 4。单击"钣金"选项卡"创建"面板上的"凸缘"按钮 ，打开"凸缘"对话框，选择如图 6-102 所示的边，输入高度为"30mm"，"凸缘角度"为"90°"，选择"从两个内侧面的交线折弯" 选项和"从相邻面折弯" 选项，单击"更多"按钮 展开对话框，"类型"选择"宽度"，选中"居中"单选项，输入"宽度"为"70mm"，单击"确定"按钮，效果如图 6-103 所示。

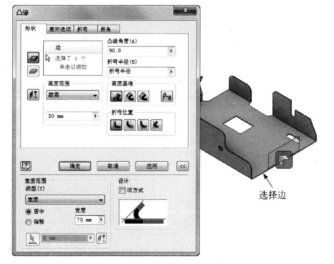

选择边

图 6-102　"凸缘"对话框

图 6-103　创建凸缘 4

18）保存文件。单击"快速访问"工具栏上的"保存"按钮 ，打开"另存为"对话框，输入文件名为"仪表面板.ipt"，单击"保存"按钮即可保存文件。

6.3.6 拐角接缝

在钣金平板中添加拐角接缝，可以在相交或共面的两个平板之间创建接缝。

拐角接缝的操作步骤如下。

1）单击"钣金"选项卡"修改"面板上的"拐角接缝"按钮 ，打开"拐角接缝"对话框，如图 6-104 所示。

2）在相邻的两个钣金平板上均选择模型边，如图 6-105 所示。

3）在对话框中接受默认接缝类型或选择其他接缝类型。

4）在对话框中单击"确定"按钮，完成拐角接缝操作，结果如图 6-106 所示。

图 6-104 "拐角接缝"对话框

图 6-105 选择边

图 6-106 拐角接缝

"拐角接缝"对话框中的选项说明如下。

1. 形状

选择模型的边并指定是否接缝拐角。

- 接缝：指定现有的共面或相交钣金平板之间的新拐角几何图元。
- 分割：此选项打开方形拐角以创建钣金拐角接缝。
- 边：在每个面上选择模型边。

2. 接缝

- 最大间隙距离：使用该选项创建拐角接缝间隙，可以使用与物理检测标尺方式一致的方式对其进行测量。
- 面/边距离：使用该选项创建拐角接缝间隙，可以测量从与选定的第一条边相邻的面到选定的第二条边的距离。

技巧：

可以使用哪两种方法来创建和测量拐角接缝间隙？

1）面/边方法：基于从与第一个选定边相邻的面到第二个选定边的尺寸来测量接缝间隙的方法。

2）最大间隙距离方法：通过滑动物理检测厚薄标尺来测量接缝间隙的方法。

6.3.7 冲压工具

冲压工具必须具有一个定义了中心标记的草图，即钣金平板必须具有一个草图，该草图带有一个或多个未使用的中心标记。

冲压工具的操作步骤如下。

1）单击"钣金"选项卡"修改"面板上的"冲压工具"按钮，打开"冲压工具目录"对话框。

2）在"冲压工具目录"对话框中浏览到包含冲压形状的文件夹，选择冲压形状进行预览，选择好冲压工具后，单击"打开"按钮，打开"冲压工具"对话框，如图 6-107 所示。

3）如果草图中存在多个中心点，按〈Ctrl〉键并单击任何不需要的位置以防止在这些位置放置冲压。

4）在"几何图元"选项卡上指定角度以使冲压相对于平面进行旋转。

5）在"规格"选项卡上双击参数值进行修改，单击"完成"按钮完成冲压操作，如图 6-108 所示。

图 6-107 "冲压工具"对话框

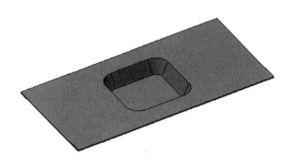

图 6-108 冲压

"冲压工具"对话框中的选项说明如下。

1. 预览

- 位置：允许选择包含钣金冲压 iFeature 的文件夹。
- 冲压：在选择列表左侧的图形窗格中预览选定的 iFeature。

2. 几何图元（图 6-109）

- 中心：自动选择用于定位 iFeature 的孔中心。如果钣金平板上有多个孔中心，则每个孔中心上都会放置 iFeature。
- 角度：指定用于定位 iFeature 的平面角度。
- 刷新：重新绘制满足几何图元要求的 iFeature。

钣金设计

3．规格（图 6-110）

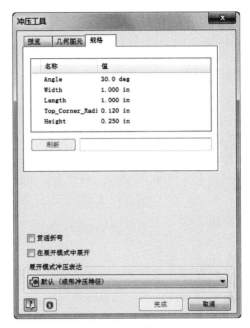

图 6-109 "几何图元"选项卡   图 6-110 "规格"选项卡

修改冲压形状的参数以更改其大小。列表框中列出了控制每个形状的参数的"名称"和"值"，双击修改之。

6.3.8 接缝

在使用封闭的截面轮廓草图创建的允许展平的钣金零件上创建间隙。"点到点"接缝类型需要选择一个模型面和两个现有的点来定义接缝的起始和结束位置，就像"单点"接缝类型一样，选择的点可以是工作点、边的中点、面顶点上的端点或先前所创建的草图点。

接缝的操作步骤如下。

1）单击"钣金"选项卡"修改"面板上的"接缝"按钮 ，打开"接缝"对话框，如图 6-111 所示。

2）在视图中选择要进行接缝的钣金模型的面，如图 6-112 所示。

图 6-111 "接缝"对话框   图 6-112 选择接缝面

3）在视图中选择定义接缝起始位置的点和结束位置的点，如图 6-113 所示。

4）在对话框中设置接缝间隙位于选定点，或者向右或向左偏移，单击"确定"按钮，完成接缝，结果如图 6-114 所示。

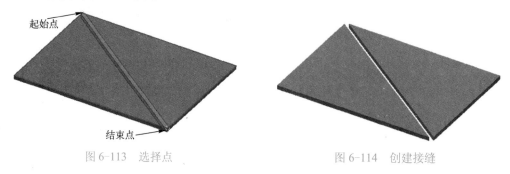

图 6-113　选择点　　　　　　　　图 6-114　创建接缝

"接缝"对话框中的选项说明如下。

1. 接缝类型

- 单点：允许通过选择要创建接缝的面和该面某条边上的一个点来定义接缝特征。
- 点到点：允许通过选择要创建接缝的面和该面边上的两个点来定义接缝特征。
- 面范围：允许通过选择要删除的模型面来定义接缝特征。

2. 形状

- 接缝所在面：选择将应用接缝特征的模型面。
- 接缝点：选择定义接缝位置的点。

📁 技巧：

创建分割的方式有哪些？

1）选择曲面边上的点。选择的点可以是边的中点、面顶点上的端点、工作点或先前所创建草图上的草图点。

2）在选定面的相对侧上的两点之间分割。这两个点可以是工作点、面边的中点、面顶点上的端点或先前所创建草图上的草图点。

3）删除整个选定的面。

6.4　展开和折叠特征

本节主要介绍展开和重新折叠特征。重新折叠特征必须在展开状态下，并且至少包含一个展开特征时才能使用。

6.4.1　展开

展开特征是指展开一个或多个钣金折弯或相对参考面的卷曲。"展开"命令会向钣金零件浏览器中添加展开特征，并允许向模型的展平部分添加其他特征。用户可以展开不包含任何平面的折叠钣金模型。"展开"命令要求零件文件中包含单个实体。

"展开"命令的操作步骤如下。

1）单击"钣金"选项卡"修改"面板上的"展开"按钮 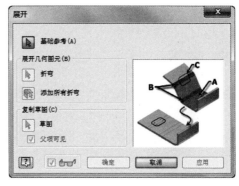，打开"展开"对话框，如图 6-115 所示。

图 6-115 "展开"对话框

2）在视图中选择用作展开参考的面或平面，如图 6-116 所示。

3）在视图中选择要展开的各个亮显的折弯或卷曲，也可以单击"添加所有折弯"按钮来选择所有亮显的几何图元，如图 6-116 所示。

4）预览展平的状态，并添加或删除折弯或卷曲以获得需要的平面。

5）在对话框中单击"确定"按钮，完成展开操作，结果如图 6-117 所示。

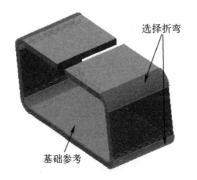

图 6-116 选择基础参考

图 6-117 展开钣金

"展开"对话框中的选项说明如下。

1．基础参考

选择用于定义展开、或重新折叠折弯、或旋转所参考的面或参考平面。

2．展开几何图元

● 折弯：选择要展开或重新折叠的各个折弯或旋转特征。

● 添加所有折弯：选择要展开或重新折叠的所有折弯或旋转特征。

3．复制草图

选择要展开或重新折叠的未使用的草图。

📁 技巧：

阵列中的钣金特征需要注意几点？

1）展开特征通常沿整条边进行拉伸，可能不适用于阵列。

2）钣金剪切类似于拉伸剪切。使用"完全相同"终止方式获得的结果可能会与使用"根据模型调整"终止方式获得的结果不同。

3）冲裁贯通折弯特征阵列结果因折弯几何图元和终止方式的不同而不同。

4）不支持多边凸缘阵列。

5）"完全相同"终止方式仅适用于面特征、凸缘、异形板和卷边特征。

6.4.2 重新折叠

用户可以重新折叠在展开状态下至少包含一个展开特征的特征，也可以重新折叠不包含平面且至少包含一个处于展开状态的卷曲特征的钣金特征。

"重新折叠"命令的操作步骤如下。

1）单击"钣金"选项卡"修改"面板上的"重新折叠"按钮 ，打开"重新折叠"对话框，如图 6-118 所示。

2）在视图中选择用作重新折叠参考的面或平面，如图 6-119 所示。

3）在视图中选择要重新折叠的各个亮显的折弯或卷曲，也可以单击"添加所有折弯"按钮来选择所有亮显的几何图元，如图 6-119 所示。

4）预览重新折叠的状态，并添加或删除折弯或卷曲以获得需要的折叠模型状态。

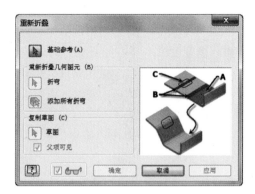

图 6-118 "重新折叠"对话框

5）在对话框中单击"确定"按钮，完成重新折叠操作，结果如图 6-120 所示。

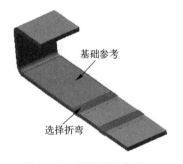

图 6-119 选择基础参考

图 6-120 重新折叠

6.4.3 实例——铰链

绘制如图 6-121 所示的铰链。

操作步骤

1）新建文件。运行 Inventor，单击"快速访问"工具栏上的"新建"按钮 ，在打开的"新建文件"对话框中选择"Sheet Metal.ipt"选项，单击"创建"按钮，新建一个钣金文件。

图 6-121 铰链

2）绘制草图 1。单击"钣金"选项卡"草图"面板上的"开始创建二维草图"按钮 ，选择 *XZ* 平面为草图绘制平面，进入草图绘制环境。单击"草图"选项卡"绘图"面板上的"直线"按钮 ，绘制草图。单击"约束"面板上的"尺寸"按钮 标注尺寸，如图 6-122 所示。

单击"完成草图"按钮 ✔，退出草图环境。

3）创建平板。单击"钣金"选项卡"创建"面板上的"平板"按钮 ▧，打开"面"对话框，系统自动选取第 2）步绘制的草图为截面轮廓。单击"确定"按钮完成平板的创建，效果如图 6-123 所示。

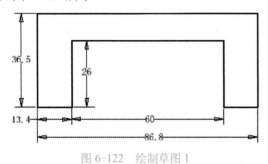

图 6-122　绘制草图 1

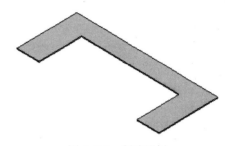

图 6-123　创建平板

4）创建凸缘。单击"钣金"选项卡"创建"面板上的"凸缘"按钮 🗝，打开"凸缘"对话框，选择图 6-123 中的一侧短边线，输入高度为"27mm"，"凸缘角度"为"90°"，选择"从两个内侧面的交线折弯" ▨ 选项和"折弯面范围之内" ▨ 选项，单击"应用"按钮完成一侧凸缘的创建，在另一侧创建相同参数的凸缘，效果如图 6-124 所示。

5）创建直孔 1。单击"钣金"选项卡"修改"面板上的"孔"按钮 ◎，打开"孔"对话框。在视图中选取第 4）步创建的凸缘外表面为孔放置面，选择如图 6-125 所示的参考，参考距离为 5.7mm，选择"直孔"类型，输入孔直径"4.2mm"，"终止方式"为"贯通"，单击"确定"按钮，生成两个孔。

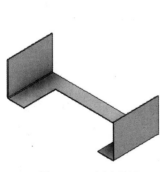

图 6-124　创建凸缘

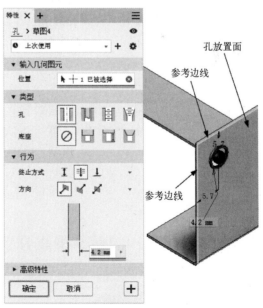

图 6-125　设置参数 1

6）创建展开。单击"钣金"选项卡"修改"面板上的"展开"按钮 ▤，打开"展开"对话框。选择如图 6-126 所示的面为基础参考平面，选择所有的折弯，单击"确定"按钮，结果如图 6-127 所示。

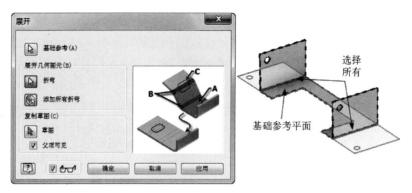

图 6-126 设置参数 2

图 6-127 展开钣金

7）创建工作平面。单击"钣金"选项卡"定位特征"面板上的"两个平面之间的中间面"按钮，选择如图 6-128 所示的两个平面，创建如图 6-129 所示的工作平面。

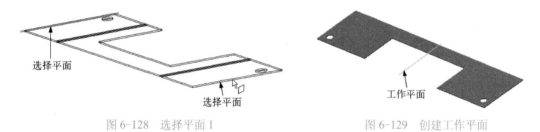

图 6-128 选择平面 1   图 6-129 创建工作平面

8）绘制草图 2。单击"钣金"选项卡"草图"面板上的"开始创建二维草图"按钮，选择如图 6-130 所示的平面为草图绘制面，进入草图绘制环境。利用草图绘制命令，绘制草图。单击"约束"面板上的"尺寸"按钮标注尺寸，如图 6-131 所示。单击"完成草图"按钮，退出草图环境。

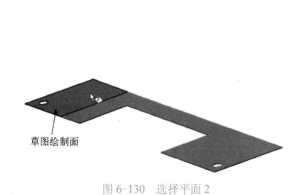

图 6-130 选择平面 2   图 6-131 绘制草图 2

9）创建剪切。单击"钣金"选项卡"修改"面板上的"剪切"按钮▢，打开"剪切"对话框，选择如图 6-131 所示的截面轮廓。采用默认设置，单击"确定"按钮，效果如图 6-132 所示。

10）镜像特征。单击"钣金"选项卡"修改"面板上的"镜像"按钮◢，打开"镜像"对话框，选择第 9）步创建的剪切特征为镜像特征，选择第 7）步创建的工作平面为镜像平面。单击"确定"按钮，效果如图 6-133 所示。

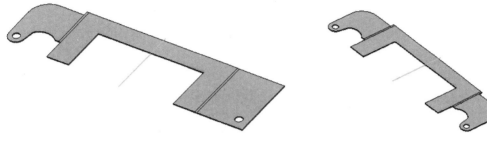

图 6-132　创建剪切　　　　　　　　　　　　　　　图 6-133　镜像特征

11）创建重新折叠。单击"钣金"选项卡"修改"面板上的"重新折叠"按钮▤，打开"重新折叠"对话框。选择如图 6-134 所示的面为参考，选择所有的折弯，如图 6-177 所示。单击"确定"按钮，结果如图 6-135 所示。

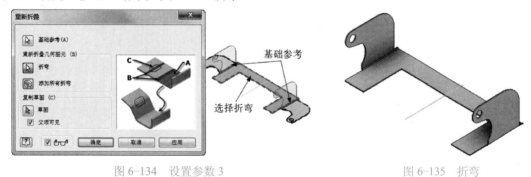

图 6-134　设置参数 3　　　　　　　　　　　　　　图 6-135　折弯

12）创建直孔 2。单击"钣金"选项卡"修改"面板上的"孔"按钮⬤，打开"孔"对话框。在视图中选取平板上表面为孔放置面，选择如图 6-136 所示的参考，与参考 1 的距离为 5mm，与参考 2 的距离为 7mm，"类型"选择"直孔"，输入孔直径为"4mm"，"终止方式"为"贯通"，单击"确定"按钮，生成一个孔。

13）矩形阵列孔。单击"钣金"选项卡"阵列"面板上的"矩形阵列"按钮▦，打开"矩形阵列"对话框，选取第 12）步创建的孔特征为阵列特征，选取如图 6-137 所示的方向并输入阵列参数，单击"确定"按钮，结果如图 6-121 所示。

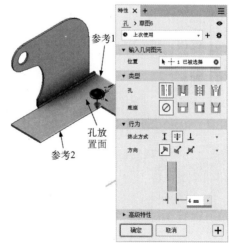

图 6-136　设置参数 4

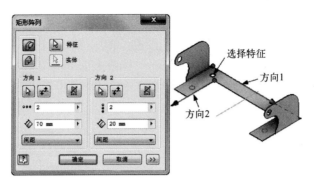

图 6-137　设置参数 5

14）保存文件。单击"快速访问"工具栏上的"保存"按钮 ，打开"另存为"对话框，输入文件名为"铰链.ipt"，单击"保存"按钮即可保存文件。

第 **7** 章

曲 面 造 型

知 识 导 引 ————

　　曲面是一种泛称，片体和实体的自由表面都可以称为曲面。平面表面是曲面的一种特例。其中，片体是由一个或多个表面组成、厚度为 0 的几何体。

学 习 目 标 ————

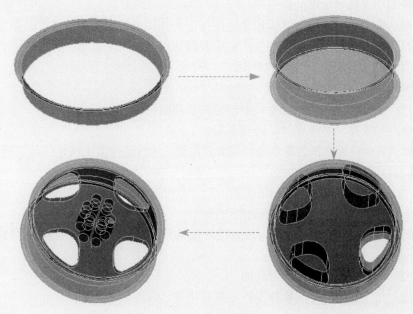

7.1 编辑曲面

在第 4 章中介绍了实体的创建，在本节中主要介绍曲面的编辑方法。

7.1.1 加厚

加厚是指添加或删除零件或缝合曲面的厚度，或从零件面、曲面创建偏移曲面或创建新实体。

加厚曲面的操作步骤如下。

1）单击"三维模型"选项卡"修改"面板上的"加厚/偏移"按钮 ，打开"加厚/偏移"对话框，如图 7-1 所示。

图 7-1 "加厚/偏移"对话框

2）在视图中选择要加厚的面。

3）在对话框中输入厚度，并为加厚特征指定求并、求差或求交操作，设置加厚方向。

4）在对话框中单击"确定"按钮，完成曲面加厚。

"加厚/偏移"对话框中的选项说明如下。

1. "加厚/偏移"选项卡

1）选择：指定要加厚的面或要从中创建偏移曲面的面。

2）实体：如果存在多个实体，选择参与体。

3）选择模式：设置选择的是单个面或缝合曲面。可以选择多个相连的面或缝合曲面，但是不能选择混合的面和缝合曲面。

● 面：默认选择此选项，表示每单击一次，只能选择一个面。

● 缝合曲面：单击一次选择一组相连的面。

4）距离：指定加厚特征的厚度，或者指定偏移特征的距离。当输出为曲面时，偏移距离可以为零。

5）输出：指定特征是实体还是曲面。

6）操作：指定加厚特征与实体零件是进行求并、求差或求交操作。

7）方向：将厚度或偏移特征沿一个方向延伸或在两个方向上同等延伸。

8）自动过渡：选中此复选框，可自动移动相邻的相切面，还可以创建新过渡。

2. "更多"选项卡（图7-2）

图 7-2 "更多"选项卡

1）自动链选面：用于选择多个连续相切的面进行加厚，所有选中的面使用相同的布尔操作和方向加厚。

2）创建竖直曲面：对于偏移特征，创建将偏移面连接到原始缝合曲面的竖直曲面，竖直曲面仅在内部曲面的边处创建，而不会在曲面边界的边处创建。

3）允许近似值：如果不存在精确方式，在计算偏移特征时，允许与指定的厚度有偏差。精确方式可以创建偏移曲面，该曲面中，原始曲面上的每一点在偏移曲面上都具有对应点。

- 中等：将偏差分为近似指定距离的两部分。
- 不要过薄：保留最小距离。
- 不要过厚：保留最大距离。

4）优化：使用合理公差和最短计算时间进行计算。

5）指定公差：使用指定的公差进行计算。

📁 技巧：

可以一起选择面和曲面进行加厚吗？

不可以。加厚的面和偏移的曲面不能在同一个特征中创建。厚度特征和偏移特征在浏览器中有各自的图标。

7.1.2 延伸

延伸是通过指定距离或终止平面，使曲面在一个或多个方向上扩展。

延伸曲面的操作步骤如下。

1）单击"三维模型"选项卡"曲面"面板上的"延伸"按钮 🖰，打开"延伸曲面"对话框，如图7-3所示。

2）在视图中选择要延伸的曲面边。所有边均必须在单

图 7-3 "延伸曲面"对话框

一曲面或缝合曲面上。

3）在"范围"下拉列表中选择延伸的终止方式，并设置相关参数。

4）在对话框中单击"确定"按钮，完成曲面延伸操作。

"延伸曲面"对话框中的选项说明如下。

1）边：选择并高亮显示单一曲面或缝合曲面的每个面边以进行延伸。

2）链选边：自动延伸所选边，以包含连续相切于所选边的所有边。

3）范围：确定延伸的终止方式并设置其距离。

● 距离：将边延伸指定的距离。

● 到：选择在其上终止延伸的终止面或工作平面。

4）边延伸：控制用于延伸或要延伸的曲面边相邻边的方法。

● 延伸：沿与选定的边相邻的边的曲线方向创建延伸边。

● 拉伸：沿直线从与选定的边相邻的边创建延伸边。

7.1.3 边界嵌片

边界嵌片特征从闭合的二维草图或闭合的边界生成平面曲面或三维曲面。

"边界嵌片"命令的操作步骤如下。

1）单击"三维模型"选项卡"曲面"面板上的"边界嵌片"按钮 ，打开"边界嵌片"对话框，如图 7-4 所示。

图 7-4 "边界嵌片"对话框

2）在视图中选择定义闭合回路的相切、连续的链选边，如图 7-5 所示。

3）在"边界"下拉列表中选择每条边或每组选定边的边界条件。

4）在对话框中单击"确定"按钮，创建边界嵌片特征，结果如图 7-6 所示。

图 7-5 选择边

图 7-6 边界嵌片

"边界嵌片"对话框中的选项说明如下。

● 边界:指定嵌片的边界。选择闭合的二维草图或相切、连续的链选边,来指定闭合面域。

● 条件:列出选定边的名称和选择集中的边数,并将指定边条件应用于边界嵌片的每条边。条件包括无条件、相切条件和平滑(G2)条件,如图 7-7 所示。

图 7-7　条件

a) 无条件　b) 相切条件　c) 平滑(G2)条件

📁 技巧:

如何控制曲面的外观和可见性?

可以在"应用程序选项"对话框中将曲面的外观从"半透明"更改为"不透明";在"零件"选项卡的"构造"类别中,选择"不透明曲面"选项。曲面在创建时为不透明,其颜色与定位特征相同。

在设置该选项之前创建的曲面为半透明。要改变曲面外观,可在浏览器中的曲面上单击鼠标右键,然后在快捷菜单中选择"半透明"。选中或清除复选标记可以打开或关闭"不透明"选项。

7.1.4　实例——鱼缸

绘制如图 7-8 所示的鱼缸。

 操作步骤

1)新建文件。单击"快速访问"工具栏上的"新建"按钮 ▢ ,在打开的"新建文件"对话框中的"Templates"选项卡的零件下拉列表中选择"Standard.ipt"选项,单击"创建"按钮,新建一个零件文件。

2)创建草图。单击"三维模型"选项卡"草图"面板上的"开始创建二维草图"按钮 ▢ ,选择 XY 平面为草图绘制平面,进入草图绘制环境。单击"草图"选项卡"创建"面板上的"圆弧"按钮 ╱ ,绘制草图。单击"约束"面板上的"尺寸"按钮 ┥ 标注尺寸,如图 7-9 所示。单击"草图"选项卡上的"完成草图"按钮 ✔ ,退出草图环境。

3)创建旋转曲面。单击"三维模型"选项卡"创建"面板上的"旋转"按钮 🍥 ,打开"旋转"对话框,选取如图 7-9 所示的草图为旋转截面轮廓,选取竖直直线段为旋转轴。单击"确定"按钮完成旋转,效果如图 7-10 所示。

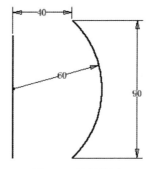

图 7-8　鱼缸　　　　　　　　图 7-9　绘制草图　　　　　　图 7-10　创建旋转曲面

4）创建边界曲面，单击"三维模型"选项卡"曲面"面板上的"边界嵌片"按钮，打开"边界嵌片"对话框，选择下边线，单击"确定"按钮，结果如图 7-11 所示。

5）加厚曲面，单击"三维模型"选项卡"修改"面板上的"加厚/偏移"按钮，打开"加厚/偏移"对话框，选择曲面，输入距离为"1 mm"，选择"对称"方式，单击"确定"按钮，结果如图 7-12 所示。

6）加厚底面，单击"三维模型"选项卡"修改"面板上的"加厚/偏移"按钮，打开"加厚/偏移"对话框，选择底部平面，输入距离为"1 mm"，单击"确定"按钮，结果如图 7-13 所示。

图 7-11　创建边界嵌片　　　　图 7-12　加厚曲面　　　　　　图 7-13　加厚底面

7）保存文件，单击"快速访问"工具栏上的"保存"按钮，打开"另存为"对话框，输入文件名为"鱼缸.ipt"，单击"保存"按钮，保存文件。

7.1.5　缝合

"缝合"命令可以将参数化曲面缝合在一起形成缝合曲面或实体。曲面的边必须相邻才能成功缝合。

缝合曲面的操作步骤如下。

1）单击"三维模型"选项卡"曲面"面板上的"缝合"按钮，打开"缝合"对话框，如图 7-14 所示。

2）在视图中选择一个或多个单独曲面，如图 7-15 所示。选中曲面后，将显示边状态，不具有公共边的边将变成红色，已成功缝合的边为黑色。

3）输入公差。

4）在对话框中单击"确定"按钮，曲面将结合在一起形成缝合曲面或实体，结果如图 7-16 所示。

图 7-14 "缝合"对话框   图 7-15 选择曲面   图 7-16 缝合

📁 技巧：

要缝合第一次未成功缝合的曲面，可在"最大公差"下拉列表中选择或输入值来控制公差，查看要缝合在一起的剩余边对和最小的关联"最大接缝"值。最大接缝值为"缝合"命令在选择公差边时所考虑的最大间隙。可将最小"最大接缝"值用作输入"最大公差"值时的参考值。例如，如果最大间隙为 0.00362，则应在"最大公差"下拉列表框中输入"0.004"，以实现成功缝合。

"缝合"对话框中的选项说明如下。

1．"缝合"选项卡

● 曲面：用于选择单个曲面或所有曲面，以缝合在一起形成缝合曲面或进行分析。

● 最大公差：用于选择或输入自由边之间的最大许用公差值。

● 查找剩余的自由边：用于显示缝合后剩余的自由边及它们之间的最大间隙。

● 保留为曲面：如果不选中此选项，则具有有效闭合体积的缝合曲面将实体化。如果选中，则缝合曲面仍然为曲面。

2．"分析"选项卡（图 7-17）

● 显示边条件：选中该复选框，可以用颜色指示曲面边来显示分析结果。

● 显示接近相切：选中该复选框，可以显示接近相切条件。

图 7-17 "分析"选项卡

7.1.6 实例——真空保温杯

绘制如图 7-18 所示的真空保温杯。

 操作步骤

1）新建文件。单击"快速访问"工具栏中的"新建"按钮，在打开的"新建文件"对话框中的"Templates"选项卡的零件下拉列表中选择"Standard.ipt"选项，单击"创建"按钮，新建一个零件文件。

2）绘制草图 1。单击"三维模型"选项卡"草图"面板中的"开始创建二维草图"按钮，选择 XY 平面为草图绘制平面，进入草图绘制环境。单击"草图"选项卡"创建"面板中的"直线"按钮，绘制草图。单击"约束"面板中的"尺寸"按钮，按图 7-19 标注尺寸。单击"草图"选项卡中的"完成草图"按钮，退出草图环境。

图 7-18 真空保温杯

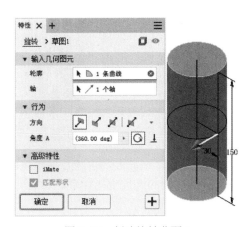

图 7-19 创建旋转曲面 1

3）创建旋转曲面 1。单击"三维模型"选项卡"创建"面板中的"旋转"按钮，选取右侧的竖直直线为旋转轮廓，选取左侧的竖直直线为旋转轴，如图 7-19 所示。单击"确定"按钮，完成旋转曲面的创建。

4）绘制草图 2。单击"三维模型"选项卡"草图"面板中的"开始创建二维草图"按钮，选择 XY 平面为草图绘制平面，进入草图绘制环境。单击"草图"选项卡"创建"面板中的"直线"按钮，绘制草图。单击"约束"面板中的"尺寸"按钮标注尺寸，如图 7-20 所示。单击"草图"选项卡中的"完成草图"按钮，退出草图环境。

5）创建旋转曲面 2。单击"三维模型"选项卡"创建"面板中的"旋转"按钮，选取右侧的竖直直线为旋转轮廓，选取左侧的竖直直线为旋转轴，如图 7-20 所示。单击"确定"按钮，完成旋转曲面的创建。

6）创建底面边界嵌片。单击"三维模型"选项卡"曲面"面板上的"边界嵌片"按钮，打开"边界嵌片"对话框，选择如图 7-21 所示的边线，单击"确定"按钮。同理创建模型底面外环边线的嵌片，结果如图 7-22 所示。

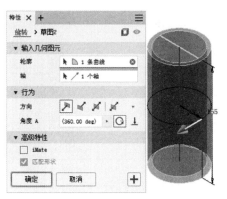

图 7-20 创建旋转曲面 2　　　　　图 7-21 嵌片边线　　　　图 7-22 创建底面嵌片

7）创建上面边界嵌片。单击"三维模型"选项卡"曲面"面板上的"边界嵌片"按钮 ，打开"边界嵌片"对话框，选择如图 7-23 所示的边线，单击"确定"按钮，完成上面边界嵌片的创建。

8）缝合曲面。单击"三维模型"选项卡"曲面"面板中的"缝合"按钮 ，打开"缝合"对话框，选中"保留为曲面"复选框，如图 7-24 所示。选择模型中所有的曲面，单击"应用"按钮，然后再单击"完毕"按钮，完成曲面的缝合。

图 7-23 创建上面嵌片　　　　　　　图 7-24 缝合曲面

9）创建圆角特征。单击"三维模型"选项卡"修改"面板中的"圆角"按钮 ，打开"圆角"对话框，设置圆角半径为"5mm"，选择零件底面内壁边线为倒圆角边线，如图 7-25 所示，单击"应用"按钮，完成圆角的创建。然后设置圆角半径为"2.5mm"，选择模型上面内外边线，单击"确定"按钮，完成圆角的创建，结果如图 7-26 所示。

图 7-25 创建底面内壁圆角　　　　　图 7-26 完成圆角创建

10）保存文件。单击"快速访问"工具栏中的"保存"按钮 💾，打开"另存为"对话框，输入文件名为"真空保温杯.ipt"，单击"保存"按钮，保存文件。

7.1.7 修剪

"修剪曲面"命令可以删除通过修剪工具定义的曲面区域。修剪工具可以是形成闭合回路的曲面边、单个零件面、单个不相交的二维草图曲线或者工作平面。

"修剪曲面"命令的操作步骤如下。

1）单击"三维模型"选项卡"曲面"面板上的"修剪"按钮 ✂，打开"修剪曲面"对话框，如图 7-27 所示。

2）在视图中选择作为修剪工具的几何图元，如图 7-28 所示。

图 7-27 "修剪曲面"对话框

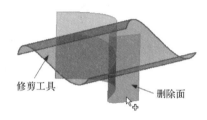

图 7-28 选择修剪工具和删除面

3）选择要删除的区域。要删除的区域包含与修剪工具相交的任何曲面。如果要删除的区域多于要保留的区域，可选择要保留的区域，然后单击"反向选择"按钮反转选择。

4）在对话框中单击"确定"按钮，完成曲面修剪，结果如图 7-29 所示。

"修剪曲面"对话框中的选项说明如下。

- 修剪工具：选择用于修剪曲面的几何图元。
- 删除：选择要删除的一个或多个区域。

图 7-29 修剪曲面

- 反向选择：取消当前选定的区域并选择先前取消的区域。

7.1.8 实例——香皂盒

绘制如图 7-30 所示的香皂盒。

 操作步骤

1）新建文件。单击"快速访问"工具栏中的"新建"按钮，在打开的"新建文件"对话框中的"Templates"选项卡的零件下拉列表中选择"Standard.ipt"选项，单击"创建"按钮，新建一个零件文件。

2）绘制草图 1。单击"三维模型"选项卡"草图"面板中的"开始创建二维草图"按钮，选择 XZ 平面为草

图 7-30 香皂盒

图绘制平面，进入草图绘制环境。单击"草图"选项卡"创建"面板中的"矩形"按钮▭，绘制草图。单击"约束"面板中的"尺寸"按钮┬标注尺寸，如图 7-31 所示。单击"草图"选项卡中的"完成草图"按钮✔，退出草图环境。

3）创建拉伸曲面。单击"三维模型"选项卡"创建"面板中的"拉伸"按钮◪，打开"拉伸"对话框，选取如图 7-31 所示的草图为截面轮廓，如图 7-32 所示。单击"确定"按钮，完成拉伸，如图 7-33 所示。

4）创建边界曲面。单击"三维模型"选项卡"曲面"面板上的"边界嵌片"按钮◰，打开"边界嵌片"对话框，选择如图 7-33 所示的边线 1，单击"确定"按钮，结果如图 7-34 所示。

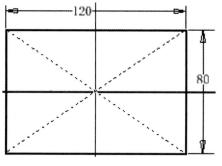

图 7-31　绘制草图 1

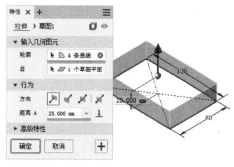

图 7-32　设置拉伸参数

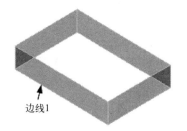

图 7-33　创建拉伸曲面

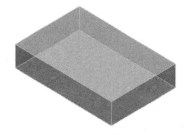

图 7-34　边界嵌片

5）缝合曲面。单击"三维模型"选项卡"曲面"面板中的"缝合"按钮▦，打开"缝合"对话框，选取视图中所有的曲面，选择完毕后，单击"应用"按钮，再单击"完毕"按钮，完成曲面的缝合。

6）创建圆角。单击"三维模型"选项卡"修改"面板中的"圆角"按钮◗，设置圆角半径为"8mm"，选择创建圆角特征的边线，如图 7-35 所示。单击"确定"按钮，完成圆角特征的创建。

7）绘制草图 2。单击"三维模型"选项卡"草图"面板中的"开始创建二维草图"按钮▱，选择 YZ 平面为草图绘制平面，进入草图绘制环境。单击"草图"选项卡"创建"面板中的"直线"按钮／和"圆角"按钮◠，绘制草图。单击"约束"面板中的"尺寸"按钮┬标注尺寸，如图 7-36 所示。单击"草图"选项卡中的"完成草图"按钮✔，退出草图环境。

8）创建工作平面 1。单击"三维模型"选项卡"定位特征"面板中的"平面"按钮▤，选择 XZ 平面和第 7）步绘制的草图的下端点，创建工作平面 1。

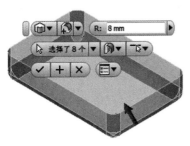

图 7-35 设置圆角参数

图 7-36 绘制草图 2

9）绘制草图 3。单击"三维模型"选项卡"草图"面板中的"开始创建二维草图"按钮 ，选择第 8）步绘制的工作平面 1 为绘制平面，进入草图绘制环境。单击"草图"选项卡"创建"面板中的"圆"按钮 ，绘制草图。单击"约束"面板中的"尺寸"按钮 标注尺寸，如图 7-37 所示。单击"草图"选项卡中的"完成草图"按钮 ，退出草图环境。

10）扫掠曲面。单击"三维模型"选项卡"创建"面板中的"扫掠"按钮 ，打开"扫掠"对话框，选择扫掠轮廓和路径，如图 7-38 所示，单击"确定"按钮，完成曲面的扫掠，隐藏工作平面 1。

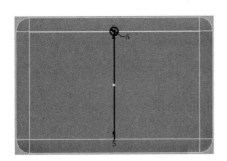

图 7-37 绘制草图 3

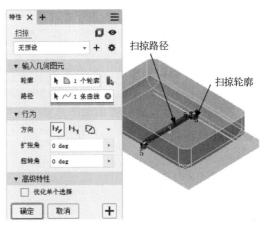

图 7-38 扫掠曲面

11）修剪曲面 1。单击"三维模型"选项卡"曲面"面板中的"修剪曲面"按钮 ，打开"修剪曲面"对话框，选择香皂盒的底面为修剪工具，选择第 10）步创建的扫掠曲面为删除面，如图 7-39 所示。单击"确定"按钮，结果如图 7-40 所示。

图 7-39 设置修剪曲面参数

图 7-40 修剪曲面 1

12）阵列曲面。单击"三维模型"选项卡"阵列"面板中的"矩形阵列"按钮，打开"矩形阵列"对话框，选择"扫掠曲面 1"和"修剪 1"为阵列特征，选择香皂盒较长的边线为阵列方向，设置阵列数目为"3"，阵列距离为"20"，单击"确定"按钮。同理阵列另一侧的曲面，结果如图 7-41 所示。

图 7-41　阵列曲面

13）修剪曲面 2。单击"三维模型"选项卡"曲面"面板中的"修剪曲面"按钮，打开"修剪曲面"对话框，选择扫掠曲面为修剪工具，选择香皂盒的底面为删除面，如图 7-42 所示，单击"确定"按钮。同理删除其他曲面，结果如图 7-43 所示。

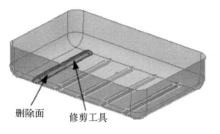

删除面　　修剪工具

图 7-42　设置修剪参数

图 7-43　修剪曲面 2

14）缝合曲面。单击"三维模型"选项卡"曲面"面板中的"缝合"按钮，选择视图中所有的曲面，缝合曲面。

15）加厚曲面。单击"三维模型"选项卡"修改"面板中的"加厚/偏移"按钮，打开"加厚/偏移"对话框，选中"缝合曲面"复选框，设置偏移距离为"1mm"，偏移方向为"对称"，如图 7-44 所示，单击"确定"按钮，完成曲面的加厚。完成香皂盒的创建，结果如图 7-30 所示。

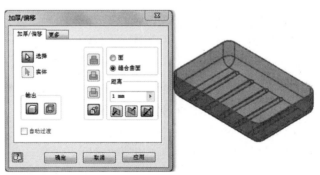

图 7-44　加厚曲面

16）保存文件。单击"快速访问"工具栏中的"保存"按钮，打开"另存为"对话框，输入文件名为"香皂盒.ipt"，单击"保存"按钮，保存文件。

7.1.9　替换面

"替换面"命令可用不同的面替换一个或多个零件面，零件必须与新面完全相交。
"替换面"命令的操作步骤如下。

1）单击"三维模型"选项卡"曲面"面板上的"替换面"按钮 ，打开"替换面"对话框，如图 7-45 所示。

2）在视图中选择一个或多个要替换的零件面，如图 7-46 所示。

3）单击"新建面"按钮，选择曲面、缝合曲面、一个或多个工作平面作为新建面。

4）在对话框中单击"确定"按钮，完成替换面操作，结果如图 7-47 所示。

图 7-45　"替换面"对话框

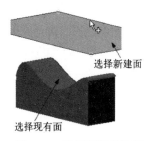

图 7-46　选择要替换的面

图 7-47　替换面

"替换面"对话框中的选项说明如下。

● 现有面：选择要替换的单个面、相邻面的集合或不相邻面的集合。

● 新建面：选择用于替换现有面的曲面、缝合曲面、一个或多个工作平面，零件将延伸以与新面相交。

● 自动链选面：自动选择与选定面连续相切的所有面。

📁 技巧：

是否可以将工作平面用作替换面？

可以创建并选择一个或多个工作平面，以生成平面替换面。工作平面与选定曲面的行为相似，但范围不同。无论图形如何显示，工作平面范围均为无限大。

编辑替换面特征时，如果从选择的单个工作平面更改为选择的替代单个工作平面，可保留从属特征。如果在选择的单个工作平面和多个工作平面（或替代多个工作平面）之间更改，则不会保留从属特征。

7.1.10　灌注

"灌注"命令可根据选定的曲面几何图元，从实体模型或曲面特征添加或删除材料。

"灌注"命令的操作步骤如下。

1）单击"三维模型"选项卡"曲面"面板上的"灌注"按钮 ，打开"灌注"对话框，如图 7-48 所示。

2）单击"曲面"按钮，在图形区域中选择形成区域边界的一个或多个曲面或工作平面进行添加，如图 7-49 所示。

图 7-48　"灌注"对话框

3）如果文件中存在一个以上的实体，可以单击"实体"按钮来选择参与体。

4）在对话框中单击"确定"按钮，完成灌注操作，结果如图 7-50 所示。

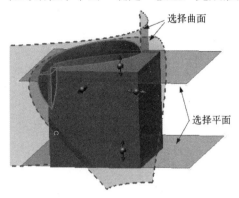

图 7-49　选择曲面和平面

图 7-50　灌注

"灌注"对话框中的选项说明如下。

- 添加█：根据选定的几何图元，将材料添加到实体或曲面。
- 删除█：根据选定的几何图元，将材料从实体或曲面中删除。
- 新建实体█：如果灌注是零件文件中的第一个实体特征，则该选项为默认选项，选择该选项可在包含实体的零件文件中创建新实体。
- 曲面：选择单独的曲面或工作平面作为灌注操作的边界几何图元。

7.1.11　删除面

删除零件面、体块或中空体。

删除面的操作步骤如下。

1）单击"三维模型"选项卡"修改"面板上的"删除面"按钮█，打开"删除面"对话框，如图 7-51 所示。

2）选择删除类型。

3）在视图中选择一个或多个要删除的面，如图 7-52 所示。

4）在对话框中单击"确定"按钮，完成删除面操作，如图 7-53 所示。

图 7-51　"删除面"对话框

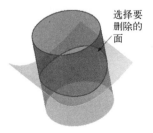

图 7-52　选择删除面

图 7-53　删除面

"删除面"对话框中的选项说明如下。

- 面：选择一个或多个要删除的面。

- 选择单个面 ▣：指定要删除的一个或多个独立面。
- 选择体块或中空体 ▣：指定要删除体块的所有面。
- 修复：删除单个面后，尝试通过延伸相邻面直至相交来修复间隙。

📁 技巧：

"删除面"与"删除"命令的区别：

"删除"命令是按〈Delete〉键从零件中删除选定的几何图元，仅当立即使用"撤销"命令时才能对其进行检索。无法使用〈Delete〉键删除单个面。

"删除面"命令可创建删除面特征，并在浏览器装配层次中放置一个图标。此操作自动将零件转换为曲面，并用曲面图标替换浏览器顶部的零件图标。与其他任何特征相同，可以使用"编辑特征"对其进行修改。

7.2 自由造型

基本自由造型形状有五个，包括长方体、圆柱体、球体、圆环体和四边形球，系统还提供了多个工具来编辑造型，连接多个实体以及与现有几何图元进行匹配，通过添加三维模型特征可以合并或生成自由造型实体。

7.2.1 长方体

在工作平面或平面上创建矩形实体。创建自由造型长方体的操作步骤如下。

1）单击"三维模型"选项卡"自由造型"面板上的"长方体"按钮 ▣，打开"长方体"对话框，如图 7-54 所示。

2）在视图中选择工作平面、平面或二维草图。

3）在视图中单击以指定长方体的基准点。

4）在对话框中更改长度、宽度和高度值，或直接拖动箭头调整形状，如图 7-55 所示。

图 7-54 "长方体"对话框

图 7-55 调整形状

5）在对话框中还可以设置长方体的面数等参数，单击"确定"按钮。

"长方体"对话框中的选项说明如下。

- 长度/宽度/高度：指定长度/宽度/高度方向上的距离。
- 长度/宽度/高度方向上的面数：指定长度/宽度/高度方向上的面数。

● 高度方向：指定是在一个方向还是两个方向上应用高度值。
● 长度/宽度/高度对称：选中该复选框，使长方体在长度/宽度/高度上对称。

7.2.2 编辑形状

编辑形状的操作步骤如下。

1）单击"三维模型"选项卡"自由造型"面板上的"编辑形状"按钮 ，打开"编辑形状"对话框，如图 7-56 所示。

图 7-56 "编辑形状"对话框

2）在视图中选择面、边或点，然后使用操纵器调整所需的形状。

3）在对话框中还可以设置参数，单击"确定"按钮。

"编辑形状"对话框中的选项说明如下。

1）过滤器：指定可供选择的几何图元类型。

● 点：仅点可供选择，点将会显示在模型上。

● 边：仅边可供选择。

● 面：仅面可供选择。

● 全部：点、边和面均可供选择。

● 实体：仅实体可供选择。

2）回路：选择边或面的回路。

3）变换模式：控制图形窗口中可用的操纵器类型。

● 全部：所有的控制器都可用。

● 平动：只有平动操纵器可用。

● 转动：只有转动操纵器可用。

● 比例缩放：仅缩放操纵器可用。

4）空间：控制操纵器的方向。

● 世界：使用模型原点调整操纵器方向。

● 视图：相对于模型的当前视图调整操纵器方向。

● 局部：相对于选定对象调整操纵器方向。

5）定位：将空间坐标轴重新定位到新位置。

6）显示：在"块状"和"平滑"显示模式之间切换。

7.2.3　细分自由造型面

1）单击"三维模型"选项卡"自由造型"面板上的"细分"按钮，打开"细分"对话框，如图 7-57 所示。

2）在视图中选择一个面或按住〈Ctrl〉键添加多个面。

3）根据需要修改面的值，指定模式。

4）在对话框中单击"确定"按钮。

"细分"对话框中的选项说明如下。

1）面：选择面进行细分。

2）模式。

● 简单：仅添加指定的面数。

● 精确：添加其他面到相邻区域以保留当前的形状。

图 7-57　"细分"对话框

7.2.4　桥接自由造型面

"桥接"命令可以在自由造型模型中连接实体或创建孔，操作步骤如下。

1）单击"三维模型"选项卡"自由造型"面板上的"桥接"按钮，打开"桥接"对话框，如图 7-58 所示。

2）在视图中选择桥接起始面。

3）在视图中选择桥接终止面。

4）单击"反转"按钮使围绕回路反转方向，或者可以选择箭头附件的一条边以反转方向。

5）在对话框中单击"确定"按钮。

"桥接"对话框中的选项说明如下。

● 侧面 1：选择一组面作为起始面。

● 侧面 2：选择另一组面作为终止面。

● 扭曲：指定侧面 1 和侧面 2 之间的桥接的完整旋转数量。

● 面：指定侧面 1 和侧面 2 之间创建的面数。

图 7-58　"桥接"对话框

7.2.5　删除

"删除"命令可以用来优化模型，以获得所需的形状，操作步骤如下。

1）单击"三维模型"选项卡"自由造型"面板上的"删除"按钮，打开"删除"对话框，如图 7-59 所示。

2）在视图中选择要删除的对象。

3）在对话框中单击"确定"按钮。

图 7-59　"删除"对话框

7.3 综合实例——轮毂

绘制如图 7-60 所示的轮毂。

 操作步骤

1）新建文件。运行 Inventor，单击"快速访问"工具栏上的"新建"按钮 <img>，在打开的"新建文件"对话框中的零件下拉列表中选择"Standard.ipt"选项，单击"创建"按钮，新建一个零件文件。

2）绘制草图 1。单击"三维模型"选项卡"草图"面板上的"开始创建二维草图"按钮 <img>，选择 *XY* 平面为草图绘制平面，进入草图绘制环境。单击"草图"选项卡"绘图"面板上的"直线"按钮 /，绘制草图。单击"约束"面板内的"尺寸"按钮 <img> 标注尺寸，如图 7-61 所示。单击"完成草图"按钮 <img>，退出草图环境。

图 7-60 轮毂

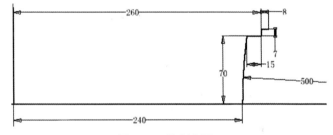

图 7-61 绘制草图 1

3）创建旋转曲面 1。单击"三维模型"选项卡"创建"面板上的"旋转"按钮 <img>，打开"旋转"对话框，选取如图 7-61 所示的草图为截面轮廓，选取竖直直线段为旋转轴。单击"确定"按钮完成旋转，效果如图 7-62 所示。

4）镜像特征。单击"钣金"选项卡"阵列"面板上的"镜像"按钮 <img>，打开"镜像"对话框，选择第 3）步创建的旋转曲面为镜像特征，选择 *XZ* 平面为镜像平面。单击"确定"按钮，效果如图 7-63 所示。

图 7-62 创建旋转曲面 1

图 7-63 镜像并缝合曲面

5）缝合曲面。单击"三维模型"选项卡"曲面"面板上的"缝合"按钮 <img>，打开"缝合"对话框，选择图中的所有曲面，采用默认设置，单击"完毕"按钮，退出对话框。

6）绘制草图 2。单击"三维模型"选项卡"草图"面板上的"开始创建二维草图"按钮，选择 XY 平面为草图绘制平面，进入草图绘制环境。单击"草图"选项卡"绘图"面板上的"直线"按钮／和"三点圆弧"按钮，绘制草图。单击"约束"面板上的"尺寸"按钮标注尺寸，如图 7-64 所示。单击"完成草图"按钮✔，退出草图环境。

7）创建旋转曲面 2。单击"三维模型"选项卡"创建"面板上的"旋转"按钮，打开"旋转"对话框，选择如图 7-64 所示的草图为截面轮廓，选取竖直直线段为旋转轴。单击"确定"按钮完成旋转，效果如图 7-65 所示。

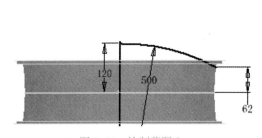

图 7-64　绘制草图 2

图 7-65　创建旋转曲面 2

8）绘制草图 3。单击"三维模型"选项卡"草图"面板上的"开始创建二维草图"按钮，选择 XY 平面为草图绘制平面，进入草图绘制环境。单击"草图"选项卡"绘图"面板上的"直线"按钮／，绘制草图。单击"约束"面板上的"尺寸"按钮标注尺寸，如图 7-66 所示。单击"完成草图"按钮✔，退出草图环境。

9）创建旋转曲面 3。单击"三维模型"选项卡"创建"面板上的"旋转"按钮，打开"旋转"对话框，选取如图 7-66 所示的草图为截面轮廓，选取竖直直线段为旋转轴。单击"确定"按钮完成旋转，效果如图 7-67 所示。

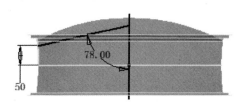

图 7-66　绘制草图 3

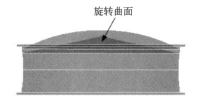

图 7-67　创建旋转曲面 3

10）绘制草图 4。单击"三维模型"选项卡"草图"面板上的"开始创建二维草图"按钮，选择 XZ 平面为草图绘制平面，进入草图绘制环境，绘制如图 7-68 所示的草图，单击"约束"面板上的"尺寸"按钮标注尺寸，单击"完成草图"按钮✔，退出草图环境。

11）创建拉伸曲面 1。单击"三维模型"选项卡"创建"面板上的"拉伸"按钮，打开"拉伸"对话框，选取第 10）步绘制的草图为拉伸截面轮廓，将拉伸距离设置为"150mm"，设置输出方式为曲面。单击"确定"按钮完成拉伸，效果如图 7-69 所示。

12）环形阵列 1。单击"三维模型"选项卡"阵列"面板上的"环形阵列"按钮，打开"环形阵列"对话框，在视图中选取第 11）步创建的拉伸特征为阵列特征，选取旋转曲面的外表面获得旋转轴，输入阵列个数为"4"，单击"确定"按钮，结果如图 7-70 所示。

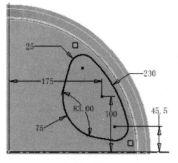

图 7-68　绘制草图 4

图 7-69　创建拉伸曲面 1

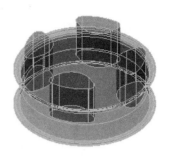

图 7-70　环形阵列 1

13）修剪曲面 1。单击"三维模型"选项卡"曲面"面板上的"修剪"按钮 ，打开"修剪曲面"对话框，选择如图 7-71 所示的修剪工具和删除面，单击"确定"按钮，结果如图 7-72 所示。

图 7-71　设置参数 6

图 7-72　修剪曲面 1

14）修剪曲面 2。单击"三维模型"选项卡"曲面"面板上的"修剪"按钮 ，打开"修剪曲面"对话框，选择如图 7-73 所示的修剪工具和删除面，单击"确定"按钮，结果如图 7-74 所示。重复上述步骤，修剪其他曲面，结果如图 7-75 所示。

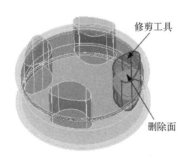

图 7-73　修剪曲面 2

图 7-74　完成修剪

图 7-75　完成其他修剪

15）绘制草图 5。单击"三维模型"选项卡"草图"面板上的"开始创建二维草图"按钮 ，选择 XZ 平面为草图绘制平面，进入草图绘制环境。单击"草图"选项卡"绘图"面板上的"圆心圆"按钮 ，绘制草图。单击"约束"面板内的"尺寸"按钮 标注尺寸，如图 7-76 所示。单击"完成草图"按钮 ，退出草图环境。

16）创建拉伸曲面 2。单击"三维模型"选项卡"创建"面板上的"拉伸"按钮 ，打开"拉伸"对话框，选取第 15）步绘制的草图为拉伸截面轮廓，将拉伸距离设置为"150mm"，设置输出为曲面。单击"确定"按钮完成拉伸，效果如图 7-77 所示。

17）环形阵列 2。单击"三维模型"选项卡"阵列"面板上的"环形阵列"按钮 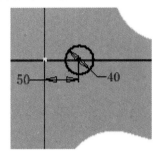，打开"环形阵列"对话框，在视图中选取第 16）步创建的拉伸曲面为阵列特征，选取旋转体的外表面获得旋转轴，输入阵列个数为"6"，单击"确定"按钮，结果如图 7-78 所示。

图 7-76 绘制草图 5

图 7-77 创建拉伸曲面 2

18）修剪曲面 3。单击"三维模型"选项卡"曲面"面板上的"修剪"按钮 ，打开"修剪曲面"对话框，选择如图 7-79 所示的修剪工具和删除面，单击"确定"按钮，结果如图 7-80 所示。

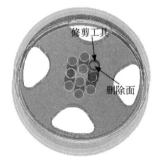

图 7-78 环形阵列 2　　　　图 7-79 修剪曲面 3 设置　　　　图 7-80 修剪曲面 3

19）修剪曲面 4。单击"三维模型"选项卡"曲面"面板上的"修剪"按钮 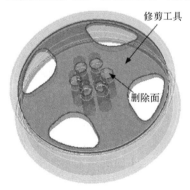，打开"修剪曲面"对话框，选择如图 7-81 所示的修剪工具和删除面，单击"确定"按钮，结果如图 7-82 所示。重复上述步骤，修剪曲面，结果如图 7-60 所示。

图 7-81 修剪曲面 4 设置　　　　图 7-82 修剪曲面 4

20）保存文件：单击"快速访问"工具栏上的"保存"按钮 ，打开"另存为"对话框，输入文件名为"轮毂.ipt"，单击"保存"按钮即可保存文件。

第 **8** 章

部 件 装 配

知 识 导 引 ——

　　Inventor 提供了将单独的零件或者子部件装配成为部件的功能，本章将讲述部件装配的方法和过程。

学 习 目 标 ——

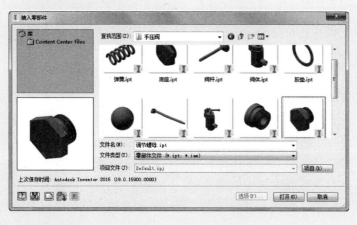

8.1 Inventor 的装配概述

在 Inventor 中，可以将现有的零件或者部件按照一定的装配约束条件装配成一个完整的部件，同时这个部件也可以作为子部件装配到其他的部件中，最后零件和子部件构成一个符合设计构想的整体部件。

按照通常的设计思路，设计者和工程师首先创建布局，然后设计零件，最后把所有零件组装成为部件，这种方法称为自下而上的设计方法。使用 Inventor，创建部件时可以在位创建零件或者放置现有零件，从而使设计过程更加简单有效，称为自上而下的设计方法。这种自上而下的设计方法的优点如下。

1）这种以部件为中心的设计方法支持自上而下、自下而上和混合的设计策略。Inventor 可以在设计过程中的任何环节创建部件，而不是在最后才创建部件。

2）如果用户正在做一个全新的设计方案，可以从一个空的部件开始，然后在具体设计时创建零件。

3）如果要修改部件，可以在位创建新零件，以使它们与现有的零件配合。对外部零部件所做的更改将自动反映到部件模型和用于说明它们的工程图中。

在 Inventor 中，可以自由地使用自下而上的设计方法、自上而下的设计方法以及二者同时使用的混合设计方法。下面分别简要介绍。

1. 自下而上的设计方法

对于从零件到部件的设计方法，也就是自下而上的部件设计方法，在进行设计时，需要向部件文件中放置现有的零件和子部件，并通过应用装配约束（如配合和表面齐平约束）将其定位。如果可能，应按照制造过程中的装配顺序放置零部件，除非零部件在它们的零件文件中是以自适应特征创建的，否则它们就有可能无法满足部件设计的要求。

在 Inventor 中，可以在部件中放置零件，然后在部件环境中使用零件自适应功能。当零件的特征被约束到其他的零部件时，在当前设计中零件将自动调整本身大小以适应装配尺寸。如果希望所有欠约束的特征在装配约束定位时能自适应，可以将子部件指定为自适应。如果子部件中的零件被约束到固定几何图元，它的特征将根据需要调整大小。

2. 自上而下的设计方法

对于从部件到零件的设计方法，也就是自上而下的部件设计方法，用户在进行设计时，会遵循一定的设计标准并创建满足这些标准的零部件。设计者列出已知的参数，并且会创建一个工程布局（贯穿并推进整个设计过程的二维设计）。布局可能包含一些关联项目，例如，部件靠立的墙和底板、从部件设计中传入或接受输出的机械以及其他固定数据。布局中也可以包含其他标准，如机械特征。可以在零件文件中绘制布局，然后将它放置到部件文件中。在设计进程中，草图将不断地生成特征。最终的部件是专门设计用来解决当前设计问题的相关零件的集合体。

3. 混合设计方法

混合设计方法结合了自下而上和自上而下设计策略的优点。在这种设计思路下，可以知道某些需求，也可以使用一些标准零部件，但还是应当产生满足特定目的的新设计。通常，从一些现有的零部件开始设计所需的其他零件，首先分析设计意图，接着插入或创建固定（基础）零部件。设计部件时，可以添加现有的零部件，或根据需要在位创建新的零部件。这样部件的设计过程就会十分灵活，可以根据具体的情况，选择自下而上还是自上而下的设计方法。

8.2 装配工作区环境

在进行部件装配前首先得进入装配环境，并对装配环境进行配置。

8.2.1 进入装配环境

1）单击"快速访问"选项卡"启动"面板中的"新建"按钮，打开"新建文件"对话框，在对话框中选择"部件"下的"Standard.iam"模板。

2）单击"创建"按钮，进入装配环境，如图 8-1 所示。

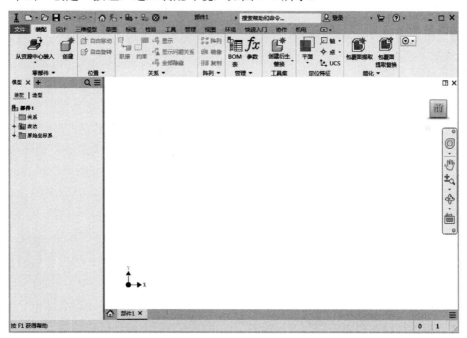

图 8-1　装配环境

8.2.2 配置装配环境

单击"工具"选项卡"选项"面板上的"应用程序选项"按钮，打开"应用程序选项"对话框，在对话框中选择"部件"选项卡，如图 8-2 所示。

图 8-2 "部件"选项卡

"部件"选项卡中的选项说明如下。

1）延时更新：利用该选项在编辑零部件时设置更新零部件的优先级。选中该选项则延迟部件更新，直到单击了该部件文件的"更新"按钮为止，取消该选项选择则在编辑零部件后自动更新部件。

2）删除零部件阵列源：该选项设置删除阵列元素时的默认状态。选中该选项则在删除阵列时删除源零部件，取消该选项的选择则在删除阵列时保留源零部件引用。

3）启用关系冗余分析：该选项用于指定 Inventor 是否检查所有装配零部件，以进行自适应调整，默认设置为未选中。如果该选项未选中，则 Inventor 将跳过辅助检查。辅助检查通常会检查是否有冗余约束并检查所有零部件的自由度，系统仅在显示自由度符号时才会更新自由度检查。选中该选项后，Autodesk Inventor 将执行辅助检查，并在发现冗余约束时通知用户。即使没有显示自由度，系统也将对其进行更新。

4）特征的初始状态为自适应：控制新创建的零件特征是否可以自动设为自适应。

5）剖切所有零件：控制是否剖切部件中的零件。子零件的剖视图方式与父零件相同。

6）使用上一引用方向放置零部件：控制放置在部件中的零部件是否继承与上一个引用的浏览器中的零部件相同的方向。

7）关系音频通知：选择此复选框以在创建约束时播放提示音，取消该复选框选择则关闭声音。

8）在关系名称后显示零部件名称：是否在浏览器中的约束后面附加零部件实例名称。

9）在原点处固定放置第一个零部件：指定是否将在部件中装入的第一个零部件固定在原点处。

10）"在位特征"选项区域：当在部件中创建在位零件时，可以在该选项区域通过设置选项来控制在位特征。

- 配合平面：选中此复选框，可设置构造特征得到所需的大小并使之与平面配合，但不允许它调整。
- 自适应特征：选中此复选框，则当其构造的基础平面改变时，自动调整在位特征的大小或位置。
- 在位造型时启用关联的边/回路几何图元投影：选中此复选框，则当在部件中新建零件的特征时，可将所选的几何图元从一个零件投影到另一个零件的草图来创建参考草图。投影的几何图元是关联的，并且会在父零件改变时更新。投影的几何图元可以用来创建草图特征。
- 在位造型时启用关联草图几何图元投影：在部件中创建或编辑零件时，可以将其他零件的草图几何图元投影到激活的零件。选中此复选框，投影的几何图元与原始几何图元是关联的，并且前者会随后者更新，包含草图的零件将自动设置为自适应。

11）"零部件不透明性"选项区域：当显示部件截面时，该选项区域用来设置哪些零部件以不透明的样式显示。

- 全部：选择此选项，则所有的零部件都以不透明样式显示（当显示模式为着色或带显示边着色时）。
- 仅激活零部件：选择此选项则以不透明样式显示激活的零件，强调激活的零件，暗显未激活的零件。

12）"缩放目标以便放置具有 iMate 的零部件"选项下拉列表框：当使用 iMate 放置零部件时，该选项列表框可设置图形窗口的默认缩放方式。

- 无：选择此选项，视图保持原样，不执行任何缩放。
- 装入的零部件：选择此选项将放大放置的零件，使其填充图形窗口。
- 全部：选择此选项可缩放部件，使模型中的所有元素适合图形窗口。

8.3　零部件基础操作

本节讲述如何在部件环境中装入、替换、旋转、移动和阵列零部件等基本的操作技巧，这些是在部件环境中进行设计的必要技能。

8.3.1　添加零部件

将已有的零部件装入部件装配环境，是利用已有零部件创建装配体的第一步，体现了"自下而上"的设计步骤。

1）单击"装配"选项卡"零部件"面板上的"放置"按钮 📂，打开"装入零部件"对话框。

2）在对话框中选择要装配的零件，然后单击"打开"按钮，在绘图区单击将零件放置视图中，如图 8-3 所示。

3）继续放置零件，单击鼠标右键，在弹出的快捷菜单中选择"确定"选项，如图 8-4 所示，完成零件的放置。

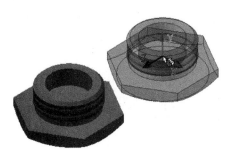

图 8-3　放置零件

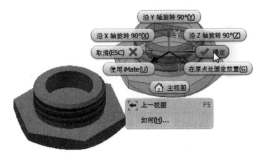

图 8-4　快捷菜单

📁 技巧：

如果在快捷菜单中选择"在原点处固定放置"选项，它的原点及坐标轴与部件的原点及坐标轴完全重合。要恢复零部件的自由度，可以在图形窗口或浏览器中的零部件上单击鼠标右键，在打开的快捷菜单中取消"固定"选择。

8.3.2　创建零部件

在位创建零件就是在部件文件环境中创建零件，新建的零件是一个独立的零件。在位创建零件时需要制定创建零件的文件名和位置，以及使用的模板等。

创建在位零件与插入先前创建的零件文件结果相同，而且可以方便地在零部件面（或部件工作平面）上绘制草图和在特征草图中包含其他零部件的几何图元。当创建的零件约束到部件中的固定几何图元时，可以关联包含于其他零件的几何图元，并把零件指定为自适应以允许新零件改变大小。用户还可以在其他零件的面上开始和终止拉伸特征。默认情况下，这种方法创建的特征是自适应的。另外，还可以在部件中创建草图和特征，但它们不是零件。它们包含在部件文件（.iam）中。

创建在位零部件的步骤如下。

1）单击"装配"选项卡"零部件"面板上的"创建"按钮 📝，打开"创建在位零部件"对话框，如图 8-5 所示。

2）在对话框中设置新零部件的名称及位置，单击"确定"按钮。

3）在视图或浏览器中选择草图平面创建基础特征。

4）进入造型环境，创建特征完成零件，单击鼠标右键，在打开的快捷菜单中选择"完成编辑"选项，如图 8-6 所示，返回到装配环境中。

图 8-5　"创建在位零部件"对话框　　　　图 8-6　快捷菜单

🔔 注意：

当在位创建零部件时，可以执行以下操作步骤：

1）在某一部件基准平面上绘制草图。

2）在空白空间中单击以将草图平面设定为当前照相机平面。

3）将草图约束到现有零部件的面上。

4）当一个零部件处于激活状态时，部件的其他部分将在浏览器和图形窗口中暗显，一次只能激活一个零部件。

如果在位零部件的草图截面轮廓使用部件中其他零部件的投影回路，它将与投影零部件关联约束。

8.3.3　替换零部件

替换零部件的操作步骤如下。

1）单击"装配"选项卡"零部件"面板上的"替换"按钮，选择要进行替换的零部件。

2）打开"装入零部件"对话框，选择替换零部件，单击"打开"按钮，完成零部件替换。

📂 技巧：

如果替换零部件具有与原始零部件不同的形状，就会弹出"关系可能丢失"对话框，单击"确定"按钮，原始零部件的所有装配约束都将丢失，必须添加新的装配约束以正确定位替换零部件。如果装入的零件为原始零件的继承零件（包含编辑内容的零件副本），则替换时约束就不会丢失。

8.3.4　移动零部件

约束零部件时，可能需要暂时移动或旋转约束的零部件，以便更好地查看其他零部件或定位某个零部件以放置约束。

移动零部件的步骤如下。

1）单击"装配"选项卡"位置"面板上的"自由移动"按钮。

2）在视图中选择零部件，并将其拖动到新位置，释放鼠标放下零部件，如图 8-7 所示。

3）确认放置位置后，单击鼠标右键，在弹出的快捷菜单中选择"确定"选项，如图 8-8 所示，完成零部件的移动。

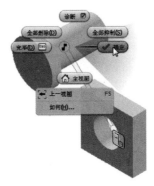

图 8-7　拖动零件　　　　　　　　　　图 8-8　快捷菜单

以下准则适用于所移动的零部件：

1）没有关系的零部件仍保留在新位置，直到将其约束或连接到另一个零部件。

2）打开自由度的零部件将调整位置以满足关系。

3）当更新部件时，零部件将被捕捉回由其与其他零部件之间的关系所定义的位置。

8.3.5　旋转零部件

旋转零部件的步骤如下。

1）单击"装配"选项卡内"位置"面板上的"自由旋转"按钮，在视图中选择要旋转的零部件。

2）显示三维旋转符号，如图 8-9 所示。

● 要进行自由旋转，可在三维旋转符号内单击鼠标，并拖动到要查看的方向。

● 要围绕水平轴旋转，可以单击三维旋转符号的顶部或底部控制点并竖直拖动。

● 要围绕竖直轴旋转，可以单击三维旋转符号的左边或右边控制点并水平拖动。

● 要平行于屏幕旋转，可以在三维旋转符号的边缘上移动，直到符号变为圆，然后单击边框并沿环形方向拖动。

● 要改变旋转中心，可以在边缘内部或外部单击鼠标以设置新的旋转中心。

3）拖动零部件到适当位置，释放鼠标，在旋转位置放下零部件，如图 8-10 所示。

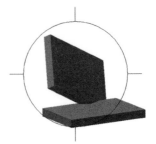

图 8-9　显示三维旋转符号　　　　　　图 8-10　旋转零部件

8.4　约束零部件

本节主要关注如何正确地使用装配约束来装配零部件。

除了添加装配约束以组合零部件以外，Inventor 还可以添加运动约束以驱动部件的转动部分转动，方便进行部件运动的动态观察，甚至可以录制部件运动的动画视频文件；还可以添加过渡约束，使得零部件之间的某些曲面始终保持一定的关系。

在部件文件中装入或创建零部件后，可以使用装配约束建立部件中的零部件的运动方向并模拟零部件之间的机械关系。例如，可以使两个平面配合，将两个零件上的圆柱特征指定为保持同心关系，或约束一个零部件上的球面，使其与另一个零部件上的平面保持相切关系。装配约束决定了部件中的零部件如何配合在一起。应用了约束，就删除了自由度，限制了零部件移动的方式。

装配约束不仅是将零部件组合在一起，正确应用装配约束还可以为 Inventor 提供执行干涉检查、冲突和接触动态分析以及质量特性计算所需的信息。当正确应用约束时，可以驱动基本约束的值并查看部件中零部件的移动。

8.4.1　部件约束

部件约束包括配合、角度、插入、相切和对称约束。

1. 配合约束

配合约束将零部件面对面放置或使这些零部件表面齐平相邻，该约束将删除平面之间的一个线性平移自由度和两个角度旋转自由度。

通过配合约束装配零部件的步骤如下。

1) 单击"装配"选项卡"约束"面板上的"约束"按钮🔲，打开"放置约束"对话框，单击"配合"🔲类型，如图 8-11 所示。

图 8-11　"放置约束"对话框-配合约束

2) 在视图中选择要配合的两个平面、轴线或者曲面等，如图 8-12 所示。

3) 在对话框中选择求解方法，并设置偏移量，单击"确定"按钮，完成配合约束，结果如图 8-13 所示。

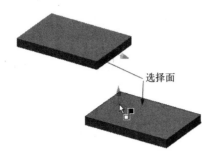
选择面

图 8-12　选择面

图 8-13　配合约束

配合约束能产生的约束结果如下。

● 对于两个平面：选定两个零件上的平面（特征上的平面、工作平面、坐标面），两面朝向可以相反或相同，相同时也称为"齐平"；可以零间距，也可以有间隙。

● 对于平面和线：选定一个零件上的平面和另一个零件上的直线（棱边、未退化的草图直线、工作轴、坐标轴），将线约束为面的平行线，也可以有距离。

● 对于平面和点：选定一个零件上的平面和另一个零件上的点（工作点），将点约束在面上，也可以有距离。

● 对于线和线：选定两个零件上的线（棱边、未退化的草图直线、工作轴、坐标轴），将两线约束为平行，也可以有距离。

● 对于点和点：选定两个零件上的点（工作点）后，可约束为重合或具有一定距离。

"放置约束"对话框-配合约束选项说明如下。

● 配合 ▨▨：将选定面彼此垂直放置且面发生重合。

● 表面齐平 ▨▨：用来对齐相邻的零部件，可以通过选中的面、线或点来对齐零部件，使其表面法线指向相同方向。

● 先单击零件 ▨：选中此复选框将可选几何图元限制为单一零部件。这个功能适合在零部件处于非常接近或部分相互遮挡时使用。

● 偏移量：用来指定零部件相互之间偏移的距离。

● 显示预览 ▨▨：选中此复选框，预览装配后的图形。

● 预计偏移量和方向 ▨▨：装配时由系统自动预测合适的装配偏移量和偏移方向。

2．角度约束

对准角度约束可以使零部件上平面或者边线按照一定的角度放置，该约束删除平面之间的一个旋转自由度或两个角度旋转自由度。

通过角度约束装配零部件的步骤如下。

1）单击"装配"选项卡"约束"面板上的"约束"按钮 ▨，打开"放置约束"对话框，单击"角度" ▨ 类型。

2）在对话框中选择求解方法，并在视图中选择两个平面。

3）在对话框中输入角度值，单击"确定"按钮，完成角度约束。

角度约束能产生的约束结果如下。

● 对于两个平面：选定两个零件上的平面（特征上的平面、工作平面、坐标面），将两面约束为一定角度。当夹角为 0°时，成为平行面。

- 对于平面和线：选定一个零件上的平面和另一个零件上的直线（棱边、未退化的草图直线、工作轴、坐标轴），使平面法线与直线产生夹角，将线约束为与面夹特定角度，当夹角为 0°时，成为垂直线。
- 对于线和线：选定两个零件上的线（棱边、未退化的草图直线、工作轴、坐标轴），将两线约束为夹特定角度，当夹角为 0°时，成为平行。

"放置约束"对话框-角度约束选项说明如下。

- 定向角度 <img>：它始终应用右手规则，也就是说右手除拇指外的四指指向旋转的方向，拇指指向为旋转轴的正向。当设定了一个对准角度之后，需要对准角度的零件总是沿一个方向旋转，即旋转轴的正向。
- 非定向角度 <img>：默认的方式，在该方式下可以选择任意一种旋转方式。如果求解出的位置近似于上次计算出的位置，则自动应用左手定则。
- 明显参考矢量 <img>：通过向选择过程添加第三次选择来显示定义 Z 轴矢量（叉积）的方向。约束驱动或拖动时，减小角度约束的角度以切换至替换方式。
- 角度：应用约束的线、面之间角度的大小。

3．相切约束

相切约束定位面、平面、圆柱面、球面、圆锥面和规则的样条曲线在相切点处相切。相切约束将删除线性平移的一个自由度，或在圆柱和平面之间删除一个线性自由度和一个旋转自由度。

通过相切约束装配零部件的步骤如下。

1）单击"装配"选项卡"约束"面板上的"约束"按钮 <img>，打开"放置约束"对话框，单击"相切" <img> 类型。

2）在对话框中选择求解方法，在视图中选择两个面。

3）在对话框中设置偏移量，单击"确定"按钮，完成相切约束，结果如图 8-14 所示。

相切约束能产生的约束结果如下。

选定两个零件上的面，其中一个可以是平面（特征上的平面、工作平面、坐标面），而另一个是曲面（柱面、球面和锥面）或者都是曲面（柱面、球面和锥面）。将两面约束为相切，可以输入偏移量让二者在法向上有距离，相当于在两者之间"垫上"一层有厚度的虚拟实体。

"放置约束"对话框-相切约束选项说明如下。

- 内部 <img>：在第二个选中零件内部的切点处放置第一个选中零件。
- 外部 <img>：在第二个选中零件外部的切点处放置第一个选中零件。默认方式为外部。

4．插入约束

插入约束是平面之间的面对面配合约束和两个零部件的轴之间的配合约束的组合，它将配合约束放置于所选面之间，同时将圆柱体沿轴向同轴放置。插入约束保留了旋转自由度，平动自由度将被删除。

通过插入约束装配零部件的步骤如下。

1）单击"装配"选项卡"约束"面板上的"约束"按钮 <img>，打开"放置约束"对话框，单击"插入" <img> 类型。

2）在对话框中选择求解方法，在视图中选择圆形边线。

3）在对话框中设置偏移量，单击"确定"按钮，完成插入约束，结果如图 8-15 所示。"放置约束"对话框-插入约束选项说明如下。

- 反向 ：两圆柱的轴线方向相反，即"面对面"配合约束与轴线重合约束的组合。
- 对齐 ：两圆柱的轴线方向相同，即"肩并肩"配合约束与轴线重合约束的组合。

图 8-14　相切约束　　　　　　　图 8-15　插入约束

5．对称约束

对称约束根据平面或平整面对称地放置两个对象。

通过对称约束装配零部件的步骤如下。

1）单击"装配"选项卡"约束"面板上的"约束"按钮 ，打开"放置约束"对话框，单击"对称" 类型。

2）在视图中选择如图 8-16 所示的零件 1 和零件 2。

3）在浏览器中零件 1 的原始坐标系文件中选择 YZ 平面为对称平面。

4）单击"确定"按钮完成对称约束的创建，如图 8-17 所示。

图 8-16　约束前的图形　　　　　　　图 8-17　对称约束后的图形

8.4.2　运动约束

运动约束主要用来表达两个对象之间的相对运动关系，因此不要求两者有具体的几何表达，如接触等。"运动"选项卡如图 8-18 所示，用常用的相对运动来表达设计意图是非常方便的。

"运动"选项卡中选项说明如下。

- 转动 ：表达两者相对转动的运动关系，如常见的齿轮副。

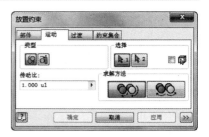

图 8-18　"运动"选项卡

- 转动-平动 ：相对运动的一方是转动，另一方是平动，如常见的齿轮齿条的运动关系。
- 求解方法：两者相对转动的方向可以相同，如一副带轮；也可相反，如典型的齿轮副。
- 传动比：用于模拟两个对象之间不同转速的情况。

8.4.3 过渡约束

过渡约束用来表达诸如凸轮和从动件这种类型的装配关系，是一种面贴合的配合，即在行程内，两个约束的面始终保持贴合，"过度"选项卡如图 8-19 所示。

过渡约束指定了圆柱形零件面和另一个零件的一系列邻近面之间的预定关系。例如，插槽中的凸轮，如图 8-20 所示。当零部件沿着开放的插槽滑动时，过渡约束会保持面与面之间的接触。

图 8-19 "过渡"选项卡

图 8-20 过渡约束

8.4.4 约束集合

因为 Inventor 支持用户坐标系（UCS），可通过此选项卡将两个零部件上的用户坐标系完全重合来实现快速定位，"约束集合"选项卡如图 8-21 所示。因为两个坐标系是完全重合的，所以一旦添加此约束，两个部件就已实现完全的相对定位。

图 8-21 "约束集合"选项卡

另外，约束集合仅支持两个 UCS 的重合，不支持约束的偏移（量）。

8.4.5 编辑约束

编辑约束的步骤如下。

1）在浏览器中已添加的约束上单击鼠标右键，在弹出的快捷菜单中选择"编辑"命令，如图 8-22 所示。

2）打开如图 8-23 所示的"编辑约束"对话框，在该对话框中指定新的约束类型（配合、角度、相切或插入）。

图 8-22 快捷菜单

图 8-23 "编辑约束"对话框

3）输入被约束的零部件彼此之间的偏移距离。如果应用的是角度约束，可输入两组几何图元之间的角度。可以输入正值或负值，默认值为零。如果在"放置约束"对话框中选择了"显示预览"，则会调整零部件的位置以匹配偏移值或角度值。

4）通过"放置约束"对话框或右键菜单应用约束。

若不使用"编辑约束"对话框，还有以下两种方法可以改变约束的偏置值或角度。

1）选择约束，编辑框将会在浏览器下方出现。输入新的偏置值或者角度，然后按下〈Enter〉键，如图 8-24 所示。

2）在浏览器中双击约束，在弹出的"编辑尺寸"对话框中输入新的偏移量值或者角度，然后单击 ✅ 按钮，如图 8-25 所示。

图 8-24 编辑配合约束的尺寸

图 8-25 使用"编辑尺寸"对话框

8.5 复制零部件

在特征环境下可以阵列和镜像特征，在部件环境下也可以阵列和镜像零部件。通过阵列、镜像和复制零部件，可以减少不必要的重复设计的工作量，提高工作效率。

8.5.1 复制

复制零部件的步骤如下。

1）单击"装配"选项卡"零部件"面板中的"复制"按钮，打开"复制零部件：状态"
对话框，如图 8-26 所示。

图 8-26 "复制零部件：状态"对话框

2）在视图中选择要复制的零部件，选择的零部件在对话框的浏览器中列出。

3）在对话框的顶端选择状态按钮，更改选定零部件的状态，单击"下一步"按钮。

4）打开"复制零部件：文件名"对话框，如图 8-27 所示。检查复制的文件并根据需要
进行修改，如修改名称和文件位置，单击"确定"按钮，完成零部件的复制。

图 8-27 "复制零部件：文件名"对话框

对话框中的选项说明如下。

1．"复制零部件：状态"对话框

1）零部件：选择零部件，复制所有子零部件。如果父零部件的复制状态更改，所有子零
部件也将自动重新设置为相同状态。

2）状态。

● 复制选定的对象：创建零部件的副本。复制的每个零部件都保存在一个与源文件不
关联的新文件中。

● 重新选定的对象：创建零部件的引用。

● 排除选定的对象：从复制操作中排除零部件。

2．"复制零部件：文件名"对话框

1）名称：列出通过复制操作创建的所有零部件，重复的零部件只显示一次。

2）新名称：列出新文件的名称。单击名称可以进行编辑，如果名称已经存在，将按顺序

209

为新文件名添加一个数字，直到定义一个唯一的名称。

3）文件位置：指定新文件的保存位置。默认的保存位置是源路径，意味着新文件与原始零部件保存在相同的位置。

4）状态：表明新文件名是否有效。自动创建的名称显示白色背景，手动重命名的文件显示黄色背景，冲突的名称显示红色背景。状态有以下三种。

- 新建文件：表明新文件名有效，在文件位置中不存在。
- 重用现有的：表明文件位置中已经使用了该文件名，但它是选定零部件的有效名称。可以重用零部件，但是整个部件必须与源部件类似。重用零件没有限制。
- 名称冲突：指明该文件名在文件位置中已存在。可以指明同一源部件存在其他同名引用。

5）命名方案：单击"应用"按钮后，使用指定的"前缀"或"后缀"重命名列表中的选定零部件的名称。复制零部件默认的后缀为_CPY。

6）零部件目标：指定复制的零部件的目标。

- 插入部件中：默认选项，将所有新部件作为同级对象放到顶级部件中。
- 在新窗口中打开：在新窗口中打开包含所有复制的零部件的新部件。

7）重新选择：返回到"复制零部件：状态"对话框中重新选择零部件。

8.5.2 镜像

镜像零部件可以帮助设计人员提高对称零部件的设计与装配效率。

镜像零部件的步骤如下。

1）单击"装配"选项卡"零部件"面板中的"镜像"按钮，打开"镜像零部件：状态"对话框，如图 8-28 所示。

图 8-28 "镜像零部件：状态"对话框

2）在视图中选择要镜像的零部件，选择的零部件在对话框的浏览器中列出。

3）在对话框的顶端选择状态按钮，更改选定零部件的状态，然后选择镜像平面，单击"下一步"按钮。

4）打开"镜像零部件：文件名"对话框，如图 8-29 所示。检查镜像的文件并根据需要进行修改，如修改名称和文件位置，单击"确定"按钮，完成零部件的镜像。

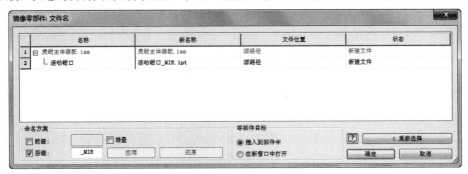

图 8-29 "镜像零部件：文件名"对话框

"镜像零部件：状态"对话框中的选项说明如下。

● 镜像选定的对象：表示在新部件文件中创建镜像的引用，引用和源零部件关于镜像平面对称。

● 重用选定的对象：表示在当前或新部件文件中创建重复使用的新引用，引用将围绕最靠近镜像平面的轴旋转并相对于镜像平面放置在相对的位置。

● 排除选定的对象：表示子部件或零件不包含在镜像操作中。

如果部件包含重复使用的和排除的零部件，或者重复使用的子部件不完整，则显示 图标。该图标不会出现在零件图标左侧，仅出现在部件图标左侧。

对零部件进行镜像复制需要注意以下事项。

1）镜像产生的零部件与源零部件间保持关联关系，若对源零部件进行编辑，由源零部件镜像产生的零部件也会随之发生变化。

2）装配特征（包含工作平面）不会从源部件复制到镜像的部件中。

3）焊接不会从源部件复制到镜像的部件中。

4）零部件阵列中包含的特征将作为单个元素（而不是作为阵列）被复制。

5）镜像的部件使用与原始部件相同的设计视图。

6）仅当镜像或重复使用约束关系中的两个引用时，才会保留约束关系，如果仅镜像其中一个引用，则不会保留约束关系。

7）镜像的部件中维持零件或子部件中工作平面间的约束；如果有必要，则必须重新创建零件和子部件间的工作平面以及部件的基准工作平面。

8.5.3 阵列

Inventor 可以在部件中将零部件进行矩形或环形阵列。使用零部件阵列工具可以提高生产效率，并且可以更有效地实现用户的设计意图。例如，用户可能需要放置多个螺栓以便将一个零部件固定到另一个零部件上，或者将多个零件或子部件装入一个复杂的部件中。在零件特征环境中已经介绍了关于阵列特征的内容，在部件环境中的阵列操作与其类似，本小节仅重点介绍不同点。

1．关联阵列

关联阵列是以零部件上已有的阵列特征作为参照进行的阵列操作。

关联阵列零部件的步骤如下。

1）单击"管理"选项卡内"零部件"面板上的"阵列"按钮，打开"阵列零部件"对话框，选择"关联阵列"选项卡。

2）在视图中选择要阵列的零部件，选择阵列方向。

3）在对话框中设置行和列的个数和间距，单击"确定"按钮。

● 零部件：选择需要被阵列的零部件，可选择一个或多个零部件进行阵列。

● 特征阵列选择：选择零部件上已有的特征作为阵列的参照。

2．矩形阵列

矩形阵列零部件的步骤如下。

1）单击"管理"选项卡内"零部件"面板上的"阵列"按钮，打开"阵列零部件"对话框，选择"矩形阵列"选项卡，如图 8-30 所示。

2）在视图中选择要阵列的零部件，选择阵列方向。

3）在对话框中设置行和列的个数和间距，单击"确定"按钮。

3．环形阵列

环形阵列零部件的步骤如下。

单击"管理"选项卡内"零部件"面板上的"阵列"按钮，打开"阵列零部件"对话框，选择"环形阵列"选项卡，如图 8-31 所示。

图 8-30 "矩形阵列"选项卡

图 8-31 "环形阵列"选项卡

⌂ 注意：

阵列后生成的零部件与源零部件相互关联，并继承了源零部件的装配约束关系。也就是说，对阵列零部件当中的任意一个进行修改，其结果都会影响到其他零部件。

若需使某一零部件中断与阵列的链接，以便移动或删除它，可在浏览器中将代表该零部件的元素选中，并在其上单击鼠标右键，选择快捷菜单中的"独立"命令，此零件便将被独立。

8.5.4 实例——手压阀装配

手压阀的装配体如图 8-32 所示。

图 8-32　手压阀装配

操作步骤

1）新建文件。运行 Inventor，单击"快速访问"工具栏上的"新建"按钮，在打开的"新建文件"对话框中选择"Standard.iam"选项，单击"创建"按钮，新建一个部件文件。

2）装入阀体。单击"装配"选项卡"零部件"面板上的"放置"按钮，打开如图 8-33 所示的"装入零部件"对话框，选择"阀体"零件，单击"打开"按钮，装入阀体。单击鼠标右键，在打开的如图 8-34 所示的快捷菜单中选择"在原点处固定放置"选项，则零件的坐标原点与部件的坐标原点重合。再次单击鼠标右键，在打开的如图 8-35 所示的快捷菜单中选择"确定"选项，完成阀体的装配，如图 8-36 所示。

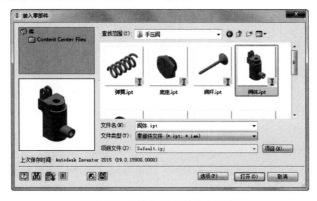

图 8-33　"装入零部件"对话框

图 8-34　快捷菜单 1

图 8-35　快捷菜单 2

3）放置阀杆。单击"装配"选项卡"零部件"面板上的"放置"按钮，打开"装入零部件"对话框，选择"阀杆"零件，单击"打开"按钮，装入阀杆，将其放置到视图中的适当位置。单击鼠标右键，在打开的快捷菜单中选择"确定"选项，完成阀杆的放置，如图 8-37 所示。

图 8-36　放置阀体　　　　　　　　　　图 8-37　装入阀杆

4）装配阀杆。单击"装配"选项卡"位置"面板上的"约束"按钮，打开"放置约束"对话框，选择"配合"类型，在视图中选取如图 8-38 所示的两个面，设置偏移量为"0mm"，单击"应用"按钮。选择"配合"类型，在视图中选取如图 8-39 所示的阀杆轴线和阀体内孔轴线，设置偏移量为 0mm，选择"对齐"选项，单击"确定"按钮，结果如图 8-40 所示。

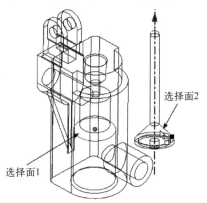

图 8-38　选择面 1

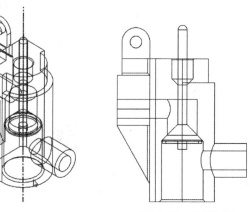

图 8-39　选取轴线　　　　　　　　　　图 8-40　装配阀杆

5）放置调节螺母。单击"装配"选项卡"零部件"面板上的"放置"按钮，打开"装入零部件"对话框，选择"调节螺母"零件，单击"打开"按钮，装入调节螺母，将其放置到视图中的适当位置。单击鼠标右键，在打开的快捷菜单中选择"确定"选项，完成调节螺母的放置。

6）放置胶垫。单击"装配"选项卡"零部件"面板上的"放置"按钮，打开"装入零部件"对话框，选择"胶垫"零件，单击"打开"按钮，装入胶垫，将其放置到视图中的适当位置。单击鼠标右键，在打开的快捷菜单中选择"确定"选项，完成胶垫的放置。

7）胶垫-调节螺母装配。单击"装配"选项卡"位置"面板上的"约束"按钮，打开"放置约束"对话框，选择"插入"类型，在视图中选取如图 8-41 所示的两个圆形边线，设置偏移量为 0mm，选择"反向"选项，单击"确定"按钮，结果如图 8-42 所示。

图 8-41　选择边线 1　　　　　　　　　　　图 8-42　装配胶垫-调节螺母

8）放置弹簧。单击"装配"选项卡"零部件"面板上的"放置"按钮，打开"装入零部件"对话框，选择"弹簧"零件，单击"打开"按钮，装入弹簧，将其放置到视图中的适当位置。单击鼠标右键，在打开的快捷菜单中选择"确定"选项，完成弹簧的放置。

9）装配弹簧。单击"装配"选项卡"位置"面板上的"约束"按钮，打开"放置约束"对话框，选择"配合"类型，在视图中选取如图 8-43 所示的两个面，设置偏移量为 0mm，单击"应用"按钮。选择"配合"类型，在浏览器中分别选取调节螺母和弹簧的 YZ 平面，设置偏移量为 0mm，单击"应用"按钮。选择"配合"类型，在浏览器中分别选取调节螺母和弹簧的 XY 平面，设置偏移量为 0mm，选择"表面平齐"选项，单击"确定"按钮，结果如图 8-44 所示。

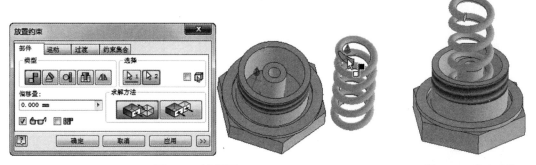

图 8-43　选择面 2　　　　　　　　　　　图 8-44　装配弹簧

10）胶垫-阀体装配。单击"装配"选项卡"位置"面板上的"约束"按钮，打开"放置约束"对话框，选择"插入"类型，在视图中选取如图 8-45 所示的两个圆形边线，设置偏移量为 0mm，选择"反向"选项，单击"确定"按钮，结果如图 8-46 所示。

图 8-45　选择边线 2　　　　　　　　　　　　　图 8-46　胶垫-阀体装配

11）放置锁紧螺母。单击"装配"选项卡"零部件"面板上的"放置"按钮🗁，打开"装入零部件"对话框，选择"锁紧螺母"零件，单击"打开"按钮，装入锁紧螺母，将其放置到视图中的适当位置。单击鼠标右键，在打开的快捷菜单中选择"确定"选项，完成锁紧螺母的放置，如图 8-47 所示。

12）装配锁紧螺母。单击"装配"选项卡"位置"面板上的"约束"按钮，打开"放置约束"对话框，选择"插入"类型，在视图中选取如图 8-48 所示的两个圆形边线，设置偏移量为 0mm，选择"反向"选项，单击"确定"按钮，结果如图 8-49 所示。

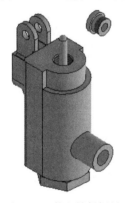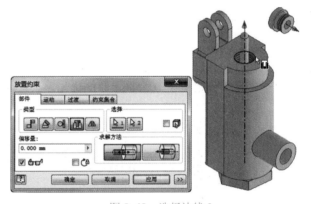

图 8-47　装入锁紧螺母　　　　　　　　　　　图 8-48　选择边线 3

13）装入手柄。单击"装配"选项卡"零部件"面板上的"放置"按钮🗁，打开"装入零部件"对话框，选择"手柄"零件，单击"打开"按钮，装入手柄，将其放置到视图中的适当位置。单击鼠标右键，在打开的快捷菜单中选择"确定"选项，完成手柄的放置，如图 8-50 所示。

图 8-49　装配锁紧螺母　　　　　　　　　　　图 8-50　装入手柄

14）装配手柄。单击"装配"选项卡"位置"面板上的"约束"按钮，打开"放置约束"对话框，选择"插入"类型，在视图中选取如图 8-51 所示的两个圆形边线，设置偏移量为"0mm"，选择"反向"选项，单击"确定"按钮，拖动手柄到适当位置，结果如图 8-52 所示。

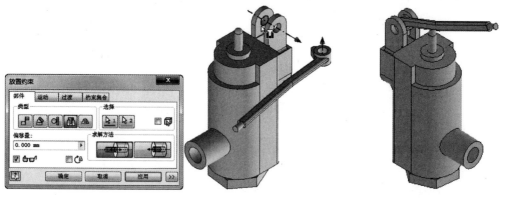

图 8-51　选择边线 4　　　　　　　　　　　　　　图 8-52　装配手柄

15）放置销钉。单击"装配"选项卡"零部件"面板上的"放置"按钮，打开"装入零部件"对话框，选择"销钉"零件，单击"打开"按钮，装入销钉，将其放置到视图中的适当位置。单击鼠标右键，在打开的快捷菜单中选择"确定"选项，完成销钉的放置。

16）装配销钉。单击"装配"选项卡"位置"面板上的"约束"按钮，打开"放置约束"对话框，选择"插入"类型，在视图中选取如图 8-53 所示的两个圆形边线，设置偏移量为"0mm"，选择"反向"选项，单击"确定"按钮，结果如图 8-54 所示。

图 8-53　选择边线 5　　　　　　　　　　　　　　图 8-54　装配销钉

17）装入球头。单击"装配"选项卡"零部件"面板上的"放置"按钮，打开"装入零部件"对话框，选择"球头"零件，单击"打开"按钮，装入球头，将其放置到视图中的适当位置。单击鼠标右键，在打开的快捷菜单中选择"确定"选项，完成球头的放置。

18）装配球头。单击"装配"选项卡"位置"面板上的"约束"按钮，打开"放置约束"对话框，选择"插入"类型，在视图中选取如图 8-55 所示的两个圆形边线，设置偏移量为"0mm"，选择"反向"选项，单击"确定"按钮，结果如图 8-56 所示。

19）保存文件。单击"快速访问"工具栏上的"保存"按钮，打开"另存为"对话框，输入文件名为"手压阀.iam"，单击"保存"按钮即可保存文件。

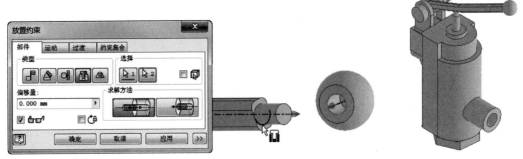

图 8-55　选择边线 6　　　　　　　　　　图 8-56　装配球头

8.6　装配分析检查

在 Inventor 中，可以利用提供的工具方便地观察和分析零部件，例如，创建各个方向的剖视图以观察部件的装配是否合理；可以分析零件的装配干涉以修正错误的装配关系；更加直观地观察部件的装配是否可以达到预定的要求等。本节分别讲述如何实现上述功能。

8.6.1　部件剖视图

部件剖视图可以帮助用户更加清楚地了解部件的装配关系，因为在剖切视图中，腔体内部或被其他零部件遮挡的部件部分完全可见。在剖切部件时，仍然可以使用零件和部件工具在部件环境中创建或修改零件。

1．半剖视图

创建半剖视图的步骤如下。

1）单击"视图"选项卡"外观"面板上的"半剖视图"按钮。

2）在视图或浏览器中选择作为剖切的平面，如图 8-57 所示。

3）在小工具栏中输入偏移距离，如图 8-58 所示，单击"确定"按钮✓，完成半剖视图的创建，如图 8-59 所示。

图 8-57　选择剖切面　　　　图 8-58　输入偏移距离　　　　图 8-59　半剖视图

2. 1/4 或 3/4 剖视图

创建 1/4 或 3/4 剖视图的步骤如下。

1）单击"视图"选项卡"外观"面板上的"1/4 剖视图"按钮。

2）在视图或浏览器中选择作为第一剖切的平面，并输入偏移距离，如图 8-60 所示。

3）单击"继续"按钮，在视图或浏览器中选择作为第二剖切的平面，并输入偏移距离，如图 8-61 所示。

4）单击"确定"按钮，完成 1/4 剖视图的创建，如图 8-62 所示。

图 8-60　输入偏移距离 1

图 8-61　输入偏移距离 2

图 8-62　1/4 剖视图

5）单击右键，在打开的快捷菜单中选择"反向剖切"选项，如图 8-63 所示，显示在相反方向上进行剖切的结果，如图 8-64 所示。

6）在右键菜单中选择"3/4 剖视图"选项，则部件被 1/4 剖切后的剩余部分即部件的 3/4 将成为剖切结果显示，结果如图 8-65 所示。同样，在 3/4 剖切后的右键菜单中也会出现"1/4 剖视图"选项，功能与此相反。

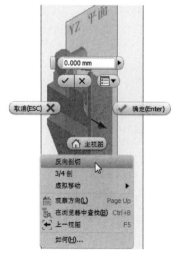
图 8-63　快捷菜单

图 8-64　1/4 反向剖切

图 8-65　3/4 剖切

8.6.2 干涉分析

在部件中，如果两个零件同时占据了相同的空间，则称部件发生了干涉。Inventor 的装配功能本身不提供智能检测干涉的功能，也就是说如果装配关系使得某个零部件发生了干涉，那么也会按照约束照常装配，不会提示用户或者自动更改。所以，Inventor 在装配之外提供了干涉检查的工具，利用这个工具可以很方便地检查到两组零部件之间以及一组零部件内部的干涉部分，并且将干涉部分暂时显示为红色实体，以方便用户观察。同时还会给出干涉报告，列出干涉的零件或者子部件，显示干涉信息，如干涉部分的质心坐标或干涉的体积等。

干涉检查的步骤如下。

1）单击"检验"选项卡"干涉"面板上的"干涉检查"按钮 ▣，打开"干涉检查"对话框，如图 8-66 所示。

2）在视图中选择定义为选择集 1 的零部件，单击"定义选择集 2"按钮，在视图中选择定义为选择集 2 的零部件，如图 8-67 所示。

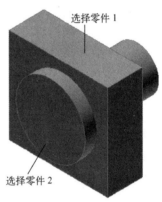

选择零件 1

选择零件 2

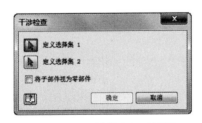

图 8-66 "干涉检查"对话框

图 8-67 选择零部件

3）单击"确定"按钮，若零部件之间有干涉，将打开如图 8-68 所示的"检测到干涉"对话框，零部件中的干涉部分会高亮显示，如图 8-69 所示。

图 8-68 "检测到干涉"对话框

图 8-69 干涉部分高亮显示

4）调整视图中零部件的位置，重复步骤 1）～3），直到打开的提示对话框显示"没有检测到干涉"。

8.6.3　面分析工具

在零件环境和构造环境中，可以在制造前使用曲面分析命令来分析零件以验证几何质量。对于特定模型，可以保存同一类型或不同类型的几个不同分析。例如，可以定义若干方法检查同一模型上的一组特定曲面。

应用分析后，将在浏览器中创建一个分析文件夹，分析结果将放置在此文件夹中。每个保存的分析都将按其创建顺序添加到浏览器中。在浏览器中，现用分析的名称和可见性与分析文件夹名称一起显示。例如，Analysis: Zebra1 (On)。

可以使用浏览器中的分析文件夹来更改现用分析的可见性和新建分析。展开分析文件夹以查看和管理所有保存的分析，可以切换到现用的分析，也可以在列表中编辑、复制和删除任何保存的分析。

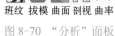

斑纹　拔模　曲面　剖视　曲率

图 8-70　"分析"面板

Inventor 中提供了五种分析工具，如图 8-70 所示。可以执行的分析类型如下。

- 斑纹分析：通过将平行线投影到模型上来分析曲面连续性。结果显示光线是如何在曲面上反射的，以帮助用户识别需要改进曲面质量的区域。
- 拔模分析：根据拔模方向分析模型，以确定在零件和模具之间是否可以充分拔模，以及是否可以通过铸造方法来制造零件。分析结果显示了拔模斜度在指定范围内的变化。
- 曲率分析：对模型面、曲面、草图曲线和边的曲率及整个平滑度提供可视分析。
- 曲面分析：通过对零件表面应用渐变色来确定高曲率区域和低曲率曲面区域。梯度显示是曲面曲率的一种可视指示，它运用了高斯曲率分析计算方法。
- 剖视分析：提供某一截面上零件的基本图形视图，或实体零件内部多个截面的详细信息和相应图形，并且会分析零件是否符合最小壁厚和最大壁厚要求。不适用于构造环境。

1．斑纹分析

斑纹检查分析用来分析检查零件表面的连续性。单击"检验"选项卡"分析"面板中的"斑纹"按钮，打开"斑纹分析"对话框，如图 8-71 所示。

图 8-71　"斑纹分析"对话框

"斑纹分析"对话框选项说明如下。

- 方向选项：包括"水平" ▤、"竖直" ▥ 或"半径" ▨ 条纹方向，指定显示条纹之间最大反差的方向，以指明曲面之间的过渡。
- 厚度：通过黑色与白色的相对比例来指定条纹的厚度。"最小值"设置将形成全黑条纹，"最大值"设置将形成全白条纹。
- 密度：指定条纹的间距或密度。"最小值"设置将产生较少的条纹，"最大值"设置将产生大量的条纹。同时使用"密度"和"厚度"可以得到所需的结果。
- 不透明：指定条纹不透明度。"透明"将导致条纹几乎不可见，"不透明"将导致条纹完全遮住模型的颜色。通过此设置可以一次查看多个分析样式，如斑纹样式和拔模样式。
- 显示质量：指定斑纹图案的分辨率或曲面质量，以获得较好的条纹显示效果。默认设置为零，会产生最粗略的结果。设置越低，面数就越少，锯齿状显示更加严重。设置越高，面数就越多，过渡更为平滑，但是显示该零件的时间可能会增加。设置为 100% 将生成最佳结果。
- 全部：在零件环境中，指定是否分析零件中的所有几何图元，包括整个零件和零件中的任何曲面特征（缝合曲面）。
- "选择"按钮：选择要检查的几何图元。
- 面：指定是否分析在零件或构造环境中的一个实体或任何曲面体中选定的面。
- 缝合曲面：指定是否分析选定的曲面特征，以及每个选定的曲面特征中的所有面。

2. 拔模分析

用户可以使用拔模分析来检查铸件的适应性。设计铸件时，若试图将模样脱离模具，90°的角将引发很多问题，面拔模通过在两个面之间采用一个微小的拔模角度来解决此问题。拔模分析可分析所选面或者零件，在所选择的零件或者面上用一系列的颜色来表示结果。颜色表示所指定的拔模角范围。

单击"检验"选项卡的"分析"面板中的"拔模"按钮 ●，打开"拔模分析"对话框，如图 8-72 所示。

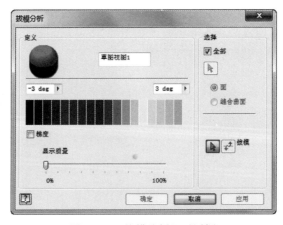

图 8-72 "拔模分析"对话框

"拔模分析"对话框选项说明如下。

- 定义：设置拔模分析结果的外观，在构造环境中不可用。不能充分拔模的面通过颜色的变化来显示，这些颜色的变化与拔模的变化相关联。改变拔模方向会显示不同的结果。

- 拔模起始角度：设置分析拔模或拔模斜度的角度范围的起始角度。
- 拔模终止角度：设置分析拔模或拔模斜度的角度范围的终止角度。
- 梯度：选择该选项后，将以梯度（而不是离散的色带）来显示拔模分析结果。
- 显示质量：指定梯度或色带的分辨率或曲面质量。设置越低，面数就越少。设置越高，面数就越多，但显示该零件的时间会增加。
- 全部：在零件环境中，指定是否分析零件中的所有几何图元，包括整个零件和零件中的任何曲面特征（缝合曲面）。
- 面：指定是否分析在零件的一个实体或任何曲面体中选定的面。
- 缝合曲面：指定是否分析选定的曲面特征，以及每个选定的曲面特征中的所有面。
- 拔模：指定模具分离方向（从内芯上拉出模具外壳）。
  - ◆ 选择 ⬚：选择要指明方向的几何图元（平面或工作平面），拔模方向与平面垂直。
  - ◆ 反向 ⬚：反转拔模方向。

8.6.4 实例——手压阀装配检查

3/4 手压阀的装配体如图 8-73 所示。其装配检查步骤较为简单，此处不再赘述，具体操作过程可查看讲解视频。

图 8-73　3/4 手压阀装配体

第 **9** 章

零部件设计加速器

知 识 导 引 ————

　　设计加速器是在装配模式中运行的，可以用来对零部件进行设计和计算。它是 Inventor
功能设计中的一个重要组件，可以进行工程计算、设计使用标准零部件或创建基于标准的几
何图元。有了这个功能工程师可以节省大量设计和计算的时间，这也是被称为设计加速器的
原因。设计加速器包括紧固件生成器、动力传动生成器和机械计算器等。

　　采用设计加速器命令可以完成以下操作。

- 简化设计过程。
- 自动完成选择和创建几何图元。
- 通过针对设计要求进行验证，提高初始设计质量。
- 通过为相同的任务选择相同的零部件，提高标准化。

学 习 目 标 ————

　　通过使用螺栓联接零部件生成器、带孔销零部件生成器、弹簧零部件生成器、轴生成器、
齿轮零部件生成器、V 型皮带零部件生成器、凸轮零部件生成器等功能快速完成常用机械零
部件的设计和计算，切实提高设计效率。

9.1 紧固件生成器

紧固件包括螺栓联接和各种销联接,可以通过输入简单或详细的机械属性来自动创建符合机械原理的零部件。例如,使用螺栓联接生成器一次插入一个螺栓联接。通过主动选择正确的零件插入螺栓联接,选择孔,然后将零部件装配在一起。

9.1.1 螺栓联接

使用螺栓联接零部件生成器可以设计和检查承受轴向力或切向力载荷的预应力的螺栓联接,在指定要求的工作载荷后选择适当的螺栓联接,进行强度计算完成螺栓联接校核(例如,连接紧固和操作过程中螺纹的压力和螺栓应力)。

1. 插入螺栓联接的操作步骤

1)单击"设计"选项卡"紧固"面板中的"螺栓联接"按钮,打开"螺栓联接零部件生成器"对话框。

🖰 注意:

若要使用螺栓联接生成器插入螺栓联接,部件必须至少包含一个零部件(这是放置螺栓联接所必需的条件)。

---

2)在"类型"区域中,选择螺栓联接的类型(如果部件仅包含一个零部件,则选择"贯通"联接类型)。

3)从"放置"下拉列表中选择放置类型。

● 线性:通过选择两条线性边来指定放置。

● 同心:通过选择环形边来指定放置。

● 参考点:通过选择一个点来指定放置。

● 随孔:通过选择孔来指定放置。

4)指定螺栓联接的位置。根据选择的放置类型,系统会提示指定起始平面、边、点、孔和终止平面。显示的选项取决于所选的放置类型,如图 9-1 所示。

5)指定螺栓联接的放置方式,以选择用于螺栓联接的紧固件。螺栓联接生成器根据在"设计"选项卡左侧指定的放置方式过滤紧固件选择。当未确定放置方式时,"设计"选项卡右侧的紧固件选项不会启用。

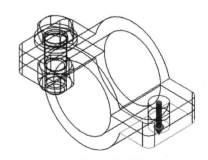

图 9-1　指定螺栓联接的位置

6)将螺栓联接插入包含两个或多个零部件的部件中,并选择"盲孔"联接类型。在"放置"选项区域中,系统将提示选择"盲孔起始平面"(而不是终止平面)来指定盲孔的起始位置。

7)在"螺纹"选项区域中,从"螺纹"下拉列表中指定螺纹类型,然后选择直径尺寸,如图 9-2 所示。

8）选择"单击以添加紧固件"以连接到可从中选择零部件的资源中心，选择紧固件。单击"确定"按钮后生成螺栓联接，如图 9-3 所示。

图 9-2　"螺栓联接零部件生成器"对话框

图 9-3　创建螺栓联接

2. 使用线性放置选项插入螺栓联接

选择线性类型的放置以通过选择两条线性边来指定螺栓联接位置。

1）在"设计"选项卡的"放置"选项区域中，从下拉列表中选择"线性" 选项，如图 9-4 所示。

图 9-4　选择线性类型

2）在图形窗口中，选择起始平面，如图 9-5 所示。选择后将启用其他用于放置的按钮（"线性边 1""线性边 2""终止方式"）。

3）如图 9-6 所示，选择第 1 条线性边，之后如图 9-7 所示再选择第 2 条线性边。

4）选择终止平面，如图 9-8 所示。

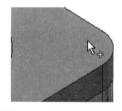

图 9-5　选择起始平面

图 9-6　第 1 条线性边

图 9-7　选择第 2 条线性边

图 9-8　选择终止平面

9.1.2 带孔销

"带孔销"命令可以计算、设计和校核带孔销强度、最小直径和零件材料的带孔销联接。

带孔销用于机器零件的可分离、旋转联接。通常，这些联接仅传递垂直作用于带孔销轴上的横向力。带孔销通常为间隙配合以构成耦合联接（杆-U 形夹耦合）。H11/h11、H10/h8、H8/f8、H8/h8、D11/h11、D9/h8 是最常用的配合方式。带孔销的联接应通过开口销、软制安全环、螺母、调整环等来确保无轴向运动。标准化的带孔销可以加工头也可以不加工头，无论哪种情况，都应为开口销提供孔。

1. 插入整个带孔销联接的操作步骤

1）单击"设计"选项卡"紧固"面板中的"带孔销"按钮，打开"带孔销零部件生成器"对话框，如图 9-9 所示。

2）从"放置"选项区域的下拉列表中选择放置类型，放置方式与螺栓联接方式相同。

● 指定销直径。

● 用生成器设计孔，或者添加孔或删除所有内容。

3）选择"单击以添加销"以连接到可从中选择零部件的资源中心，选择带孔销类型，如图 9-10 所示。

图 9-9 "带孔销零部件生成器"对话框

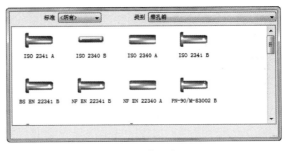

图 9-10 资源中心

注意：

必须连接到资源中心服务器，并且必须在计算机上对资源中心进行配置，才能选择带孔销。

4）单击"确定"按钮完成插入带孔销的操作。

注意：

可以切换至"计算"选项卡，以进行计算和强度校核。

2. 编辑带孔销

1）打开已插入设计加速器带孔销的 Autodesk Inventor 部件。

2）选择带孔销，单击鼠标右键打开快捷菜单，然后选择"使用设计加速器进行编辑"

命令。

3）编辑带孔销。可以更改带孔销的尺寸或更改计算参数。如果更改了计算值，则需单击"计算"选项卡查看是否通过强度校核。计算结果会显示在"结果"区域中。导致计算失败的输入将以红色显示（它们的值与插入的其他值或计算标准不符）。计算报告会显示在"消息摘要"区域中，单击"计算"和"设计"选项卡右下部分中的下拉按钮即可显示该区域。

4）单击"确定"按钮完成修改。

9.1.3　安全销

安全销用于使两个机械零件之间形成牢靠且可拆开的联接，确保零件的位置正确，消除横向滑动力。

1.　插入安全销联接的操作步骤

1）单击"设计"选项卡"紧固"面板中的"安全销"按钮 ，打开"安全销零部件生成器"对话框，如图 9-11 所示。

图 9-11　"安全销零部件生成器"对话框

2）从"类型"选项区域中选择孔类型，包括直孔和锥形孔。

3）从"放置"选项区域的下拉列表中选择放置类型，包括"线性""同心""参考点"和"随孔"选项。

4）输入销直径。

⚠ 注意：

必须连接到资源中心服务器，并且必须在计算机上对资源中心进行配置，才能选择安全销。

5）单击"确定"按钮完成插入安全销的操作。

2.　编辑安全销

1）打开已插入设计加速器安全销的 Autodesk Inventor 部件。

2）选择安全销，单击鼠标右键以显示快捷菜单，然后选择"使用设计加速器编辑"命令。

3）编辑安全销。可以更改安全销的尺寸和计算参数。如果更改了计算值，单击"计算"

以查看是否通过强度校核。计算结果会显示在"结果"区域中。导致计算失败的输入将以红色显示（它们的值与插入的其他值或计算标准不符）。计算报告会显示在"消息摘要"区域中，单击"计算"和"设计"选项卡右下角的下拉按钮即可显示该区域。

4）单击"确定"按钮完成修改。

3. 计算安全销

1）单击"设计"选项卡"紧固"面板中的"安全销"按钮，打开"安全销零部件生成器"对话框。

2）在"安全销零部件生成器"对话框的"设计"选项卡上，从资源中心选择安全销。在零部件区域中选择标准和安全销。

3）切换到"计算"选项卡。

4）选择强度计算类型。

5）输入计算值。可以在对话框中直接更改值和单位。

6）单击"计算"以执行计算。计算结果会显示在"结果"区域中。导致计算失败的输入将以红色显示（它们的值与插入的其他值或计算标准不符）。计算报告会显示在"消息摘要"区域中，单击"计算"和"设计"选项卡右下角的下拉按钮即可显示该区域。

7）如果计算结果与设计相符，则单击"确定"按钮完成计算。

9.1.4 实例——汽车拖钩安装带孔销

图 9-12 安装带孔销

本例为汽车拖钩安装带孔销，如图 9-12 所示。

操作步骤

1）打开文件。运行 Inventor，单击"快速访问"工具栏中的"打开"按钮，在打开的"打开"对话框中选择"脱钩.iam"装配文件，单击"打开"按钮，打开拖钩装配文件，如图 9-13 所示。

2）添加带孔销。单击"设计"选项卡"紧固"面板中的"带孔销"按钮，打开"带孔销零部件生成器"对话框，选择"同心"放置方式（参见图 9-11）。

3）在视图中选择脱钩的上表面为起始平面，选择拖钩孔的圆形边线为圆形参考，选择拖钩的另一面为终止平面，如图 9-14 所示。

图 9-13 拖钩装配文件

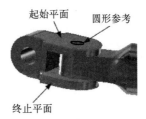

起始平面　圆形参考
终止平面

图 9-14 选择放置面

4）在对话框中单击右侧的"单击以添加销"文本，连接到零部件的资源中心，从中选择"GB 销 GB/T 882 B 型"类型销，选择销的直径为 24mm，其余为默认设置。

5）在对话框中单击右侧的"销特性"按钮，打开"修改销"对话框，设置长度为 100mm，单击"确定"按钮，完成修改。

6）单击"带孔销零部件生成器"对话框中的"确定"按钮，完成带孔销的安装，如图 9-13 所示。

9.2 弹簧

本节讲解压缩弹簧、拉伸弹簧、碟形弹簧和扭簧的创建。

9.2.1 压缩弹簧

压缩弹簧零部件生成器用于计算具有弯曲修正的水平压缩。

1）单击"设计"选项卡"弹簧"面板上的"压缩"按钮，弹出如图 9-15 所示的"压缩弹簧零部件生成器"对话框。

2）选择轴和起始平面放置弹簧。

3）输入弹簧参数。

4）单击"计算"按钮进行计算，计算结果会显示在"结果"区域里，导致计算失败的输入将以红色显示，即它们的值与插入的其他值或计算标准不符。

5）单击"确定"按钮，将弹簧插入部件中，如图 9-16 所示。

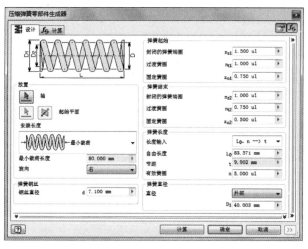

图 9-15 "压缩弹簧零部件生成器"对话框

图 9-16 压缩弹簧

9.2.2 拉伸弹簧

1）单击"设计"选项卡"弹簧"面板上的"拉伸"按钮，弹出如图 9-17 所示的"拉伸弹簧零部件生成器"对话框。

2）选择用于所设计的拉伸弹簧的选项，输入弹簧参数。

3）在"计算"选项卡中选择强度计算类型并设置载荷与弹簧材料。

4）单击"计算"按钮进行计算，计算结果会显示在"结果"区域里，导致计算失败的输入将以红色显示，即它们的值与插入的其他值或计算标准不符。

5）单击"确定"按钮，将弹簧插入部件中，如图 9-18 所示。

9.2.3 碟形弹簧

碟形弹簧可承载较大的载荷而只产生较小的变形。它们可以单独使用，也可以成组使用。组合弹簧具有以下装配方式：叠合组合（依次装配弹簧），对合组合（反向装配弹簧），复合组合（反向部件依次装配的组合弹簧）。

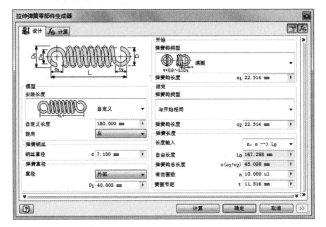

图 9-17 "拉伸弹簧零部件生成器"对话框

图 9-18 拉伸弹簧

1. 插入独立弹簧

1）单击"设计"选项卡"弹簧"面板上的"碟形"按钮，弹出如图 9-19 所示的"碟形弹簧生成器"对话框。

图 9-19 "碟形弹簧生成器"对话框

2）从"弹簧类型"下拉列表中选择适当的标准弹簧类型。

3）从"单片弹簧尺寸"下拉列表中选择弹簧尺寸。

4）选择轴和起始平面放置弹簧。

5）单击"确定"按钮，将弹簧插入部件中。

2．插入组合弹簧

1）单击"设计"选项卡"弹簧"面板上的"碟形"按钮 ，弹出如图 9-19 所示的"碟形弹簧生成器"对话框。

2）从"弹簧类型"下拉列表中选择适当的标准弹簧类型。

3）从"单片弹簧尺寸"下拉列表中选择弹簧尺寸。

4）选择轴和起始平面放置弹簧。

5）选择"组合弹簧"复选框，选择组合弹簧类型，然后输入对合弹簧数和叠合弹簧数。

6）单击"确定"按钮，将弹簧插入部件中。

9.2.4 扭簧

扭簧零部件生成器可用于计算、设计和校核由冷成形线材或由环形剖面的钢条制成的螺旋扭簧。

扭簧有以下四种基本弹簧状态。

● 自由：弹簧末加载（指数 0）。

● 预载：弹簧指数应用最小的工作扭矩（指数 1）。

● 完全加载：弹簧应用最大的工作扭矩（指数 8）。

● 限制：弹簧变形到实体长度（指数 9）。

1）单击"设计"选项卡"弹簧"面板上的"扭簧"按钮 ，弹出如图 9-20 所示的"扭簧零部件生成器"对话框。

2）在"设计"选项卡中输入弹簧的钢丝直径、臂类型等参数。

3）在"计算"选项卡中输入载荷、弹簧材料等用于扭簧计算的参数。

4）单击"计算"按钮进行计算，计算结果会显示在"结果"区域里，导致计算失败的输入将以红色显示，即它们的值与插入的其他值或计算标准不符。

5）单击"确定"按钮，将弹簧插入 Autodesk Inventor 部件中，如图 9-21 所示。

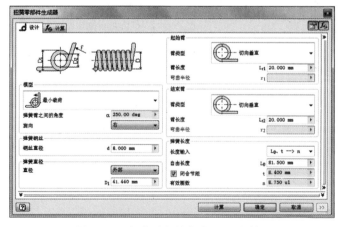

图 9-20 "扭簧零部件生成器"对话框

图 9-21 扭簧

9.2.5　实例——避震器安装弹簧

本例安装避震器组件，安装过程中利用设计加速器安装弹簧，如图 9-22 所示。

图 9-22　避震器

 操作步骤

1）运行 Inventor，单击"快速访问"工具栏中的"新建"按钮 ，在打开的"新建文件"对话框中的"Templates"选项卡的零件下拉列表中选择"Standard.iam"选项，单击"创建"按钮，新建一个装配文件。创建完成后，保存文件，保存名称为"避震器装配"。

2）装入避震杆 1。单击"装配"选项卡"零部件"面板上的"放置"按钮 ，打开如图 9-23 所示的"装入零部件"对话框。选择"避震杆 1"零件，单击"打开"按钮，装入避震杆 1。单击鼠标右键，在打开的如图 9-24 所示的快捷菜单中选择"在原点处固定放置"选项，则零件的坐标原点与部件的坐标原点重合。再次单击鼠标右键，在打开的如图 9-25 所示的快捷菜单中选择"确定"选项，完成避震杆 1 的装配，如图 9-26 所示。

图 9-23　"装入零部件"对话框

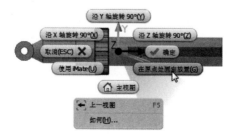

图 9-24　快捷菜单 1

图 9-25　快捷菜单 2

图 9-26　装入避震杆 1

3）放置避震杆 2。单击"装配"选项卡"零部件"面板上的"放置"按钮，打开"装入零部件"对话框，选择"避震杆 2"零件，单击"打开"按钮，装入避震杆 2，将其放置到视图中的适当位置。单击鼠标右键，在打开的快捷菜单中选择"确定"选项，完成避震杆 2 的放置。

4）装配避震杆 2。单击"装配"选项卡"位置"面板上的"约束"按钮，打开"放置约束"对话框，选择"配合"类型，在视图中选取如图 9-27 所示的两个圆柱面，设置偏移量为"0mm"，设置"求解方法"为"反向"，单击"确定"按钮。

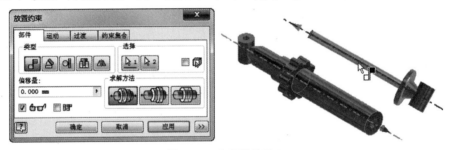

图 9-27　装配避震杆 2

5）添加弹簧。单击"设计"选项卡"弹簧"面板上的"压缩"按钮，弹出"压缩弹簧零部件生成器"对话框，选择如图 9-28 所示两个面作为轴和起始平面放置弹簧；在"压缩弹簧零部件生成器"对话框中设置"钢丝直径""自由长度""有效簧圈"，单击"计算"按钮，查看设计参数是否有误，若无误单击"确定"按钮，生成弹簧，如图 9-29 所示。

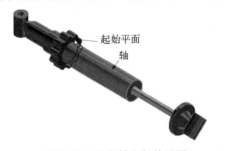

图 9-28　选择轴和起始平面

图 9-29　生成弹簧

6）装配弹簧。单击"装配"选项卡"位置"面板上的"约束"按钮，打开"放置约束"对话框，选择"配合"类型，在视图中选取弹簧的另一个端面和避震杆 1 的一个平面，设置偏移量为"0mm"，单击"确定"按钮。完成避震器的安装，如图 9-22 所示。

9.3 动力传动生成器

利用动力传动生成器可以直接生成轴、圆柱齿轮、蜗轮、轴承、V 形带和凸轮等动力传动部件，图 9-30 所示为"动力传动生成器"面板。

图 9-30 "动力传动生成器"面板

9.3.1 轴生成器

使用轴生成器可以直接设计轴的形状、进行计算校核及在 Autodesk Inventor 中生成轴的模型。创建轴需要由不同的特征（倒角、圆角、颈缩等）、截面类型和大小（圆柱、圆锥和多边形）装配而成。

使用轴生成器可执行以下操作。

1）设计和插入带有无限多个截面（圆柱、圆锥、多边形）和特征（圆角、倒角、螺纹等）的轴。

2）设计空心形状的轴。

3）将特征（倒角、圆角、螺纹）插入内孔。

4）分割轴圆柱并保留轴截面的长度。

5）将轴保存到模板库。

6）向轴设计添加无限多个载荷和支承。

"轴生成器"对话框有"设计"（图 9-31）、"计算"（图 9-32）和"图形"（图 9-33）三个选项卡，分别实现不同的功能。

图 9-31 "设计"选项卡

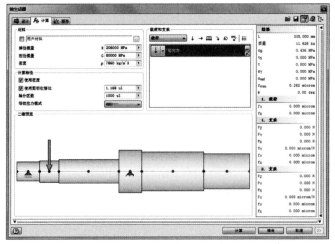

图 9-32 "计算"选项卡

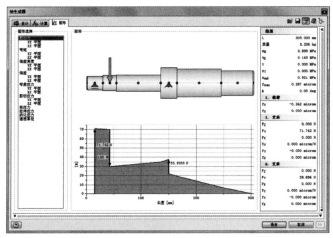

图 9-33 "图形"选项卡

1．设计轴的创建步骤

1）单击"设计"选项卡"动力传动"面板上的"轴"按钮，弹出"轴生成器"对话框。

2）"放置"选项区域中，可以根据需要指定轴在部件中的放置方式。使用轴生成器设计轴时不需要放置。

3）"截面"区域中，使用下拉列表设计轴的形状。根据选择，在"截面"区域工具栏中将显示相应的命令。

● 选择"截面"选项可以插入轴特征和截面。

● 选择"右侧的内孔" / "左侧的内孔"选项可以设计中空轴形状。

4）从"轴生成器"对话框中的"截面"区域工具栏中选择命令（"插入圆锥" 、"插入圆柱" 、"插入多边形" ）可以插入轴截面。选定的截面将显示在下方。

5）可以从"截面"区域工具栏中单击"选项"按钮，以设定三维图形预览和二维预览的选项。

6）单击"确定"按钮，将轴插入 Autodesk Inventor 部件中。

可以切换至"计算"选项卡,以设置轴材料和添加载荷和支承。

2. 设计空心轴形状的创建步骤

1)单击"设计"选项卡"动力传动"面板上的"轴"按钮 🏵 ,弹出"轴生成器"对话框。

2)"放置"选项区域中,指定轴在部件中的放置方式。使用轴生成器设计轴时不需要放置。

3)在"截面"区域的下拉列表中选择"右侧的内孔"/"左侧的内孔"。"截面"区域工具栏上将显示"插入圆柱孔" 🔲 和"插入圆锥孔" 🔳 选项。单击可以插入适当形状的空心轴。

4)在树控件中选择内孔,然后单击"更多"按钮 ... 编辑尺寸,或在树控件中选择内孔,然后单击"删除"按钮 ❎ 删除内孔。

5)单击"确定"按钮,将轴插入 Autodesk Inventor 部件中。

9.3.2 正齿轮

利用正齿轮零部件生成器,可以计算外部和内部齿轮传动装置(带有直齿和螺旋齿)的尺寸并校核其强度。它包含的几何计算可设计不同类型的变位系数分布,包括滑动补偿变位系数。正齿轮零部件生成器可以计算、检查尺寸和载荷力,并可以进行强度校核。

"正齿轮零部件生成器"对话框有"设计"(图 9-34)和"计算"(图 9-35)两个选项卡,分别实现不同的功能。

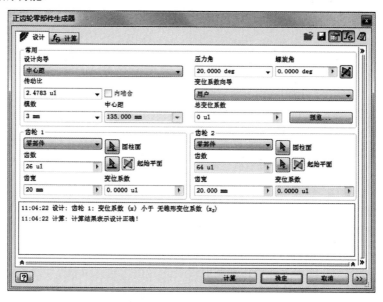

图 9-34 "设计"选项卡

1. 插入一个正齿轮的创建步骤

1)单击"设计"选项卡"动力传动"面板上的"正齿轮"按钮 ⚙ ,弹出如图 9-34 所示的"正齿轮零部件生成器"对话框。

图 9-35 "计算"选项卡

2）输入"常用"选项区域中的值。

3）在"齿轮 1"选项区域中，从列表中选择"零部件"，输入齿轮参数。

4）在"齿轮 2"选项区域中，从选择列表中选择"无模型"。

5）单击"确定"按钮完成插入一个正齿轮的操作。

🔔 注意:

用于计算齿形的曲线被简化。

2. 插入两个正齿轮的创建步骤

使用正齿轮零部件生成器，一次最多可以插入两个齿轮。

1）单击"设计"选项卡"动力传动"面板上的"正齿轮"按钮⚙，弹出"正齿轮零部件生成器"对话框。

2）输入"常用"选项区域中的值。

3）在"齿轮 1"选项区域中，从列表中选择"零部件"，输入齿轮参数。

4）在"齿轮 2"选项区域中，从列表中选择"零部件"，输入齿轮参数。

5）单击"确定"按钮完成插入两个正齿轮的操作。

3. 计算正齿轮的步骤

1）单击"设计"选项卡"动力传动"面板上的"正齿轮"按钮⚙，弹出"正齿轮零部件生成器"对话框。

2）在"设计"选项卡上，选择要插入的齿轮类型（零部件或特征）。

3）从下拉列表中选择相应的"设计向导"选项，然后输入值。可以在对话框中直接更改值和单位。

⚠ 注意：

单击"设计"选项卡右下角的"更多"按钮 >> ，打开"更多选项"选项区域，可以在其中选择其他计算选项。

4）在"计算"选项卡上，从下拉列表中选择"强度计算方法"，并输入值以进行强度校核。

5）单击"系数"按钮以显示一个对话框，可以在其中更改选定的强度计算方法的系数。

6）单击"精度"按钮以显示一个对话框，可以在其中更改精度设置。

7）单击"计算"按钮进行计算。

8）计算结果会显示在"结果"区域中。导致计算失败的输入将以红色显示（它们的值与插入的其他值或计算标准不符）。计算报告会显示在"消息摘要"区域中，单击"计算"选项卡右下角的下拉按钮即可显示该区域。

9）单击"结果"按钮 以显示含有计算值的 HTML 报告。

10）单击"确定"按钮完成计算齿轮的操作。

4．根据已知的参数设计齿轮组

使用正齿轮零部件生成器可以将齿轮模型插入部件中。当已知所有参数，并且希望仅插入模型而不执行任何计算或重新计算值时，可以使用以下设置插入一个或两个齿轮。

1）单击"设计"选项卡"动力传动"面板上的"正齿轮"按钮 ，弹出"正齿轮零部件生成器"对话框。

2）在"常用"选项区域中，从"设计向导"下拉列表中选择"中心距"或"总变位系数"选项。根据从下拉列表中选择的选项，"设计"选项卡上对应的选项将处于启用状态。这两个选项可以启用大多数逻辑选项以便插入齿轮模型。

3）设定需要的值，例如，齿形角、螺旋角或模数。

4）在"齿轮 1"和"齿轮 2"选项区域中，从下拉列表中选择"零部件""特征"或"无模型"。

5）单击右下角的"更多"按钮 >> ，以插入更多计算值和标准。

6）单击"确定"按钮将齿轮组插入部件中。

9.3.3 蜗轮

利用蜗轮零部件生成器，可以计算蜗轮传动装置（普通齿或螺旋齿）的尺寸、力比例和载荷。它包含对中心距的几何计算或基于中心距的计算，以及蜗轮传动比的计算，以此来进行蜗轮变位系数设计。

蜗轮零部件生成器可以计算主要产品并校核尺寸、载荷力的大小、蜗轮与蜗杆材料的最小要求，并基于 CSN 与 ANSI 标准进行强度校核。"蜗轮零部件生成器"对话框有"设计"（图 9-36）和"计算"（图 9-37）两个选项卡，分别实现不同的功能。

1．插入一个蜗轮的步骤

1）单击"设计"选项卡"动力传动"面板上的"蜗轮"按钮 ，弹出如图 9-36 所示的"蜗轮零部件生成器"对话框。

2）在"常用"选项区域中输入值。

3）在"蜗轮"选项区域中，从列表中选择"零部件"，输入齿轮参数。

图 9-36 "设计"选项卡

图 9-37 "计算"选项卡

4）在"蜗杆"选项区域中，从列表中选择"无模型"。

5）单击"确定"按钮完成插入一个蜗轮的操作。

2．计算蜗轮的步骤

1）单击"设计"选项卡"动力传动"面板上的"蜗轮"按钮 ，弹出如图 9-36 所示的"蜗轮零部件生成器"对话框。

2）在"设计"选项卡中，选择要插入的蜗轮类型（零部件、无模型）并指定齿数。

3）在"计算"选项卡中，输入值以进行强度校核。

4）单击"系数"按钮以显示一个对话框，可以在其中更改选定的强度计算方法的系数。

5）单击"精度"按钮以显示一个对话框，可以在其中更改精度设置。

6）单击"计算"按钮，开始计算。

7）计算结果会显示在"结果"区域中。导致计算失败的输入将以红色显示（它们的值与插入的其他值或计算标准不符）。计算报告会显示在"消息摘要"区域中，单击"计算"选项卡右下角的下拉按钮即可显示该区域。

8）单击"结果"按钮 ，以显示含有计算值的 HTML 报告。

9）单击"确定"按钮完成蜗轮的计算。

9.3.4　锥齿轮

锥齿轮零部件生成器用于计算锥齿轮传动装置（带有直齿和螺旋齿）的尺寸，并可以进行强度校核。它不仅包含几何计算还可设计不同类型的变位系数分布，包括滑动补偿变位系数。

该生成器将根据 Bach、Merrit、CSN 01 4686、ISO 6336、DIN 3991、ANSI/AGMA 2001-D04:2005 或旧 ANSI 计算所有主要产品、校核尺寸以及载荷力大小，并进行强度校核。"锥齿轮零部件生成器"对话框有"设计"（图 9-38）和"计算"（图 9-39）两个选项卡，分别实现不同的功能。

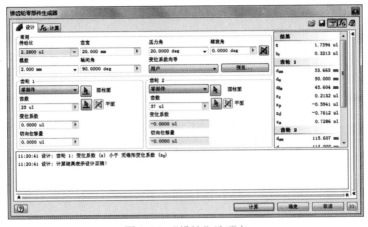

图 9-38　"设计"选项卡

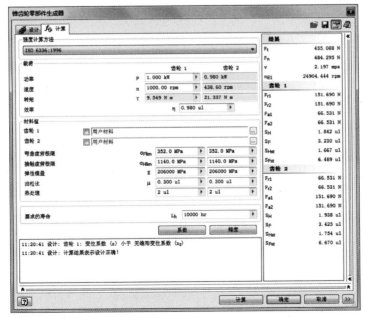

图 9-39　"计算"选项卡

1．插入一个锥齿轮的步骤

1）单击"设计"选项卡"动力传动"面板上的"锥齿轮"按钮，弹出如图 9-38 所示的"锥齿轮零部件生成器"对话框。

2）在"常用"选项区域中输入值。

3）使用下拉列表，在"齿轮 1"选项区域中选择"零部件"选项，输入齿轮参数。

4）使用下拉列表，在"齿轮 2"选项区域中选择"无模型"选项。

5）单击"确定"按钮完成插入一个锥齿轮的操作。

2．插入两个锥齿轮的步骤

1）单击"设计"选项卡"动力传动"面板上的"锥齿轮"按钮，弹出如图 9-48 所示的"锥齿轮零部件生成器"对话框。

2）在"常用"选项区域中插入值。

3）在"齿轮 1"选项区域中选择"零部件"选项，输入齿轮参数。

4）在"齿轮 2"选项区域中选择"零部件"选项，输入齿轮参数。

5）选择两个圆柱面，齿轮会自动啮合在一起。

6）单击"确定"按钮完成插入两个锥齿轮的操作。

3．计算锥齿轮的步骤

1）单击"设计"选项卡"动力传动"面板上的"锥齿轮"按钮，弹出如图 9-38 所示的"锥齿轮零部件生成器"对话框。

2）在"设计"选项卡上，选择要插入的齿轮类型（零部件、无模型）并指定齿数。

3）在"计算"选项卡中，输入值以进行强度校核。

4）单击"系数"按钮以显示一个对话框，可以在其中更改选定的强度计算方法的系数。

5）单击"精度"按钮以显示一个对话框，可以在其中更改精度设置。

6）单击"计算"按钮，开始计算。

7）计算结果会显示在"结果"区域中。导致计算失败的输入将以红色显示（它们的值与插入的其他值或计算标准不符）。计算报告会显示在"消息摘要"区域中，单击"计算"选项卡右下角的下拉按钮即可显示该区域。

8）单击"结果"按钮，以显示含有计算值的 HTML 报告。

9）单击"确定"按钮完成计算锥齿轮的操作。

9.3.5 轴承

轴承零部件生成器用于计算滚子轴承和球轴承，其中包含完整的轴承参数设计和计算。计算参数及其表达都保存在工程图中，可以随时重新开始计算。使用滚动轴承零部件生成器可以在"设计"选项卡上，根据输入条件（轴承类型、外径、轴直径、轴承宽度）选择轴承。也可以在"计算"选项卡上，设置计算轴承的参数。例如，进行强度校核（静态和动态载荷）、计算调整后的轴承使用寿命。选择符合计算标准和要求的使用寿命的轴承。

"轴承生成器"对话框有"设计"（图 9-40）和"计算"（图 9-41）两个选项卡，分别实现不同的功能。

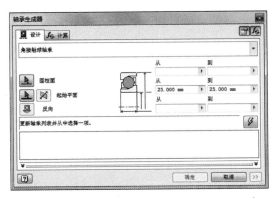

图 9-40 "设计"选项卡

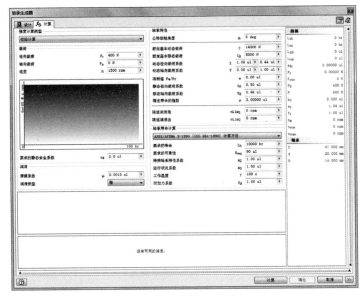

图 9-41 "计算"选项卡

1. 插入轴承的步骤

1）单击"设计"选项卡"动力传动"面板上的"轴承"按钮 🔧，弹出如图 9-40 所示的"轴承生成器"对话框。

2）选择轴的圆柱面和起始平面。轴的直径值将自动插入"设计"选项卡中。

3）从资源中心中选择轴承的类型。

4）根据选择（"族"/"类别"）指定轴承过滤器值，与标准相符的轴承列表显示在"设计"选项卡的下半部分。

5）在列表中，单击选择适当的轴承。选择的结果将显示在选择列表上方的字段中，单击"确定"按钮即可用。

6）单击"确定"按钮完成插入轴承的操作。

2. 计算轴承的步骤

1）单击"设计"选项卡"动力传动"面板上的"轴承"按钮 🔧，弹出如图 9-40 所示的"轴承生成器"对话框。

2）在"设计"选项卡上，选择轴承。

3）单击切换到"计算"选项卡。选择强度计算类型。

4）输入计算值。可以在相应文本框中直接更改值和单位。

5）单击"计算"按钮进行计算。

6）计算结果会显示在"结果"区域中。导致计算失败的输入将以红色显示（它们的值与插入的其他值或计算标准不符）。不满足条件的结果说明显示在"消息摘要"区域中，单击"计算"选项卡右下角的下拉按钮后即显示该区域。

7）单击"确定"按钮完成计算轴承的操作。

9.3.6　V 型皮带

使用 V 型皮带（即"V 带"）零部件生成器可设计和分析在工业生产中使用的机械动力传动。V 型皮带零部件生成器用于设计两端连接的 V 型皮带。这种传动只能是所有带轮毂都平行的平面传动，不考虑任何不对齐的带轮。带中间平面是带坐标系的 XY 平面。

动力传动理论上可由无限多个带轮组成。带轮可以是带槽的，也可以是平面的。相对于右侧坐标系，带可以沿顺时针方向或逆时针方向旋转。带凹槽带轮必须位于带回路内部。张紧轮可以位于带回路内部或外部。

第一个带轮被视为驱动带轮，其余带轮为从动轮或空转轮。可以使用每个带轮的功率比系数在多个从动带轮之间分配输入功率，并相应地计算力和转矩。

"V 型皮带零部件生成器"对话框有"设计"（图 9-42）和"计算"（图 9-43）两个选项卡，分别实现不同的功能。

图 9-42　"设计"选项卡

1. 设计使用两个带轮的带传动的步骤

1）单击"设计"选项卡"动力传动"面板上的"V 型皮带"按钮 ，弹出如图 9-42 所示的"V 型皮带零部件生成器"对话框。

2）选择带轨迹的基础中间平面。

图 9-43 "计算"选项卡

3）在"皮带"下拉列表框中选择皮带类型。

4）添加两个带轮。第一个带轮始终为驱动轮。

5）通过拖动带轮中心处的夹点来指定每个带轮的位置。

6）通过拖动夹点或使用"皮带轮特性"对话框指定带轮直径。

7）单击"确定"按钮以生成带传动。

2. 设计使用三个带轮的带传动的步骤

1）单击"设计"选项卡"动力传动"面板上的"V 型皮带"按钮，弹出如图 9-42 所示的"V 型皮带零部件生成器"对话框。

2）选择带轨迹的基础中间平面。

3）在"皮带"下拉列表框中选择皮带。

4）添加三个带轮。第一个带轮始终为驱动轮。

5）通过拖动带轮中心处的夹点来指定每个带轮的位置。

6）通过拖动夹点或使用"皮带轮特性"对话框指定带轮直径。

7）打开"皮带轮特性"对话框以确定功率比。如果带轮的功率比为 0.0，则认为该带轮是空转轮。

8）单击"确定"按钮以生成带传动。

9.3.7 凸轮

凸轮零件生成器可以设计和计算平动臂或摆动臂类型从动件的盘式凸轮、线性凸轮和圆柱凸轮。可以完整地计算和设计凸轮参数，并可使用运动参数的图形结果。

凸轮零件生成器可根据最大行程、加速度、速度或压力角等凸轮特性来设计凸轮。

"盘式凸轮零部件生成器"对话框有"设计"（图 9-44）和"计算"（图 9-45）两个选项卡，分别实现不同的功能。

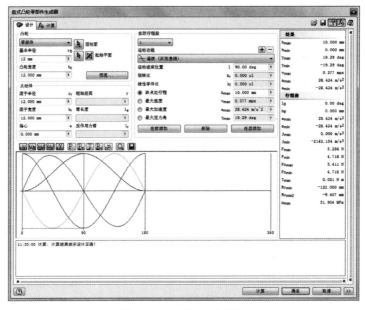

图 9-44 "设计"选项卡

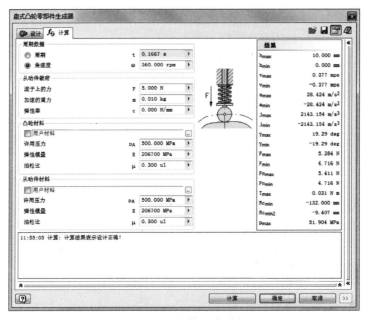

图 9-45 "计算"选项卡

1. 插入盘式凸轮的步骤

1）单击"设计"选项卡"动力传动"面板上的"盘式凸轮"按钮◉，弹出如图 9-44 所示的"盘式凸轮零部件生成器"对话框。

2）在"凸轮"选项区域的下拉列表中选择"零部件"选项。

3）在部件中，选择圆柱面和起始平面。

4）输入基本半径和凸轮宽度的值。

5）在"从动件"选项区域中，输入从动轮的值。

6）在"实际行程段"选项区域中选择实际行程段，或通过在图形区域单击选择"1"，然后输入图形值。

7）从"运动功能"下拉列表框中选择运动类型。单击"添加"按钮可以添加自己的运动，并在"添加运动"对话框中指定运动名称和值，新运动即会添加到运动列表中。若要从列表中删除任何运动，单击"删除"按钮。

8）单击"设计"选项卡右下角的"更多"按钮，为凸轮设计设定其他选项。

9）单击对话框图形区域上方的"保存到文件"按钮，将图形数据保存到文本文件。

10）单击"确定"按钮完成插入盘式凸轮的操作。

2. 计算盘式凸轮的步骤

1）单击"设计"选项卡"动力传动"面板上的"盘式凸轮"按钮 ◑，弹出如图 9-44 所示的"盘式凸轮零部件生成器"对话框。

2）在"凸轮"选项区域中，选择要插入的凸轮类型（"零部件""无模型"）。

3）插入凸轮和从动轮的值以及凸轮行程段。

4）切换到"计算"选项卡，输入计算值。

5）单击"计算"按钮进行计算。

6）计算结果会显示在"结果"区域中。导致计算失败的输入将以红色显示（它们的值与插入的其他值或计算标准不符）。计算报告会显示在对话框下面的"消息摘要"区域中。

7）单击对话框图形区域上方"设计"选项卡中的"保存到文件"按钮，将图形数据保存到文本文件。

8）单击右上角的"结果"按钮 🖼，打开 HTML 结果报告。

9）如果计算结果与设计相符，单击"确定"按钮完成计算盘式凸轮的操作。

9.3.8 矩形花键

矩形花键联接生成器用于矩形花键的计算和设计，可以设计花键轴以及提供强度校核。使用花键联接计算，可以根据指定的传递转矩确定有效的轮毂长度。所需的轮毂长度由不能超过轴承区域的许用压力这一条件来决定。

矩形花键适用于传递大的循环冲击转矩。实际上，这类联接器是最常用的一种花键（约占80%）。这种类型的花键可以用于带轮毂圆柱轴的固定联接器和滑动联接器。定心方式是根据工艺、操作及精度要求进行选择的。可以根据内径（很少用）或齿侧面进行定心。直径定心适用于需要较高精度轴承的场合。以侧面定心的联接器具有大的载荷能力，适用于承受可变力矩和冲击。矩形花键联接生成器对话框有"设计"（图 9-46）和

图 9-46 "设计"选项卡

"计算"（图 9-47）两个选项卡，分别实现不同的功能。

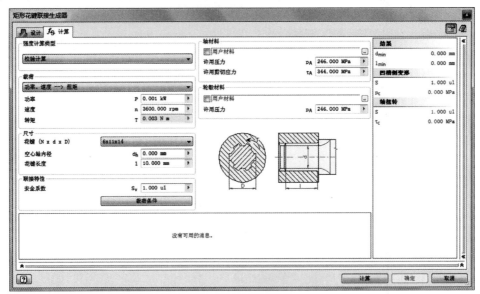

图 9-47 "计算"选项卡

1. 设计矩形花键的步骤

1）单击"设计"选项卡"动力传动"面板上的"矩形花键"按钮∏，弹出如图 9-46 所示的"矩形花键联接生成器"对话框。

2）单击"花键类型"下拉列表框中的箭头以选择花键。

3）输入花键尺寸。

4）指定轴槽的位置。既可以创建新的轴槽，也可以选择现有的槽。根据选择，将启用"轴槽"选项区域中的放置选项。

5）指定轮毂槽的位置。

6）在"选择要生成的对象"选项区域中，选择要插入的对象。默认情况下会启用这两个选项。

7）单击"确定"按钮，生成矩形花键。

2. 计算矩形花键的步骤

1）单击"设计"选项卡"动力传动"面板上的"矩形花键"按钮∏，弹出如图 9-46 所示的"矩形花键联接生成器"对话框。

2）在"设计"选项卡上，单击"花键类型"下拉列表框中的箭头，选择花键并输入花键尺寸。

3）切换到"计算"选项卡，选择强度计算类型，输入计算值。

4）单击"计算"按钮进行计算。

5）计算结果会显示在"结果"区域中。导致计算失败的输入将以红色显示（它们的值与插入的其他值或计算标准不符）。计算报告会显示在"消息摘要"区域中，单击"计算"和"设计"选项卡右下角的下拉按钮即可显示该区域。

6）单击"确定"按钮完成计算矩形花键的操作。

9.3.9 O 形密封圈

O 形密封圈零部件生成器可在圆柱和平面（轴向密封）上创建密封和凹槽。如果在柱面上插入密封，则要求杆和内孔具有精确直径。必须创建圆柱曲面才能使用 O 形密封圈生成器。

O 形密封圈在多种材料和横截面上可用。Inventor 仅支持圆形横截面的 O 形密封圈。不能将材料添加到资源中心中现有的 O 形密封圈。

1. 插入径向 O 形密封圈的步骤

1）单击"设计"选项卡"动力传动"面板上的"O 形密封圈"按钮 ，弹出如图 9-48 所示的"O 形密封圈零部件生成器"对话框。

图 9-48 "O 形密封圈零部件生成器"对话框

2）选择圆柱面为放置参考面。

3）选择要放置凹槽的平面或工作平面。单击"反向"按钮 可以更改方向。

4）输入从参考边到凹槽的距离。

5）在"O 形密封圈"区域"单击此处从资源中心选择零件"文本处单击，以选择 O 形密封圈。在"类别"下拉列表中，选择"径向朝外"或"径向朝内"，然后选择 O 形密封圈。

6）单击"确定"按钮以向部件中插入 O 形密封圈。

2. 插入轴向 O 形密封圈的步骤

1）单击"设计"选项卡"动力传动"面板上的"O 形密封圈"按钮 ，弹出如图 9-48 所示的"O 形密封圈零部件生成器"对话框。

2）选择平面或工作平面为放置参考面。

3）选择参考边（圆或弧）、垂直面或垂直工作平面以定位槽。单击"反向"按钮 可以更改方向。

4）在"O 形密封圈"区域"单击此处从资源中心选择零件"文本处单击，以选择 O 形密封圈。在"类别"下拉列表中，选择"轴向外部压力"或"轴向内部压力"，然后选择 O 形密封圈。凹槽直径基于密封的内径还是外径取决于密封圈承受的是外部压力还是内部压力。

5）单击"确定"按钮向部件中插入 O 形密封圈。

9.3.10 实例——星形卸灰阀

本例安装如图 9-49 所示的星形卸灰阀，在安装过程中将利用设计加速器安装轴承、轴、键等。

图 9-49　星形卸灰阀

 操作步骤

1）新建文件。单击"快速访问"工具栏上的"新建"按钮 🗋，在打开的"新建文件"对话框中的"Templates"选项卡的零件下拉列表中选择"Standard.iam"选项，单击"创建"按钮，新建一个装配体文件。

2）保存文件。单击主菜单下"保存"命令，打开"另存为"对话框，输入文件名为"星形卸灰阀"，单击"保存"按钮，保存文件。

3）安装阀体。单击"装配"选项卡"零部件"面板中的"放置"按钮 📂，打开"装入零部件"对话框，选择"阀体"零件，单击"打开"按钮，装入阀体。单击鼠标右键，在打开的快捷菜单中选择"在原点处固定放置"选项，阀体固定放置到坐标原点，继续单击鼠标右键，在打开的快捷菜单中选择"确定"选项，完成阀体的放置。

4）放置端盖。单击"装配"选项卡"零部件"面板上的"放置"按钮 📂，打开"装入零部件"对话框，选择"端盖"零件，单击"打开"按钮，装入端盖，将其放置到视图中的适当位置。单击鼠标右键，在打开的快捷菜单中选择"确定"选项，完成端盖的放置。

5）装配端盖。单击"装配"选项卡"位置"面板上的"约束"按钮 🖇，打开"放置约束"对话框，选择"插入"类型，在视图中选取如图 8-50 所示的两个圆形边线，设置偏移量为"0mm"，单击"应用"按钮。选择"配合"类型，在视图中选取如图 8-51 所示的端盖安装孔轴线和阀体螺纹孔轴线，设置偏移量为"0mm"，"求解方法"选择"对齐"选项，单击"确定"按钮。采用同样的方法，安装另一侧的端盖，结果如图 8-52 所示。

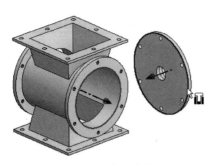

图 9-50　选择边线 1

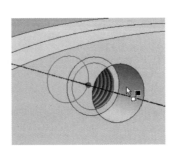

图 9-51　选择孔轴线

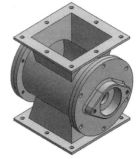

图 9-52　安装端盖

6）设计轴承。单击"设计"选项卡"动力传动"面板上的"轴承"按钮 🔩，弹出"轴承生成器"对话框。选择端盖内孔圆弧面为轴承放置面，选择端盖内孔端面为起始平面，单击浏览轴承按钮 ，在资源环境中加载轴承，选择"调心球轴承 1306 型"，如图 9-53 所示，单击"确定"按钮，装入轴承，同理安装另一侧的轴承，结果如图 9-54 所示。

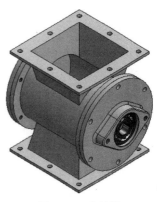

图 9-53 "轴承生成器"对话框   图 9-54 安装轴承

7）创建轴。

① 单击"设计"选项卡"动力传动"面板上的"轴"按钮 ，弹出"轴生成器"对话框，如图 9-55 所示。

图 9-55 "轴生成器"对话框

② 选择第一段轴，对第一段轴进行配置。单击第一条边的"倒角特征"按钮 ，弹出"倒角"对话框，单击"倒角边长"按钮 ，输入倒角边长为"1mm"，如图 9-56 所示，单击"确定"按钮 ，返回到"轴生成器"对话框。单击"截面特性"按钮 ，弹出"圆柱体"对话框，更改直径"D"为"30"，长度"L"为"19"，如图 9-57 所示，单击"确定"按钮，返回到"轴生成器"对话框，完成第一段轴的设计。

图 9-56 "倒角"对话框

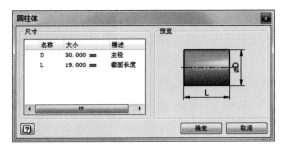

图 9-57 "圆柱体"对话框

③ 选择第二段轴，对第二段轴进行配置。将第一条边特征设置为"无特征"，单击"截面特性"按钮，弹出"圆柱体"对话框，更改直径"D"为"35mm"，长度"L"为"10mm"，其他采用默认设置。

④ 选择第三段轴，对第三段轴进行配置。将第一条边特征设置为"无特征"，单击"截面特性"按钮，弹出"圆柱体"对话框，更改直径"D"为"55mm"，长度"L"为"200mm"，其他采用默认设置。

⑤ 选择第四段轴，对第四段轴进行配置。将第一条边特征设置为"无特征"，单击"截面特性"按钮，弹出"圆柱体"对话框，更改直径"D"为"35mm"，长度"L"为"10mm"，其他采用默认设置。

⑥ 选择第五段轴，对第五段轴进行配置。将第一条边特征设置为"无特征"，单击"截面特性"按钮，弹出"圆柱体"对话框，更改直径"D"为"30"，长度"L"为"19"，单击"确定"按钮，返回到"轴生成器"对话框，完成第五段轴的设计。

⑦ 选择第六段轴，对第六段轴进行配置。将第二条边特征设置为"无特征"，单击"截面特性"按钮，弹出"圆柱体"对话框，更改直径"D"为"28mm"，长度"L"为"25mm"，然后删除该轴上的键槽特征，其他采用默认设置。

⑧ 单击截面区域中的"插入圆柱"按钮，添加第七段轴。单击"截面特性"按钮，弹出"圆柱体"对话框，更改直径"D"为"25mm"，长度"L"为"30mm"，单击"截面特征"下拉按钮，打开如图 9-58 所示的"截面特征"下拉菜单。选择"添加键槽"选项添加键槽，然后单击"键槽特性"按钮，弹出"键槽"对话框，选择"键 GB/T 1566—2003 A 型"，更改键槽长度"L"为"30"，更改键槽距离轴端的距离为"2.5mm"，如图 9-59 所示。单击"确定"按钮，返回到"轴生成器"对话框，然后单击"确定"按钮，将创建的轴移动到绘图区域中，单击鼠标左键，完成轴的创建。

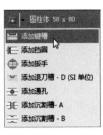

图 9-58 "截面特征"下拉菜单

图 9-59 "键槽"对话框

8）编辑轴。

① 在模型树中选择"轴：1"零部件，单击鼠标右键，在打开的快捷菜单中选择"打开"选项，打开轴组件，进入三维模型创建环境，然后选择直径尺寸为 55 的轴的一个端面，在该端面上绘制草图，如图 9-60 所示，然后单击"完成草图"按钮，退出草图绘制环境。

② 单击"三维模型"选项卡"创建"面板上的"拉伸"按钮，选择第 8）-①步绘制的草图为拉伸轮廓，设置拉伸距离为"200mm"，单击"确定"按钮，完成拉伸，创建卸灰阀的轮片，如图 9-61 所示。

图 9-60　绘制草图

图 9-61　拉伸轮片

③ 单击"三维模型"选项卡"阵列"面板上的"环形阵列"按钮，选择第 8）-②步创建的拉伸轮廓，选择圆柱面得到旋转轴，设置阵列数量为"6"，其他为默认设置，单击"确定"按钮，完成阵列，如图 9-62 所示。保存后，关闭该零件，返回到装配环境。

9）装配轴。单击"装配"选项卡"位置"面板上的"约束"按钮，打开"放置约束"对话框，选择"插入"类型，在视图中选取轴上的一个轴承位的外边线和轴承的外边线，如图 9-63 所示，设置偏移量为"0mm"，选择"求解方法"为"对齐"，单击"确定"按钮，完成轴的安装，结果如图 9-64 所示。

图 9-62　阵列轮片

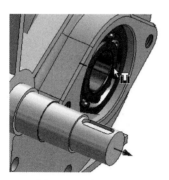

图 9-63　选择边线 2

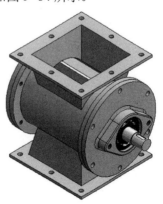

图 9-64　安装轴

10）放置透盖。单击"装配"选项卡"零部件"面板中的"放置"按钮，打开"装入零部件"对话框，选择"透盖"零件，单击"打开"按钮，装入透盖，将其放置到视图中适当位置。单击鼠标右键，在打开的快捷菜单中选择"确定"选项，完成透盖的放置。

11）安装透盖。单击"装配"选项卡"位置"面板上的"约束"按钮，打开"放置约束"对话框，选择"插入"类型，在视图中选取端盖外圆边线和透盖圆弧边线，如图 9-65 所示，设置偏移量为"0mm"，选择"求解方法"为"反向"，单击"应用"按钮。然后选择"配合"类型，选择端盖安装螺纹孔和透盖安装孔，如图 9-66 所示。设置偏移量为"0mm"，选择"求解方法"为"对齐"，单击"确定"按钮，完成透盖的安装。同理安装卸灰阀另一侧的闷盖，结果如图 9-67 所示。

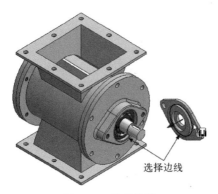

图 9-65　选择边线 3

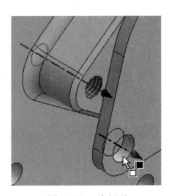

图 9-66　选择孔

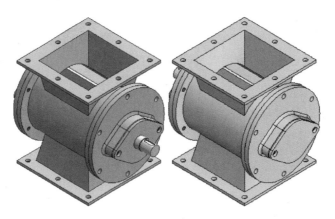

图 9-67　安装透盖和闷盖

12）创建平键。

① 单击"设计"选项卡"动力传动"面板上的"键"按钮，弹出"平键联接生成器"对话框，如图 9-68 所示。

② 单击类型下拉列表框上的浏览键按钮，加载资源中心，选择"键 GB/T 1566—2003 A 型"，如图 9-69 所示，返回到"平键联接生成器"对话框。

③ 在"轴槽"选项区域中选择"选择现有的"选项，在视图中选择轴上的键槽，然后选择轴圆柱面为圆柱面参考，选择轴端面为起始面并单击"反转到对侧"按钮，调整键的放

置方向，在对话框中单击"插入键"按钮，取消"开轮毂槽"按钮的选择，其他采用默认设置，如图 9-70 所示。单击"确定"按钮，结果如图 9-71 所示。

图 9-68 "平键联接生成器"对话框   图 9-69 加载键

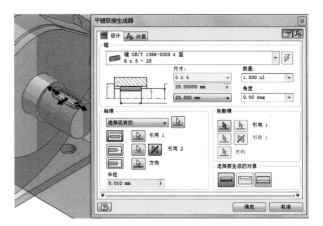

图 9-70 键设计参数

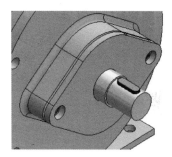

图 9-71 创建键

13）创建贯通螺栓。

① 单击"设计"选项卡"紧固"面板中的"螺栓联接"按钮，打开"螺栓联接零部件生成器"对话框,选择"贯通" 连接类型，选择"同心"放置方式。

② 在视图中选择端盖的表面为起始平面，选择安装孔的圆形边线为圆形参考，选择阀体内侧的一面为终止平面，如图 9-72 所示。

③ 在对话框中选择"GB Metric profile"螺纹类型，直径为"12mm"，单击"单击以添加紧固件"文本，连接到零部件的资源中心，从中选择"GB/T 5781—2000"类型螺

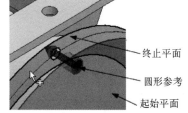

图 9-72 选择放置面

栓，默认尺寸为 M12×25，如图 9-73 所示。单击"确定"按钮，完成第一个螺栓的添加，如图 9-74 所示。

14）阵列螺栓。单击"装配"选项卡"阵列"面板上的"阵列"按钮，打开"阵列零

部件"对话框，选择第 13）-③步装配的螺栓为要阵列的零部件，单击"环形"选项卡，选取端盖圆形边线得到旋转轴，设置环形特征数目为 6，设置环形特征夹角为 60°，单击"确定"按钮。

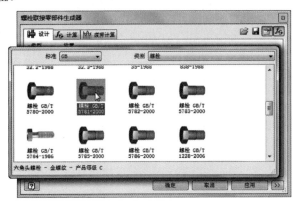

图 9-73　选择螺栓

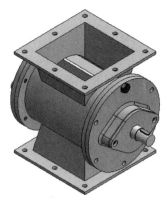

图 9-74　安装螺栓

15）镜像螺栓。单击"装配"选项卡"阵列"面板上的"镜像"按钮，打开"镜像零部件：状态"对话框，选择第 14）步阵列的螺栓为要镜像的零部件，选择 *YZ* 平面为镜像平面，单击"下一步"按钮，打开"镜像零部件：文件名"对话框，采用默认设置，单击"确定"按钮，完成螺栓的镜像。结果如图 9-75 所示。

16）创建盲孔螺栓。

① 单击"设计"选项卡"紧固"面板中的"螺栓联接"按钮，打开"螺栓联接零部件生成器"对话框，选择"盲孔"联接类型，选择"同心"放置方式。

② 在视图中选择透盖的表面为起始平面，选择透盖安装孔的圆形边线为圆形参考，选择透盖的另一面为盲孔起始平面，如图 9-76 所示。

图 9-75　镜像螺栓

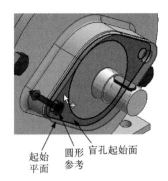

起始平面　　圆形参考　　盲孔起始面

图 9-76　选择放置面

③ 在对话框中选择"GB Metric profile"螺纹类型，直径为 12mm，单击"单击以添加紧固件"文本，连接到零部件的资源中心，从中选择"GB/T5781—2000"类型螺栓，默认尺寸为 M12×25。

④ 在视图中可以拖动箭头调整螺纹的深度，如图 9-77 所示。在本例中采用默认设置，单击"确定"按钮，完成盲孔螺栓的添加，如图 9-78 所示。重复上述操作，添加其他螺栓，结果如图 9-49 所示。

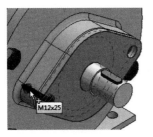

图 9-77　调整螺纹深度

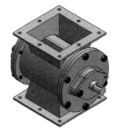

图 9-78　添加盲孔螺栓

9.4　机械计算器

设计加速器里面包含了一组工具用于机械工程的计算。可以使用计算器来设计、检查和验证常见工程问题。图 9-79 所示为机械计算器选项。

图 9-79　机械计算器

9.4.1　夹紧接头计算器

使用夹紧接头计算器命令可以计算和设计夹紧连接，并可以设置计算夹紧连接的参数。可用的夹紧接头有三种，分别是分离轮毂联接、开槽轮毂联接和圆锥联接。

计算分离联接的操作步骤如下。

1）单击"设计"选项卡"动力传动"面板中的"分离轮毂计算器"按钮，打开"分离轮毂联接计算器"对话框，如图 9-80 所示。

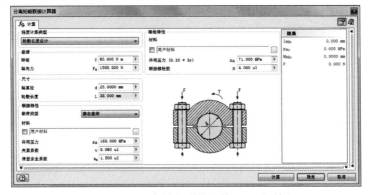

图 9-80　"分离轮毂联接计算器"对话框

2）在"计算"选项卡输入计算参数。

3）单击"计算"按钮以执行计算。结果将显示在"结果"区域中。

4）如果计算结果符合要求，单击"确定"按钮，将分离轮毂联接计算插入 Autodesk Inventor 部件。

9.4.2　公差机械零件计算器

公差机械零件计算器可以计算各个零件或部件中闭合的线性尺寸链。尺寸链包含各个元素，如各零件之间的尺寸与间距（齿隙）。所有链元素都可以增加、减小或闭合。闭合元素是指在装配给定零件（部件结果元素，如齿隙）时或是在其生成过程（产品结果元素）中形成的参数。公差机械零件计算器命令可在两种基本模式中进行操作，分别是计算最终尺寸[包括公差（校核计算）]和计算闭合链元素的公差（设计计算）。

计算公差的操作步骤。

1）单击"设计"选项卡"动力传动"面板中的"公差计算器"按钮，打开"公差计算器"对话框，如图 9-81 所示。

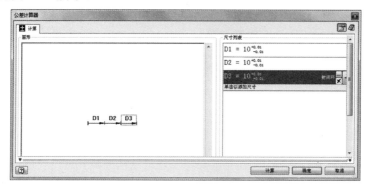

图 9-81　"公差计算器"对话框

2）在"尺寸列表"区域，单击"单击以添加尺寸"文本添加尺寸。

3）单击 ... 按钮，打开"公差"对话框，指定公差。

4）单击 按钮设定尺寸链中的元素类型，包括增环、减环和封闭环。

5）单击"计算"按钮，计算公差。

9.4.3　公差与配合机械零件计算器

公差与配合用于定义配合零件的公差。公差最常用于圆柱孔和轴，也可用于任何彼此配合的零件，而不考虑几何图形。公差是指轴或孔的公差上、下限，而配合包括一对公差，有三种类别：间隙、过渡和过盈。

计算公差与配合的操作步骤如下。

1）单击"设计"选项卡"动力传动"面板中的"公差/配合计算器"按钮，打开"公差与配合机械零件计算器"对话框，如图 9-82 所示。

2）在"要求"选项区域中，选择基本配合类型并输入计算条件。

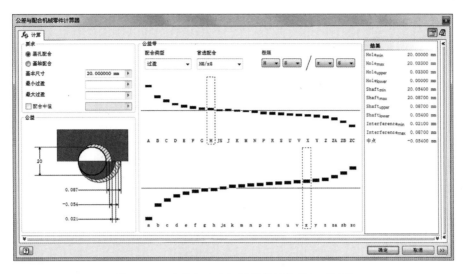

图 9-82 "公差与配合机械零件计算器"对话框

3）在"公差带"选项区域中，从"配合类型"下拉列表中选择配合类型（如过盈配合）。

4）可以从计算结果中不同颜色的公差带中进行选择。如果这样的公差带不存在，则表示输入的条件找不到任何合适的配合。

9.4.4 过盈配合计算器

过盈配合计算器可计算热态或冷态下实心轴或空心轴的弹性圆柱同轴压力联接。该程序可以计算联接、最小配合、标准或实际配合以及压制零件材料选择的几何参数。

该计算只对联接后不会发生永久变形的过盈配合有效。变形不包括在表面材质上摆正尖头和隆起。

该计算只对非外部压力所加载的联接或由未限制长度的管状零件制成的联接有效。零件由遵守胡克定律的材料制成。

该计算不考虑离心力、加强筋或其他加固零件的影响或温度分布不均的零件的影响。

未限定长度的过盈配合联接是长度等于或大于直径的一种联接。如果长度小于直径，则实际接触压力将大于计算的结果。该计算为防止过盈配合变松提供了更多安全性。

1. 常规信息

1）在确保过盈配合的最小要求载荷能力以及其他系数时，确定最小干涉。

2）根据 HMH 弹性条件（Huber、Misses、Hencky）和其他系数，在不存在弹性变形的情况下确定最大干涉。

3）进行过盈配合时，压紧速度必须较低（大约 3 mm/s）。较高的速度将降低配合的载荷能力。

4）计算的温度必须认为是最低的，因为计算过程不考虑在压紧过程中的温度平衡，也不考虑将轮毂从熔炉中取出后轮毂的冷却时间。

2. 举例

计算夹紧系数（压紧）= 0.055u1，轮毂材料=钢，轴材料=钢的过盈配合。

1）单击"设计"选项卡"动力传动"面板中的"过盈配合计算器"按钮，打开"过盈配合计算器"对话框，如图 9-83 所示。

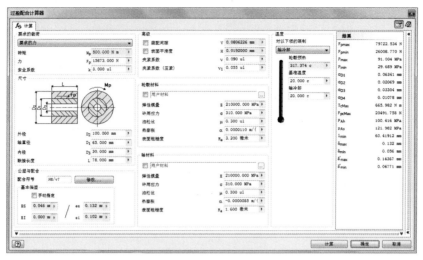

图 9-83 "过盈配合计算器"对话框

2）在"要求的载荷"下拉列表框中，选择"要求的力"，输入"转矩"为"500"，"安全系数"为"1"。

3）在"尺寸"选项区域中，输入"外径"为"100"，"联接长度"为"78"。

4）在"高级"选项区域中，选择"表面平滑度"复选框，输入"夹紧系数"为"0.09"，"夹紧系数（压紧）"为"0.055"。

5）在"温度"选项区域的"对以下项的限制"下拉列表中选择"轴冷却"。

6）在"轮毂材料"选项区域中，选中复选框打开如图 9-84 所示"压力接头材料"对话框，选择"钢"并单击"确定"按钮完成轮毂材料的选择。

图 9-84 "压力接头材料"对话框

7）在"轴材料"选项区域中，选中复选框打开如图 9-84 所示"压力接头材料"对话框。选择"钢"并单击"确定"按钮完成轴材料的选择。

8）单击"计算"按钮。计算结果显示在"结果"区域中。

在轴未冷却的条件下，设计的最优配合为 H8/u8，且计算的环境温度为 20℃。

9）单击"确定"按钮，将过盈配合计算插入 Autodesk Inventor 部件。

9.4.5 螺杆传动计算器

螺杆传动计算器使用数据选择与螺纹设计中要求的载荷以及许用压力相匹配的螺杆直径来计算螺杆传动，然后校核螺杆传动强度。

计算螺杆传动的操作步骤。

1）单击"设计"选项卡"动力传动"面板中的"螺杆传动计算器"按钮，打开"螺杆传动计算器"对话框，如图 9-85 所示。

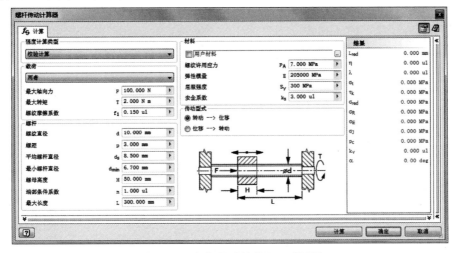

图 9-85 "螺杆传动计算器"对话框

2）在对话框中输入相应的参数。

3）单击"计算"按钮计算螺杆传动。结果值将显示在"计算"选项卡右边的"结果"区域中。

4）单击"确定"按钮将螺杆传动计算插入 Autodesk Inventor。

9.4.6 梁柱计算器

梁柱计算器可以计算放置在支承上的任意截面的直梁。程序将计算各个支承中的载荷和变形分配以及反作用力大小。梁柱计算器还提供了轴向载荷柱的强度校核功能，校核计算进行所选柱截面的强度校核。

计算梁和柱可执行以下操作：

1）在功能区单击"设计"选项卡"结构件"面板上的"梁柱计算器"按钮，弹出如图 9-86 所示的"梁和柱计算器"对话框。

2）单击"大小"列中数据，可手动将数据输入字段中。

3）单击"对象"按钮，在图形窗口中选择零部件。计算器将从零部件中读取数据并将其输入表格中。

4）单击"剖视"按钮，选择梁形状并设置合适的尺寸。

图 9-86 "梁和柱计算器"对话框

5）在"计算类型"选项区域中，选择要执行的计算类型。根据选择，将启用"梁计算"或"柱计算"选项卡。（可以同时选择二者）。

6）在"材料"选项区域中，指定材料值。选中复选框将打开如图 9-87 所示的"材料类型"对话框，可以直接从数据库中选择材料，也可以编辑表格中的值。

图 9-87 "材料类型"对话框

7）单击"梁计算"选项卡，如图 9-88 所示，指定计算特性并指定载荷和支承。

图 9-88 "梁计算"选项卡

🔔 注意:

　　如果在"模型"选项卡的"计算类型"区域中选择"梁计算"选项，则会启用"梁计算"
选项卡。

　　8）单击"梁图形"选项卡，如图 9-89 所示，查看各个梁载荷（如力或力矩）的示意图。

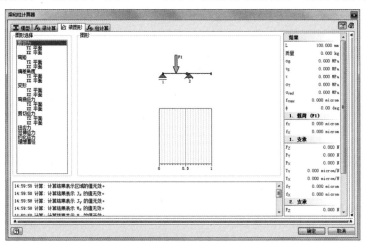

图 9-89　"梁图形"选项卡

　　9）在"柱计算"选项卡上，指定计算特性并指定载荷和支承。

🔔 注意:

　　如果在"模型"选项卡的"计算类型"区域中选择"柱计算"选项，则会启用"柱计算"
选项卡。

　　10）单击"计算"按钮以执行计算。计算结果值将显示在"梁计算"选项卡、"柱计算"
选项卡和"梁图形"选项卡右侧的"结果"区域中。

　　11）单击"结果"按钮，以显示 HTML 报告。

　　12）单击"确定"按钮，以将所选计算插入 Autodesk Inventor 中。

9.4.7　板机械零件计算器

　　板机械零件计算器使用曲面上均匀分布的载荷或集中在中心处的载荷来计算圆形、方形
和矩形的平板。

　　使用板机械零件计算器可执行以下操作:

　　1）单击"设计"选项卡"结构件"面板上的"板计算器"按钮↓↓，弹出如图 9-90 所示
的"板计算器"对话框。

　　2）在"计算"选项卡的"强度计算类型"下拉列表中，选择计算类型，此处以选择"板
厚设计"为例。

　　3）选择板形状和支承类型。

　　4）输入已知参数，如"载荷"和"材料"。

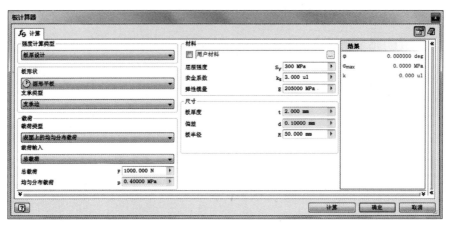

图 9-90 "板计算器"对话框

5）单击"计算"按钮计算板。结果值将显示在"计算"选项卡的"结果"区域中。

6）单击"确定"按钮将板插入 Autodesk Inventor。

9.4.8 制动机械零件计算器

使用制动机械零件计算器可以设计和计算锥形闸、盘式闸、鼓式闸和带闸，可用于计算制动转矩、力、压力、基本尺寸以及停止所需的时间和转数。计算中只考虑恒定的制动转矩。本计算器可以计算四种类型的制动机械零件，分别是锥形闸、盘式闸、鼓式闸瓦和带闸。本节以计算锥形闸为例说明计算制动机械零件的步骤。

计算锥形闸可执行以下操作：

1）在功能区单击"设计"选项卡"动力传动"面板上的"锥形闸计算器"按钮，弹出如图 9-91 所示的"锥形闸计算器"对话框。

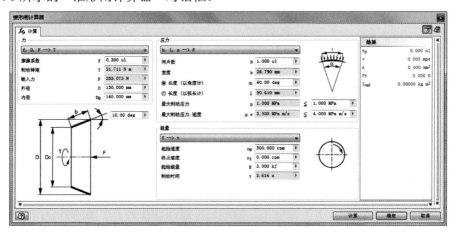

图 9-91 "锥形闸计算器"对话框

2）在"计算"选项卡中，输入相应的参数。

3）单击"计算"按钮计算锥形闸。结果值将显示在"计算"选项卡右边的"结果"区域中。

4）单击"确定"按钮，将锥形闸计算插入 Autodesk Inventor。

9.4.9　工程师手册

设计加速器中的工程师手册提供了丰富的工程理论、公式和算法参考资料，以及一个可在 Inventor 中任意位置访问的设计知识库。单击"设计"选项卡"动力传动"面板中的"手册"按钮 $^{\#}\!/_{x}$，可以打开 Inventor "工程师手册"网页文件。

9.4.10　实例——夹紧接头

夹紧接头的各项参数如下。转矩：T=55N m；夹紧系数：v=0.08；加载类型：静态轴；直径：d=25mm；轮毂长度：L=40mm；联接螺栓数：N=4；材料：37 级钢。

 操作步骤

1）单击"设计"选项卡"动力传动"面板中的"分离轮毂计算器"按钮，打开"分离轮毂联接计算器"对话框。

2）在"强度计算类型"下拉列表中，选择"校验计算"。在"载荷"选项区域中，输入"转矩"为"55N m"。在"尺寸"选项区域中，输入"轴直径"为"25mm"，输入"轮毂长度"为"40mm"。

3）在"螺栓特性"选项区域中，单击"材料"列中的按钮，然后从数据库中选择载荷材料，如图 9-92 所示。

图 9-92　选择载荷材料

4）返回"分离轮毂计算器"对话框，输入"夹紧系数"为"0.08"。在"螺栓特性"选项区域中，输入"联接螺栓数"为"4"。"分离轮毂计算器"对话框，如图 9-93所示。

5）单击"计算"按钮，执行分离轮毂连接强度校核。优化轮毂长度取决于螺栓中的最小轮毂长度、连接强度、压力值和轴向力。计算结果如图 9-94 所示。

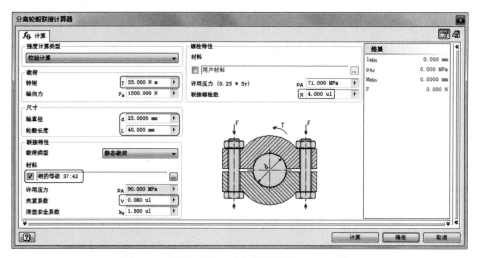

图 9-93　设置后的"分离轮毂计算器"对话框

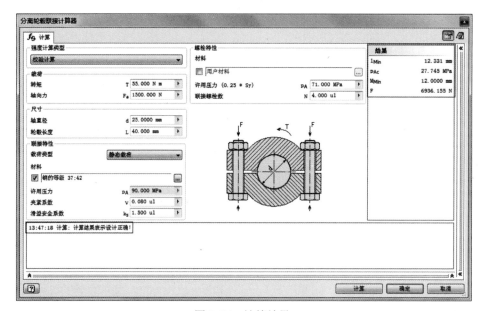

图 9-94　计算结果

6）单击"确定"按钮，将分离轮毂联接计算插入 Autodesk Inventor 部件。

第 **10** 章

表达视图

知识导引

传统的设计方法对设计结果的表达以静态的、二维的方式为主，表达效果受到很大的限制。随着计算机辅助设计软件的发展，表达方法逐渐向着三维、动态的方向发展，并进入数字样机时代。

学习效果

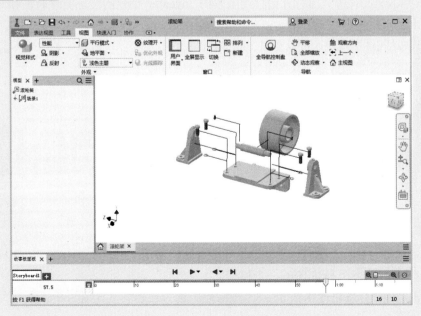

10.1　表达视图概述

表达视图是动态显示部件装配过程的一种特定视图。

在表达视图中，通过给零件添加位置参数和轨迹线，使其成为动画，动态演示部件的装配过程。表达视图不仅说明了模型中零件和部件之间的相互关系，还说明了零部件以何种安装顺序完成总装。还可将表达视图用在工程图文件中来创建分解视图，也就是俗称的爆炸图。

使用表达视图有以下优势。

1）可视化：可以保存和恢复零部件不同的着色方案。

2）视觉清晰：在装配环境中可以先快速地关闭所有零部件的可见性，再选择仅与当前设计任务有关的零部件显示，然后保存设计表达视图。

3）增强的性能：在复杂装配中保存和控制零部件的可见性，使其仅显示必须使用的零部件。

4）团队设计的途径：在 Inventor 中，若干名工程师可以同时在同一装配环境中工作，设计师们可以使用设计表达视图来保存或恢复用于完成自己设计任务所需的显示状况。每个设计师也可以访问其他设计师在装配环境中创建的公用设计表达视图。

5）表达视图的基础：如果在设计表达视图中保存有零部件的可视属性，那么在表达视图中很容易复制这些设置。

6）工程图的基础：可以保留和取消装配的显示属性，以用于创建工程图。

在 Inventor 中可以创建以下两种类型的设计表达视图。

1）公用的设计表达视图：设计表达视图的信息存储在装配（*.iam）文件中。

2）专用的设计表达视图：设计表达视图的信息存储在单独（*.idv）文件中。在默认情况下，所有的设计表达视图都存储为公用的。早期版本的 Inventor 是将所有的设计表达视图存储在单独（*.idv）文件中。当打开用早期版本的 Inventor 创建的装配文件时，存储设计表达视图的（*.idv）文件被同时输入，并保存为公共的设计表达视图。

在设计表达视图环境中，可以新建、删除设计表达视图，以及给设计表达视图添加属性。

10.2　制作表达视图

本节讲解如何进入和创建表达视图，如何调整其中的零部件位置，以及如何创建表达视图的装配动画。

10.2.1　进入表达视图环境

1）单击"快速访问"选项卡"启动"面板中的"新建"按钮 ，打开"新建文件"对话框，在对话框中选择"Standard.ipn"模板。

2）单击"创建"按钮，打开"插入"对话框，选择创建表达式图的零部件，单击"打开"

按钮，进入表达视图环境。

10.2.2 创建表达视图

每个表达视图文件可以包含指定部件所需的任意多个表达视图。当对部件进行改动时，表达视图会自动更新。

创建表达视图的步骤如下。

1）单击"表达视图"选项卡"模型"面板上的"插入模型"按钮，打开"插入"对话框，如图 10-1 所示。

2）在对话框中选择要创建表达视图的零部件，单击"打开"按钮，进入表达视图环境。"插入"对话框中的选项说明如下。

单击"选项"按钮，打开如图 10-2 所示的"文件打开选项"对话框。在该对话框中显示了可供选择的指定文件的选项。如果文件是部件，可以选择文件打开时的显示方式。如果文件是工程图，可以改变工程图的状态，在打开工程图之前延时更新。

图 10-1 "插入"对话框

图 10-2 "文件打开选项"对话框

- 位置表达：单击下拉箭头可以打开带有指定的位置表达的文件。表达包括：关闭某些零部件的可见性、改变某些柔性零部件的位置以及其他显示属性。
- 详细等级表达：单击下拉箭头可以打开带有指定的详细等级表达的文件。该表达用于内存管理，可能包含零部件抑制。

10.2.3 调整零部件位置

合理调整零部件的位置对表达零部件造型及零部件之间装配关系具有重要作用。表达视图创建完成后，设计人员应首先根据需要调整各零部件的位置。即使选择"自动"方式创建表达视图，这一过程也通常不可避免。通过调整零部件的位置可以使零部件做直线运动或绕某一直线做旋转运动，并可以显示零部件从装配位置到调整后位置的运动轨迹，以便设计人员更好地观察零部件的拆装过程。

调整零部件位置的步骤如下。

1）单击"表达视图"选项卡"零部件"面板上的"调整零部件位置"按钮，打开"调整零部件位置"小工具栏，如图 10-3 所示。

2）在视图中选择要分解的零部件，选择和指定分解方向，输入偏移距离和旋转角度。

3）在小工具栏中单击"确定"按钮，完成零部件位置的调整，结果如图 10-4 所示。

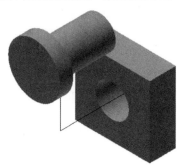

图 10-3　"调整零部件位置"小工具栏　　　　图 10-4　调整位置

"调整零部件位置"小工具栏中的选项说明如下。

1）移动：创建平动位置参数。

2）旋转：创建旋转位置参数。

3）选择过滤器。

● 零部件：选择部件或零件。

● 零件：可以选择零件。

4）定位：放置或移动空间坐标轴。将光标悬停在模型上以显示零部件夹点，然后单击一个点来放置空间坐标轴。

5）空间坐标轴的方向。

● 局部：使空间坐标轴的方向与附着空间坐标轴的零部件坐标系一致。

● 世界：使空间坐标轴的方向与表达视图中的世界坐标系一致。

6）添加新轨迹：为当前位置参数创建另一条轨迹。

7）删除现有轨迹：删除为当前位置参数创建的轨迹。

10.2.4　创建动画

Inventor 的动画功能可以创建部件表达视图的装配动画，并且可以创建动画的视频文件，如 AVI 文件，以便随时随地地动态重现部件的装配过程。

创建动画的步骤如下。

1）单击"视图"选项卡"窗口"面板上的"用户界面"按钮，选中"故事板面板"选项，打开"故事板面板"栏，如图 10-5 所示。

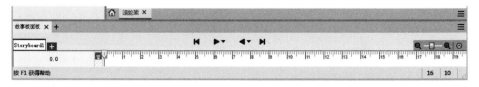

图 10-5　"故事板面板"栏

2）单击"故事板面板"栏中的"播放当前故事板"按钮▶ ▼，可以查看动画效果。

3）单击"表达视图"选项卡"发布"面板上的"视频"按钮，打开"发布为视频"对话框。输入文件名，选择保存文件的位置，选择文件格式为"AVI 文件"，如图 10-6 所示。单击"确定"按钮，弹出"视频压缩"对话框，采用默认设置，单击"确定"按钮，开始生成动画。

图 10-6 "发布为视频"对话框

10.2.5 实例——创建滚轮架表达视图

本例创建滚轮架表达视图，如图 10-7 所示。手动调整各个零件的位置，然后创建表达视图动画并保存

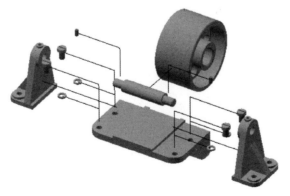

图 10-7 滚轮架表达视图

 操作步骤

1）新建文件。运行 Inventor，选择"快速访问"选项卡，单击"启动"面板上的"新建"选项，在打开的"新建文件"对话框中的"Templates"选项卡的零件下拉列表中选择"Standard.ipn"选项，然后单击"创建"按钮新建一个表达式文件。

2）创建视图。单击"表达视图"选项卡"模型"面板上的"插入模型"按钮📇，打开"插入"对话框。选择"滚轮架.iam"文件，单击"打开"按钮打开滚轮架装配文件，如图 10-8 所示。

3）调整开槽端紧定螺钉位置。单击"表达视图"选项卡"零部件"面板上的"调整零部件位置"按钮📇，打开小工具栏。在视图中选择开槽端紧定螺钉，方向如图 10-9a 所示。拖动坐标系方向或输入距离，如图 10-9b 所示，单击✅按钮关闭对话框。采用相同方法，分解另一侧的开槽端紧定螺钉，如图 10-10 所示。

图 10-8　滚轮架

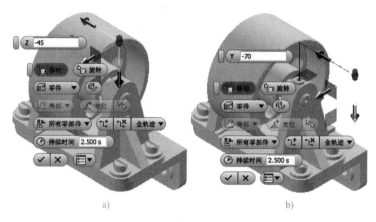

a)　　　　　　　　　　　　　　b)

图 10-9　设置参数 1

4）调整螺钉位置。单击"表达视图"选项卡"零部件"面板上的"调整零部件位置"工具按钮📇，打开"调整零部件位置"小工具栏。在视图中选择螺钉，拖动坐标系方向或输入距离，方向如图 10-11 所示。单击✅按钮，结果如图 10-12 所示。

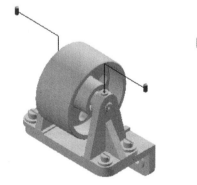

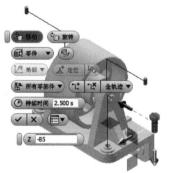

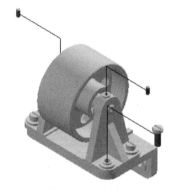

图 10-10　分解开槽端紧定螺钉　　　　图 10-11　设置参数 2　　　　图 10-12　分解螺钉

5）重复步骤 4），将其他螺钉和所有的垫圈分解，结果如图 10-13 所示。

6）调整支架位置。单击"表达视图"选项卡"零部件"面板上的"调整零部件位置"按钮📇，打开"调整零部件位置"小工具栏。在视图中分别选择两侧支架，拖动坐标系方向或输入距离，单击✅按钮，结果如图 10-14 所示。

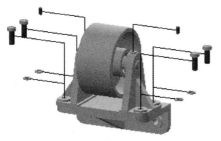
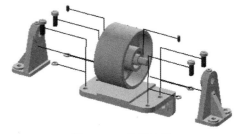

图 10-13　分解螺钉和垫圈　　　　　　　图 10-14　分解支架

7）调整滚轮位置。单击"表达视图"选项卡"零部件"面板上的"调整零部件位置"工具按钮，打开"调整零部件位置"小工具栏。在视图中选择滚轮，拖动坐标系方向或输入距离方向，如图 10-15 所示。单击 按钮，结果如图 10-16 所示。

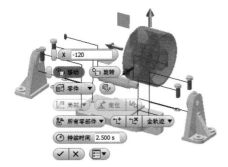

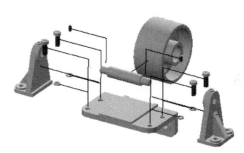

图 10-15　设置参数 3　　　　　　　图 10-16　分解滚轮

8）创建动画。单击"视图"选项卡"窗口"面板上的"用户界面"按钮，选中"故事板面板"选项，打开"故事板面板"栏，如图 10-17 所示。单击"播放当前故事板"按钮，创建动画。

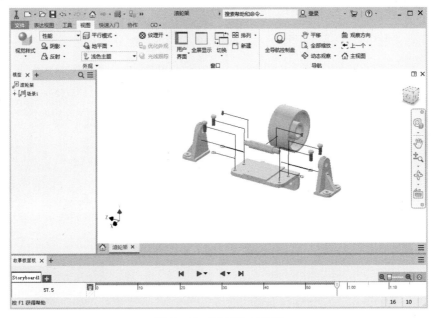

图 10-17　"动画"对话框

9）保存动画。单击"表达视图"选项卡"发布"面板上的"视频"按钮，打开"发布为视频"对话框，输入文件名为"滚轮架"，选择保存文件的位置，选择文件格式为"AVI文件"，单击"确定"按钮，弹出"视频压缩"对话框，采用默认设置，单击"确定"按钮，开始生成动画。

10）保存文件。单击主菜单下"另存为"命令，打开"另存为"对话框，输入文件名为"滚轮架表达视图.ipn"，单击"保存"按钮，保存文件。

第 **11** 章

创建工程图

知识导引

　　工程图由一张或多张图样构成，每张图样包含一个或多个二维工程视图及其标注。在实际生产中，二维工程图依然是表达零件和部件信息的一种重要方式。本章重点讲述 Inventor 中二维工程图的创建和编辑等相关知识。

学习效果

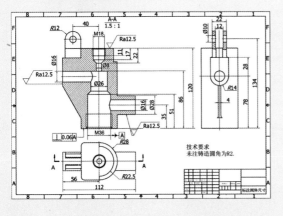

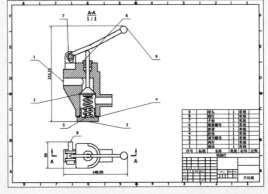

11.1 工程图环境

在 Inventor 中完成了三维零部件的设计造型后，接下来的工作就是要生成零部件的二维工程图了。Inventor 与 AutoCAD 同出于 Autodesk 公司，Inventor 不仅继承了 AutoCAD 的众多优点，并且具有更多强大和人性化的功能。

1）Inventor 自动生成二维视图，用户可自由选择视图的格式，如标准三视图（主视图、俯视图、左视图）、局部视图、打断视图、剖面图、轴测图等。Inventor 还支持生成零件的当前视图，也就是说可从任何方向生成零件的二维视图。

2）用三维图生成的二维图是参数化的，同时二维、三维可双向关联，也就是说当改变了三维实体尺寸的时候，对应的二维工程图的尺寸会自动更新；当改变了二维工程图的某个尺寸的时候，对应的三维实体的尺寸也随之改变，这就大大提高了设计效率。

11.1.1 进入工程图环境

1）单击"快速访问"选项卡"启动"面板中的"新建"按钮 ，打开"新建文件"对话框，在对话框中选择"Standard.idw"模板。

2）单击"创建"按钮，进入工程图环境，如图 11-1 所示。

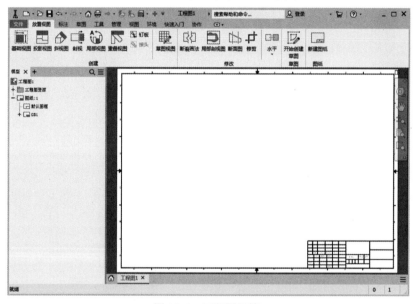

图 11-1 工程图环境

11.1.2 工程图模板

新工程图都要通过模板创建。通常使用默认模板创建工程图，也可以使用自己创建的模板。

任何工程图文件都可以做成模板。当把工程图文件保存到 Templates 文件夹中时，该文件即转换为模板文件。

创建工程图模板的步骤如下。

1）新建文件。运行 Inventor，单击"快速访问"选项卡"启动"面板上的"新建"按钮，在打开的"新建文件"对话框中的工程图列表中选择"Standard.idw"选项，然后单击"确定"按钮新建一个工程图文件。"Standard.idw"是基于 GB 标准的，其中大多数设置可以使用。

2）文本、尺寸样式。单击"管理"选项卡"样式和标准"面板上的"样式编辑器"按钮，打开"样式和标准编辑器"对话框。单击"标准"项目下的"默认标准（GB）"，在右侧选择"常规"选项卡，在"预设值"的下拉列表框中选择"线宽"，如图 11-2 所示。单击"新建"按钮，打开如图 11-3 所示的"添加新线宽"对话框，输入线宽为"0.2 mm"，单击"确定"按钮，返回"样式和标准编辑器"对话框中，单击"保存并关闭"按钮，保存新线宽。

图 11-2　"样式和标准编辑器"对话框　　　　图 11-3　"添加新线宽"对话框

3）新建文本样式。右键单击"注释文本 ISO"，在弹出的快捷菜单中选择"新建样式"选项，如图 11-4 所示。打开如图 11-5 所示的"新建本地样式"对话框，输入"注释文本 GB"，单击"确定"按钮，返回到"样式和标注编辑器"对话框。设置字符格式、文本高度、段落间距和颜色等，修改如图 11-6 所示，单击"保存"按钮，保存新样式。

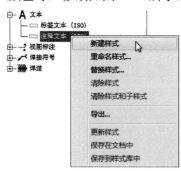

图 11-4　快捷菜单　　　　　　　　　　图 11-5　"新建本地样式"对话框

图 11-6　设置新文本样式

4）设置尺寸样式。在"尺寸"项目中单击"默认（GB）"选项，在右侧的"尺寸样式[默认（GB）]"中分别修改"单位""换算单位""显示""文本""公差""选项"以及"注释和指引线"等选项卡中的各个参数，如图 11-7 所示。设置完成后，单击"保存"按钮保存设置。

图 11-7　尺寸样式[默认（GB）]

5）图层设置。展开"图层"项目，单击任一图层名称，激活"图层样式"列表框。在列表框中选择需要修改的图层外观颜色，打开"颜色"对话框，如图 11-8 所示。选择"红色"，单击"确定"按钮。在"线宽"下拉列表中选择线宽为"0.2 mm"，单击"完成"按钮，退出图层设置。

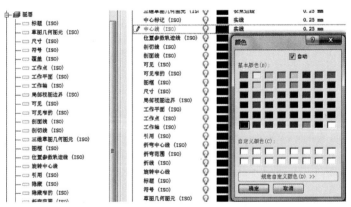

图 11-8　设置图层颜色

6）编辑标题栏。展开"模型"浏览器中"标题栏"文件，右键单击"GB2"，在弹出的图 11-9 所示快捷菜单中选择"编辑"命令，标题栏进入草图环境。可以利用草图工具对标题栏的图线、文字和特性字段等进行修改，如图 11-10 所示。修改完成后在界面上单击鼠标右键，在弹出的如图 11-11 所示的快捷菜单中选择"保存标题栏"选项。

图 11-9 快捷菜单

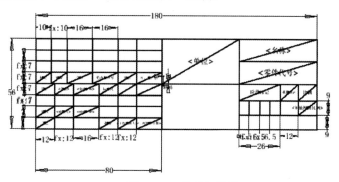

图 11-10 编辑标题栏

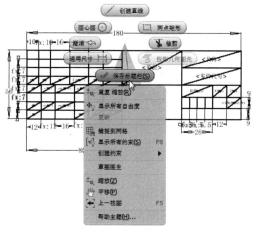

图 11-11 快捷菜单

7）保存模板。单击"快速访问"工具栏上的"保存"按钮 ，打开"另存为"对话框，将自定义的模板保存到安装目录下的 Templates 文件夹中。

11.2 视图的生成

在 Inventor 中，可以创建基础视图、投影视图、斜视图、剖视图和局部视图等。

11.2.1 基础视图

新工程图中的第一个视图是基础视图，基础视图是创建其他视图（如剖视图、局部视图）的基础。用户也可以随时为工程图添加多个基础视图。

创建基础视图的步骤如下。

1）单击"放置视图"选项卡"创建"面板上的"基础视图"按钮 ，打开"工程视图"对话框，如图 11-12 所示。

2）在对话框中单击"打开现有文件"按钮，打开"打开"对话框，选择需要创建视图的零件，这里选择"支架.ipt"零件。

3）单击"打开"按钮，回到"工程视图"对话框，系统默认视图方向为前视图，如图 11-13 所示。在视图中单击 ViewCube 的右侧，切换视图方向到右视图，并单击视图角度可旋转视图。

图 11-12　"工程视图"对话框　　　　　　　图 11-13　默认视图方向

4）在"工程视图"对话框中，设置缩放比例为 2:1，单击"不显示隐藏线"按钮，单击"确定"按钮完成基础视图的创建，如图 11-14 所示。

"工程视图"对话框中的选项说明如下。

1. "零部件"选项卡

- 文件：用来指定要用于工程视图的零件、部件或表达视图文件。单击"打开现有文件"按钮，打开"打开"对话框，在对话框中选择文件。
- 样式：用来定义工程图视图的显示样式，可以选择三种显示样式：显示隐藏线、不显示隐藏线和着色。
- 比例：设置生成的工程视图相对于零件或部件的比例。另外在编辑从属视图时，该选项可以用来设置视图相对于父视图的比例，可以在下拉列表框中输入所需的比例，或者单击箭头从常用比例列表中选择。
- 标签：输入视图的名称。默认的视图名称由激活的绘图标准所决定。
- 切换标签可见性：显示或隐藏视图名称。

2. "模型状态"选项卡（图 11-15）

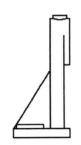

图 11-14　创建视图　　　　　图 11-15　"工程视图"对话框中的"模型状态"选项卡

指定要在工程视图中使用的焊接件状态和 iAssembly 或 iPart 成员。指定参考数据，例如，线样式和隐藏线计算配置。

1）焊接件：仅在选定文件包含焊接件时可用，单击要在视图中表达的焊接件状态。"焊接件"选项区域列出了所有处于准备状态的零部件。

2）成员：对于 iAssembly 工厂，选择要在视图中表达的成员。

3）参考数据：设置视图中参考数据的显示。

● 线样式：为所选的参考数据设置线样式。单击列表框可以选择样式，可选样式有"按参考零件""按零件"和"关"。

● 边界：设置"边界"选项的值来查看更多参考数据。设置边界值可以使得边界在所有边上以指定值扩展。

● 隐藏线计算：指定是计算"所有实体"的隐藏线还是计算"分别参考数据"的隐藏线。

3．"显示选项"选项卡（图 11-16）

设置工程视图的元素是否显示，注意只有适用于指定模型和视图类型的选项才可用。可以选中或者清除一个选项来决定该选项对应的元素是否可见。

图 11-16 "工程视图"对话框中的
"显示选项"选项卡

📂 技巧：

把鼠标移动到创建的基础视图上面，则视图周围出现红色虚线形式的边框。当把鼠标移动到边框的附近时，指针旁边出现移动符号，此时按住左键就可以拖动视图，以改变视图在图纸中的位置。

在视图上单击右键，会打开快捷菜单。

1）选择右键菜单中的"复制"和"删除"命令可以复制和删除视图。

2）选择"打开"命令，则会在新窗口中打开要创建工程图的源零部件。

3）在视图上双击，则重新打开"工程视图"对话框，用户可以修改其中可以进行修改的选项。

4）选择"对齐视图"或者"旋转"选项可以改变视图在图纸中的位置。

4．"恢复选项"选项卡（图 11-17）

图 11-17 "工程视图"对话框中的"恢复选项"选项卡

用于定义在工程图中对曲面和网格实体以及模型尺寸和定位特征的访问。

1）混合实体类型的模型。

● 包含曲面体：可控制工程视图中曲面体的显示。该选项默认情况下处于选中状态，用于包含工程视图中的曲面体。

● 包含网格实体：可控制工程视图中网格实体的显示。该选项默认情况下处于选中状态，用于包含工程视图中的网格实体。

2）所有模型尺寸。选中该复选框以检索模型尺寸。只显示与视图平面平行并且没有被图样上现有视图使用的尺寸。取消选择该复选框，则在放置视图时不带模型尺寸。如果模型中定义了尺寸公差，则模型尺寸中会包括尺寸公差。

3）用户定位特征。从模型中恢复定位特征，并在基础视图中将其显示为参考线。选中复选框则包含定位特征。此设置仅用于最初放置基础视图。若要在现有视图中包含或排除定位特征，可在模型浏览器中展开视图节点，然后在模型上单击鼠标右键，在快捷菜单中选择"包含定位特征"，然后在打开的"包含定位特征"对话框中指定相应的定位特征。或者，在定位特征上单击鼠标右键，在快捷菜单中选择"包含"。若要从工程图中排除定位特征，在单个定位特征上单击鼠标右键，然后取消"包含"复选框的选择。

11.2.2　投影视图

用投影视图工具可以创建以现有视图为基础的其他从属视图，如正交视图或等轴测视图等。正交投影视图的特点是默认与父视图对齐，并且继承父视图的比例和显示方式；若移动父视图，从属的正交投影视图仍保持与它的正交对齐关系；若改变父视图的比例，正交投影视图的比例也随之改变。

创建投影视图的步骤如下。

1）单击"放置视图"选项卡"创建"面板上的"投影视图"按钮，在视图中选择要投影的视图，并将视图拖动到投影位置，如图 11-18 所示。

2）单击放置视图，单击鼠标右键，在打开的快捷菜单中选择"创建"选项，如图 11-19 所示，完成投影视图的创建，如图 11-20 所示。

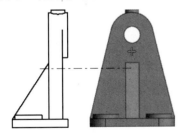  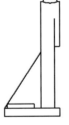 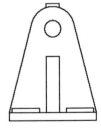

图 11-18　拖动视图　　　　图 11-19　快捷菜单　　　　图 11-20　投影视图

技巧：

由于投影视图是基于基础视图创建的，因此常称基础视图为父视图，称投影视图以及其他以基础视图为基础创建的视图为子视图。在默认的情况下，子视图的很多特性继承自父视图。

1）如果拖动父视图，则子视图的位置随之改变，以保持和父视图之间的位置关系。

2）如果删除了父视图，则子视图也同时被删除。

3）子视图的比例和显示方式同父视图保持一致，当修改父视图的比例和显示方式时，子视图的比例和显示方式也随之改变。

向不同的方向拖动鼠标以预览不同方向的投影视图。如果竖直向上或者向下拖动鼠标，则可以创建仰视图或者俯视图；水平向左或者向右拖动鼠标则可以创建左视图或者右视图；如果向图纸的四个角落处拖动鼠标则可以创建轴测视图，如图 11-21 所示。

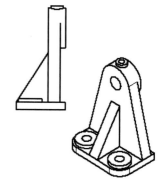

图 11-21　创建轴测视图

11.2.3　斜视图

通过从父视图中的一条边或直线投影来放置斜视图，得到的视图将与父视图在投射方向上对齐。光标相对于父视图的位置决定了斜视图的方向，斜视图继承父视图的比例和显示设置。斜视图可以看作是机械设计中的向视图。

创建斜视图的步骤如下。

1）单击"放置视图"选项卡"创建"面板上的"斜视图"按钮，选择要投影的视图。

2）打开"斜视图"对话框，如图 11-22 所示，在对话框中设置视图参数。

图 11-22　"斜视图"对话框

3）在视图中选择线性模型边定义视图方向，如图 11-23 所示。

4）沿着投射方向拖动视图到适当位置，单击放置视图，如图 11-24 所示。

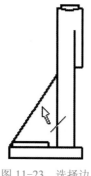

图 11-23　选择边

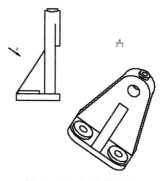

图 11-24　创建斜视图

11.2.4　剖视图

剖视图是表达零部件上被遮挡的特征以及部件装配关系的有效方式。它是将已有视图作为父视图来创建的。创建的剖视图默认与其父视图对齐，若在放置剖视图时按〈Ctrl〉键，则可以取消对齐关系。

创建剖视图的步骤如下。

1）单击"放置视图"选项卡"创建"面板上的"剖视"按钮□，在视图中选择父视图。

2）在父视图上绘制剖切线，剖切线绘制完成后单击鼠标右键，在打开的快捷菜单中选择"继续"选项，如图 11-25 所示。

3）打开"剖视图"对话框，如图 11-26 所示，在对话框中设置剖视图参数。

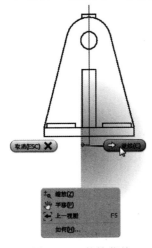

图 11-25　快捷菜单　　　　　　　　　　图 11-26　"剖视图"对话框

4）拖动视图到适当位置，单击放置视图，如图 11-27 所示。

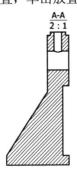
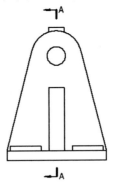

图 11-27　创建剖视图

"剖视图"对话框中的选项说明如下。

1. 视图/比例标签

- 视图标识符：编辑视图标识符号字符串。
- 比例：设置相对于零件或部件的视图比例。在下拉列表框中输入比例，或者单击下拉箭头从常用比例列表中选择。

2.剖切深度

● 全部：零部件被完全剖切。

● 距离：按照指定的深度进行剖切。

3.切片

● 包括切片：如果选中此选项，则会根据浏览器属性创建包含一些切割零部件和剖切零部件的剖视图。

● 剖切整个零件：如果选中此选项，则会取代浏览器属性，并会根据剖切线几何图元切割视图中的所有零部件。

4.方式

● 投影视图：从草图线创建的投影视图。

● 对齐：选择此选项，生成的剖视图将垂直于投射线。

📁 技巧：

1）一般来说，剖切面由绘制的剖切线决定，剖切面过剖切线且垂直于屏幕方向。对于同一个剖切面，不同的投射方向生成的剖视图也不相同。因此在创建剖视图时，一定要选择合适的剖切面和投射方向。在具有内部凹槽的零件中，要表达零件内壁的凹槽，必须使用剖视图。为了表现方形的凹槽特征和圆形的凹槽特征，必须创建不同的剖切平面。

2）需要特别注意的是，剖切的范围完全由剖切线的范围决定，剖切线在其长度方向上延展的范围决定了所能够剖切的范围。

3）剖视图中投射的方向就是观察剖切面的方向，它也决定了所生成的剖视图的外观。可以选择任意的投射方向生成剖视图，投射方向既可以与剖切面垂直，也可以不垂直。

11.2.5　实例——创建高压油管接头剖视图

本例绘制高压油管接头剖视图，如图 11-28 所示。其步骤较为简单，可直接查看操作视频，此处不再赘述。

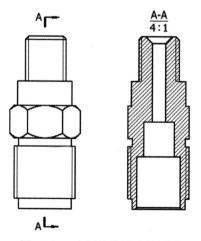

图 11-28　高压油管接头剖视图

11.2.6　局部视图

对已有视图区域创建局部视图，可以使该区域在局部视图上得到放大显示，因此局部视图也称局部放大图。局部视图并不与父视图对齐，默认情况下也不与父视图同比例。

创建局部视图的步骤如下。

1）单击"放置视图"选项卡"创建"面板上的"局部视图"按钮，选择父视图。

2）打开"局部视图"对话框，如图 11-29 所示，在对话框中设置视图标识符、缩放比例、轮廓形状和镂空形状等参数。

图 11-29　"局部视图"对话框

3）在视图中要创建局部视图的位置绘制边界，如图 11-30 所示。

4）拖动视图到适当位置，单击鼠标放置，如图 11-31 所示。

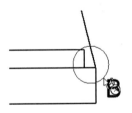

图 11-30　绘制边界

图 11-31　创建局部视图

"局部视图"对话框中的选项说明如下。

● 轮廓形状：为局部视图指定圆形或矩形轮廓形状。父视图和局部视图的轮廓形状相同。

● 镂空形状：可以将切割线型指定为"锯齿状"或"平滑"。

● 显示完整局部边界：在产生的局部视图周围显示全边界（环形或矩形）。

● 显示连接线：显示局部视图中轮廓和全边界之间的连接线。

🗁 技巧：

局部视图创建以后，可以通过局部视图的右键菜单中的"编辑视图"选项来进行编辑以及复制、删除等操作。

如果要调整父视图中创建局部视图的区域，可以在父视图中将鼠标指针移动到创建局部视图时拉出的圆形或者矩形上，则圆形或者矩形的中心和边缘上出现绿色小原点，在中心的小圆点上按住鼠标，移动鼠标则可以拖动局部视图区域的位置；在边缘的小圆点上按住鼠标左键拖动，则可以改变局部视图区域的大小。当改变了区域的大小或者位置以后，局部视图会自动随之更新。

11.3 修改视图

本节主要介绍打断视图、局部剖视图、断面图的创建方法，以及对视图进行位置调整。

11.3.1 打断视图

通过删除或"打断"不相关部分可以减少模型的尺寸。如果零部件视图超出工程图长度，或者包含大范围的非明确几何图元，则可以在视图中创建打断。

创建打断视图的步骤如下。

1）单击"放置视图"选项卡"修改"面板上的"断裂画法"按钮 ，选择要打断的视图。

2）打开"断开"对话框，如图 11-32 所示，在对话框中设置打断样式、打断方向以及间隙等参数。

3）在视图中放置一条打断线，拖动第二条打断线到适当位置，如图 11-33 所示。

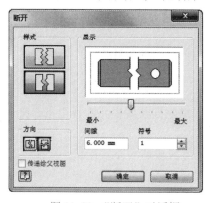

图 11-32 "断开"对话框

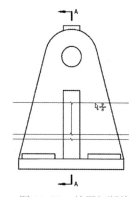

图 11-33 放置打断线

4）单击鼠标放置打断线，完成打断视图的创建，如图 11-34 所示。

编辑打断视图的操作如下。

1）在打断视图的打断符号上单击右键，在快捷菜单中选择"编辑打断"选项，则重新打开"断开"对话框，可以重新对打断视图的参数进行定义。

2）如果要删除打断视图，选择右键菜单中的"删除"选项即可。

3）另外，打断视图上还提供了打断控制器可以直接在图纸上对打断视图进行修改。当鼠标指针位于打断视图符号的上方时，打断控制器（一个绿色的小圆形）即会显示，可以用鼠标左键按住该控制器，左右或者上下拖动以改变打断的位置，如图 11-35 所示。还可以通过拖动两条打断线来改变去掉的零部件部分的视图量。如果将打断线从初始视图的打断位置移走，則会增加去掉零部件的视图量，将打断线移向初始视图的打断位置，会减少去掉零部件的视图量。

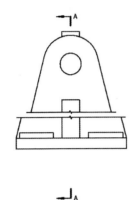

图 11-34 创建打断视图

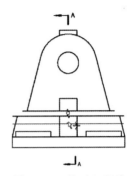

图 11-35 拖动打断线

"断开"对话框中的选项说明如下。

1. 样式

- 矩形样式 ▨：为非圆柱形对象和所有剖视打断的视图创建打断。
- 构造样式 ▨：使用固定格式的打断线创建打断。

2. 方向

- 水平 ▨：设置打断方向为水平方向。
- 竖直 ▨：设置打断方向为竖直方向。

3. 显示

- 显示：设置每个打断类型的外观。当拖动滑块时，控制打断线的波动幅度，表示为打断间隙的百分比。
- 间隙：指定打断视图中打断线之间的距离。
- 符号：指定所选打断处的打断符号的数目。每处打断最多允许使用三个符号，并且只能在"结构样式"的打断中使用。

4. 传递给父视图

如果选择此选项，则打断操作将扩展到父视图。此选项的可用性取决于视图类型和"打断继承"选项的状态。

11.3.2 局部剖视图

"局部剖视图"命令可以去除已定义区域的材料以显示现有工程视图中被遮挡的零件或特征。局部剖视图需要依赖于父视图，所以要创建局部剖视图，必须先放置父视图，然后创建与一个或多个封闭的截面轮廓相关联的草图，来定义局部剖区域的边界。

> 注意:
> 父视图必须与包含定义局部剖边界的截面轮廓的草图相关联。

创建局部剖视图的步骤如下。

288

1）在视图中选择要创建局部剖视图的视图。

2）单击"放置视图"选项卡"草图"面板上的"开始创建草图"按钮，进入草图环境。

3）绘制局部剖视图边界，如图 11-36 所示，完成草图绘制，返回到工程图环境。

4）单击"放置视图"选项卡"修改"面板上的"局部剖视图"按钮，打开"局部剖视图"对话框，如图 11-37 所示。

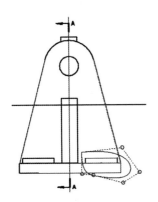

图 11-36　绘制边界　　　　　　　　　图 11-37　"局部剖视图"对话框

5）捕捉如图 11-38 所示的端点为深度点，输入距离为"24 mm"，其他采用默认设置，单击"确定"按钮，完成局部剖视图的创建，如图 11-39 所示。

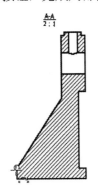

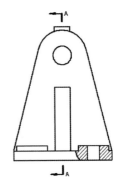

图 11-38　捕捉端点　　　　　　　　　图 11-39　创建局部剖视图

"局部剖视图"对话框中的选项说明如下。

1. 深度

● 自点：为局部剖的深度设置数值。

● 至草图：使用与其他视图相关联的草图几何图元定义局部剖的深度。

● 至孔：使用视图中孔特征的轴定义局部剖的深度。

● 贯通零件：使用零件的厚度定义局部剖的深度。

2. 显示隐藏边

临时显示视图中的隐藏线，可以在隐藏线几何图元上拾取一点来定义局部剖深度。

3. 剖切所有零件

选中此复选框，以剖切当前未在局部剖视图区域中剖切的零件。

> ♤ 注意：
>
> 若有多个封闭轮廓的关联草图，也可同时创建多个局部剖视图。

11.3.3 断面图

　　断面图是在工程图中创建真正的零深度剖视图，剖切截面轮廓由所选源视图中的关联草图几何图元组成。断面操作将在所选的目标视图中执行。

　　创建断面图的步骤如下。

　　1）在视图中选择要创建断面图的视图。

　　2）单击"放置视图"选项卡"草图"面板上的"开始创建草图"按钮 ，进入草图环境。

　　3）绘制断面草图，如图 11-40 所示，完成草图绘制，返回到工程图环境。

　　4）在视图中选择要剖切的视图，如图 11-41 所示。

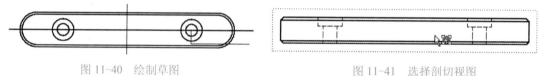

图 11-40　绘制草图　　　　　　　　　　　　　　　　图 11-41　选择剖切视图

　　5）打开"断面图"对话框，如图 11-42 所示。在视图中选择图 11-40 中绘制的草图。

　　6）在对话框中单击"确定"按钮，完成断面图的创建，如图 11-43 所示。

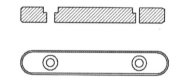

图 11-42　"断面图"对话框　　　　　　　　　　　　图 11-43　创建断面图

　　"断面图"对话框中的选项说明。

　　剖切整个零件：选中此复选框，断面草图几何图元穿过的所有零部件都参与断面，与断面草图几何图元不相交的零部件不会参与断面操作。

> ♤ 注意：
>
> 断面图主要用于表示零件上一个或多个剖切面的形状，它与国家标准中的断面图有区别，如缺少剖切部位尺寸的标注。虽然草图中绘制了表示剖切位置的剖切路径线，但创建断面图时草图已退化，即使在浏览器中通过鼠标右键编辑草图为可见，标注也是不符合规范的。

11.3.4 修剪

　　用户可以通过用鼠标拖出的环形、矩形或预定义视图草图来执行修剪操作。

修剪操作不能对包含断开、重叠、抑制的视图和已经被修剪过的视图进行修剪。

修剪视图的步骤如下。

1）单击"放置视图"选项卡"修改"面板上的"修剪"按钮 ⊓，在视图中选择要修剪的视图。

2）选择要保留的区域，如图 11-44 所示。

3）单击鼠标，完成视图修剪，结果如图 11-45 所示。

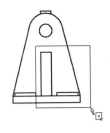

图 11-44 选择区域

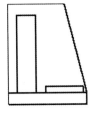

图 11-45 修剪视图

11.3.5 实例——创建阀体工程视图

本例绘制阀体工程视图，如图 11-46 所示。

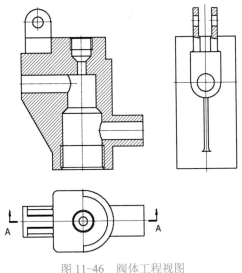

图 11-46 阀体工程视图

 操作步骤

1）新建文件。运行 Inventor，单击"快速访问"选项卡"启动"面板上的"新建"按钮，在打开的"新建文件"对话框中的"工程图"下拉列表中选择"Standard.idw"选项，然后单击"确定"按钮新建一个工程图文件。

2）创建基础视图。

① 单击"放置视图"选项卡"创建"面板上的"基础视图"按钮，打开"工程视图"对话框。

② 在对话框中单击"打开现有文件"按钮，打开"打开"对话框，选择"阀体.ipt"文件，单击"打开"按钮，打开"阀体"零件。

③ 返回"工程视图"对话框中，输入比例为"1.5:1"，选择显示方式为"不显示隐藏线"。图形区域中显示了阀体的一个视图，将视图放置在图纸中的适当位置作为俯视图，单击"确定"按钮，完成视图的创建，如图 11-47 所示。

3）创建剖视图。

① 单击"放置视图"选项卡"创建"面板上的"剖视"按钮，在视图中选择第 2）-③步创建的基础视图，在视图的中间位置绘制一条水平线段作为剖切线，然后单击鼠标右键，在打开的快捷菜单中单击"继续"按钮，如图 11-48 所示。

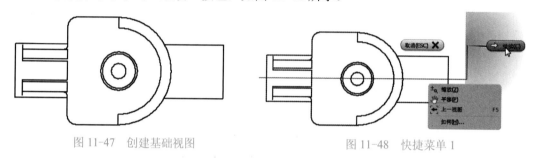

图 11-47　创建基础视图　　　　　图 11-48　快捷菜单 1

② 系统自动生成剖视图，并打开如图 11-49 所示的"剖视图"对话框，拖动视图到基础视图上方的适当位置后单击，完成剖视图的创建，如图 11-50 所示。

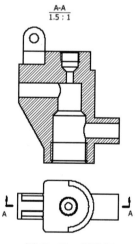

图 11-49　"剖视图"对话框　　　　　图 11-50　剖视图

4）创建投影视图。单击"放置视图"选项卡"创建"面板上的"投影视图"按钮，在视图中选择第 3）-②步创建的主视图，然后向右拖动鼠标，在适当位置单击鼠标左键确定创建投影视图的位置。再单击鼠标右键，在打开的快捷菜单中选择"创建"选项，如图 11-51 所示，生成投影视图如图 11-52 所示。

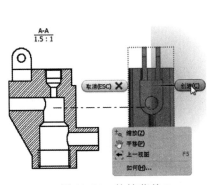

图 11-51　快捷菜单 2

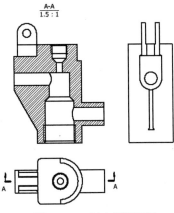

图 11-52　创建投影视图

5）创建局部剖视图。

① 在视图中选取左视图，单击"放置视图"选项卡"草图"面板上的"开始创建草图"按钮，进入草图绘制环境。单击"草图"选项卡"绘图"面板中的"样条曲线（插值）"按钮，绘制一个封闭轮廓，如图 11-53 所示。单击"完成草图"按钮，退出草图环境。

② 单击"放置视图"选项卡"创建"面板上的"局部剖视图"按钮，在视图中选取左视图，打开"局部剖视图"对话框，在"深度"下拉列表中选择"至孔"选项，系统自动捕捉第 5）-①步绘制的草图为截面轮廓，选择如图 11-54 所示的孔，输入深度为"0"，单击"确定"按钮，完成局部剖视图的创建，如图 11-55 所示。

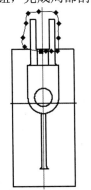

图 11-53　绘制样条曲线

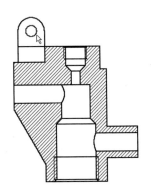

图 11-54　选择孔

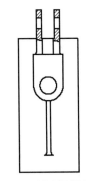

图 11-55　创建局部剖视图

6）添加中心线。

① 单击"标注"选项卡"符号"面板上的"中心线"按钮，选择主视图上阶梯孔上下两边的中点，单击鼠标右键，在弹出的快捷菜单中选择"创建"选项，如图 11-56 所示，完成在主视图上添加中心线。

② 单击"标注"选项卡"符号"面板上的"中心标记"按钮，在俯视图中选择圆，为圆添加中心线，如图 11-57 所示。选择短中心线，拖动夹点，可调整中心线的长度，如图 11-58 所示。采用相同的步骤，为其他圆添加中心线，如图 11-59 所示。

③ 单击"标注"选项卡"符号"面板上的"对分中心线"按钮，选择如图 11-60 所示的孔的两条边线，为孔添加中心线并调整中心线长度，如图 11-61 所示。同理，添加其他中心线，如图 11-62 所示。

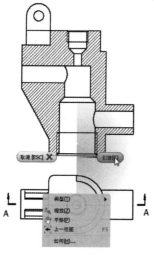

图 11-56　快捷菜单 3

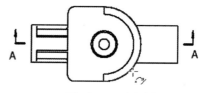

图 11-57　选择圆

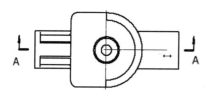

图 11-58　调整中心线长度

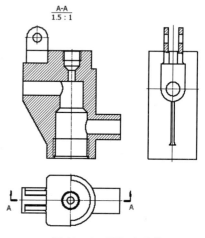

图 11-59　添加中心线 1

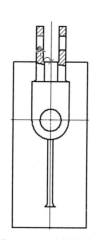

图 11-60　选择边线

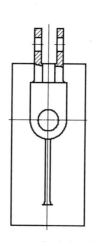

图 11-61　创建中心线

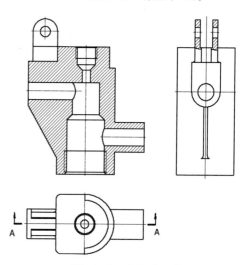

图 11-62　添加中心线 2

7）保存文件。单击"快速访问"工具栏上的"保存"按钮 ![保存], 打开"另存为"对话框,
输入文件名为"阀体视图.idw", 单击"保存"按钮即可保存文件。

11.4 尺寸标注

创建完视图后, 需要对工程图进行尺寸标注。尺寸标注是
工程图设计中的重要环节, 它关系到零件的加工、检验和使用
等环节。只有配合合理的尺寸标注, 才能帮助设计者更好地表
达其设计意图。

工程视图中的尺寸标注是与模型中的尺寸相关联的, 模型尺寸的改变会导致工程图中尺
寸的改变。同样, 工程图中尺寸的改变也会导致模型尺寸的改变。但是两者还是有很大区
别的。

1）模型尺寸：零件中约束特征大小的参数化尺寸。这类尺寸创建于零件建模阶段, 它们
被应用于绘制草图或添加特征, 由于是参数化尺寸, 因此可以实现与模型的相互驱动。

2）工程图尺寸：设计人员在工程图中新标注的尺寸, 作为图样的标注用于对模型进一步
的说明。标注工程图尺寸不会改变零件的大小。

11.4.1 尺寸

可标注的尺寸包括以下几种。

1）为选定图线添加线性尺寸。

2）为点与点、线与线或线与点之间添加线性尺寸。

3）为选定圆弧或圆形图线标注半径或直径尺寸。

4）选两条直线标注角度。

5）虚交点尺寸。

标注尺寸的步骤如下。

1）单击"标注"选项卡"尺寸"面板上的"尺寸"按钮 ![尺寸], 依次选择几何图元的组成
要素即可。例如：

① 要标注直线的长度, 可以依次选择直线的两个端点, 或者直接选择整条直线。

② 要标注角度, 可以依次选择角的两条边。

③ 要标注圆或者圆弧的半径（直径）, 选取圆或者圆弧即可。

2）选择图元后, 显示尺寸并打开"编辑尺寸"对话框, 如图 11-63 所示, 在对话框中设
置尺寸参数。

3）在适当位置单击鼠标, 放置尺寸。

"编辑尺寸"对话框中的选项说明如下。

1. "文本"选项卡

● ![文本位置按钮]：编辑文本位置。

- 隐藏尺寸值：选中此复选框，可以编辑尺寸的计算值，也可以直接输入尺寸值。取消此复选框的选择，恢复计算值。
- 启动文本编辑器 📝：打开"文本格式"对话框，对文字进行编辑。
- 在创建后编辑尺寸：选中此复选框，每次插入新的尺寸时都会打开"编辑尺寸"对话框，编辑尺寸。
- 符号列表：在列表中选择符号插入光标位置。

图 11-63 "编辑尺寸"对话框

2. "精度和公差"选项卡（图 **11-64**）

1）模型值：显示尺寸的模型值。

2）替代显示的值：选中此复选框，关闭计算的模型值，输入替代值。

3）公差方式：在列表中指定选定尺寸的公差方式。

- 上偏差：设置上极限偏差的值。
- 下偏差：设置下极限偏差的值。
- 孔：当选择"公差与配合"公差方式时，设置孔尺寸的公差值。
- 轴：当选择"公差与配合"公差方式时，设置轴尺寸的公差值。

4）精度：数值将按指定的精度四舍五入。

- 基本单位：设置选定尺寸的基本单位的小数位数。
- 基本公差：设置选定尺寸的基本公差的小数位数。
- 换算单位：设置选定尺寸的换算单位的小数位数。
- 换算公差：设置选定尺寸的换算公差的小数位数。

3. "检验尺寸"选项卡（图 **11-65**）

图 11-64 "精度和公差"选项卡

图 11-65 "检验尺寸"选项卡

1）检验尺寸：选中此复选框，将选定的尺寸指定为检验尺寸并激活检验选项。

2）形状。

● 无：指定检验尺寸文本周围无边界形状。

● (X.XX|100%)：指定所需的检验尺寸形状两端为圆形。

● ⟨X.XX|100%⟩：指定所需的检验尺寸形状两端为尖形。

3）标签/检验率。

● 标签：包含放置在尺寸值左侧的文本。

● 检验率：包含放置在尺寸值右侧的百分比。

● 符号下拉列表框：将选定的符号放置在激活的标签或检验率框中。

11.4.2 中心标记

在装入工程视图或超级草图之后，可以通过手动或自动方式来添加中心线和中心标记。

1．自动添加中心线

将中心线和中心标记自动添加到圆、圆弧、椭圆和阵列中，包括带有孔和拉伸切口的模型。

1）单击"工具"选项卡"选项"面板中的"文档设置"按钮 ，打开"文档设置"对话框，选择"工程图"选项卡，如图 11-66 所示。

2）单击"自动中心线"按钮 ，打开如图 11-67 所示的"自动中心线"对话框，设置添加中心线的参数，包括中心线和中心标记的特征类型，以及几何图元是正轴测投影还是平行投影。

图 11-66 "文档设置"对话框

图 11-67 "自动中心线"对话框

2．手动添加中心线。

用户可以手动将四种类型的中心线和中心标记应用于工程视图中的各个特征或零件。

● 中心标记 + ：选定圆或者圆弧，将自动创建十字中心标记线。

● 中心线 / ：选择两个点，手动绘制中心线。

- 对称中心线 ⫽：选定两条线，将创建它们的对称线。
- 中心阵列 ⊹：为环形阵列特征创建中心线。

11.4.3 基线尺寸和基线尺寸集

创建显示基准和所选边或点之间距离的多个尺寸，所选的第一条边或第一个点是基准几何图元。

标注基线尺寸的步骤如下。

1）单击"标注"选项卡"尺寸"面板上的"基线"按钮 ⊟，在视图中选择要标注的图元。

2）选择完毕，单击右键，在快捷菜单中选择"继续"选项，出现基线尺寸的预览。

3）在要放置尺寸的位置单击，即完成基线尺寸的创建。

4）如果要在其他位置放置相同的尺寸集，可以在结束命令之前按〈Backspace〉键，将再次出现尺寸预览，单击其他位置放置尺寸。

11.4.4 同基准尺寸和同基准尺寸集

用户可以在 Inventor 中创建同基准尺寸或者由多个尺寸组成的同基准尺寸集。放置的基准尺寸会自动对齐。如果尺寸文本重叠，可以修改尺寸位置或尺寸样式。

标注同基准尺寸的步骤如下。

1）单击"标注"选项卡"尺寸"面板上的"同基准"按钮 ⊞，然后在图样上单击一个点或者一条直线边作为基准，此时移动鼠标以指定基准的方向，基准的方向垂直于尺寸标注的方向，单击以完成基准的选择。

2）依次选择要进行标注的特征的点或者边，选择完则尺寸自动被创建。

3）当全部选择完毕，可以单击鼠标右键，在弹出的快捷菜单中选择"创建"选项，即可完成同基准尺寸的创建。

11.4.5 孔/螺纹孔尺寸

孔或螺纹标注显示了模型的孔、螺纹和圆柱形切口拉伸特征中的信息。孔标注的样式随所选特征类型的变化而变化。注意孔标注和螺纹标注只能添加到在零件中使用孔特征和螺纹特征工具创建的特征上。

1）单击"标注"选项卡"特征注释"面板上的"孔和螺纹"按钮 ⊡，在视图中选择孔或者螺纹孔。

2）鼠标指针旁边出现要添加的标注的预览，移动鼠标以确定尺寸放置的位置。

3）单击以完成尺寸的创建。

11.4.6 实例——标注阀体尺寸

本例标注阀体工程图，如图 11-68 所示。

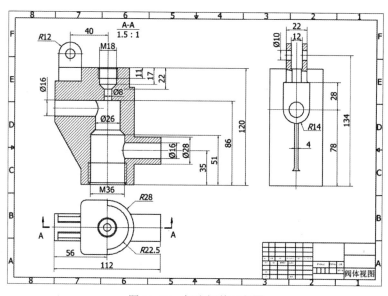

图 11-68　标注阀体工程图

 操作步骤

1）打开文件。运行 Inventor，单击"快速访问"工具栏"启动"面板上的"打开"按钮，打开"打开"对话框，在对话框中选择"阀体视图.idw"文件，然后单击"打开"按钮打开工程图文件。

2）标注直径尺寸。单击"标注"选项卡"尺寸"面板上的"尺寸"按钮，在视图中选择要标注直径尺寸的两条边线，拖出尺寸线放置到适当的位置单击，打开"编辑尺寸"对话框，将光标放置在尺寸值的前端，然后选择"直径"符号 ⌀ 或使用螺纹标识字母"M"，如图 11-69 所示，单击"确定"按钮。同理标注其他直径尺寸，结果如图 11-70 所示。

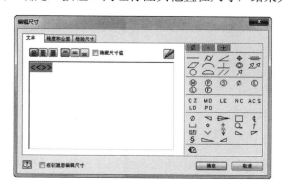

图 11-69　"编辑尺寸"对话框

3）标注基线尺寸。单击"标注"选项卡"尺寸"面板上的"基线"按钮，选择要标注的图元，单击鼠标右键，在弹出的快捷菜单中单击"继续"按钮，如图 11-70 所示，拖动尺寸到适当位置，单击鼠标左键，标注基线尺寸如图 11-71 所示。单击鼠标右键，在弹出的快捷菜单中单击"创建"按钮，完成基线尺寸的标注并退出。

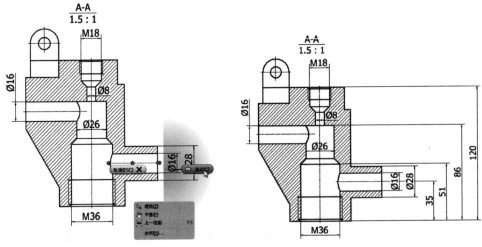

图 11-70　快捷菜单 1　　　　　　　　　图 11-71　完成基线标注

4）标注连续尺寸。单击"标注"选项卡"尺寸"面板上的"连续"按钮，在视图中选择要标注尺寸的边线，单击鼠标右键，在弹出的快捷菜单中单击"继续"按钮，如图 11-72 所示，拖出尺寸线放置到适当位置，单击鼠标左键确定，标注连续尺寸如图 11-73 所示。单击鼠标右键，在弹出的快捷菜单中单击"创建"按钮，完成连续尺寸的标注并退出。

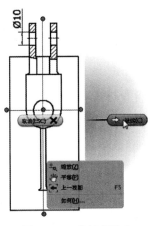
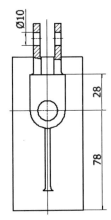

图 11-72　快捷菜单 2　　　　　　　　　图 11-73　标注连续尺寸

5）标注半径和直径尺寸。单击"标注"选项卡"尺寸"面板上的"尺寸"按钮，在视图中选择要标注半径尺寸的圆弧，拖出尺寸线放置到适当位置。然后双击修改尺寸，打开"编辑尺寸"对话框，选中该对话框中的"隐藏尺寸值"复选框，隐藏原有尺寸，再单击"启动文本编辑器"按钮，打开"文本格式"对话框。在对话框文本框中输入半径值"R28"，"R"可改为斜体，单击"确定"按钮。同理标注其他半径尺寸，结果如图 11-74 所示。

6）标注长度尺寸。单击"标注"选项卡"尺寸"面板上的"尺寸"按钮，在视图中选择要标注尺寸的两条边线，拖出尺寸线放置到适当位置，打开"编辑尺寸"对话框，单击"确定"按钮，结果如图 11-75 所示。

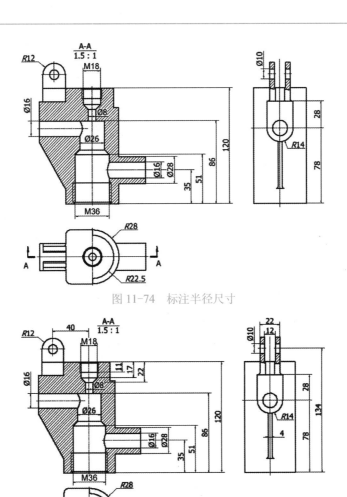

图 11-74　标注半径尺寸

图 11-75　标注长度尺寸

7）保存文件。单击"文件"→"另保存"→"保存为副本"按钮 ，打开"保存副本为"对话框，输入文件名为"标注阀体尺寸.idw"，单击"保存"按钮即可保存文件。

11.5　符号标注

　　一个完整的工程图不但要有视图和尺寸，还得添加一些符号，例如，表面粗糙度符号、形位公差符号等。

11.5.1　表面粗糙度标注

　　表面粗糙度是评价零件表面质量的重要指标之一，它对零件的耐磨性、耐蚀性、零件之间的配合和外观都有影响。

标注表面粗糙度的步骤如下。

1）单击"标注"选项卡"符号"面板上的"粗糙度"按钮√。

2）要创建不带指引线的粗糙度符号，可以双击符号所在的位置，打开"表面粗糙度"对话框，如图 11-76 所示。

3）要创建与几何图元相关联的、不带指引线的表面粗糙度符号，可以双击亮显的边或点，该符号随即附着在边或点上，并且打开"表面粗糙度"对话框，可以拖动表面粗糙度符号来改变其位置。

4）要创建带指引线的表面粗糙度符号，可以单击指引线起点的位置，如果单击亮显的边或点，则指引线将被附着在边或点上，移动光标并单击，为指引线添加另外一个顶点。

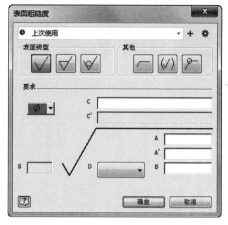

图 11-76 "表面粗糙度"对话框

当表面粗糙度符号指示器位于所需的位置时，单击鼠标右键选择"继续"选项以放置表面粗糙度符号，此时也会打开"表面粗糙度"对话框。

"表面粗糙度"对话框中的选项说明如下。

1. 表面类型

1）√：基本表面粗糙度符号。

2）▽：表面用去除材料的方法获得。

3）√：表面用不去除材料的方法获得。

2. 其他

1）长边加横线 ⌐：该按钮为表面粗糙度符号添加一个尾部符号。

2）多数 (√)：该按钮为工程图指定标准的表面特性。

3）所有表面相同 ⌀：该按钮添加表示所有表面粗糙度相同的标识。

11.5.2 基准标识标注

使用"基准标识符号"命令创建一个或多个基准标识符号，可以创建带指引线的基准标识符号或单个的标识符号。

标注基准标识符号的步骤如下。

1）单击"标注"选项卡"符号"面板上的"基准标识符号"按钮 Ⓐ。

2）要创建不带指引线的基准标识符号，可以双击符号所在的位置，打开"文本格式"对话框。

3）要创建与几何图元相关联的、不带指引线的基准标识符号，可以双击亮显的边或点，则基准标识符号将被附着在边或点上，并打开"文本格式"对话框，然后可以拖动基准标识符号来改变其位置。

4）如果要创建带指引线的基准标识符号，首先单击指引线起点的位置，如果选择单击亮显的边或点，则指引线将被附着在边或点上，然后移动光标以预览将创建的指引线，单击为指引线添加另外一个顶点。当基准标识符号位于所需的位置时，单击鼠标右键，然后选择"继续"选项，则基准标识符号成功放置，并打开"文本格式"对话框。

5）参数设置完毕，单击"确定"按钮以完成基准标识标注。

11.5.3 形位公差标注

标注形位公差的步骤如下。

1）单击"标注"选项卡"符号"面板上的"形位公差符号"按钮⊕1。

2）要创建不带指引线的符号，可以双击形位公差符号所在的位置，此时打开"形位公差符号"对话框，如图 11-77 所示。

3）要创建与几何图元相关联的、不带指引线的形位公差符号，可以双击亮显的边或点，则符号将被附着在边或点上，并打开"形位公差符号"对话框，然后可以拖动形位公差符号来改变其位置。

4）如果要创建带指引线的形位公差符号，首先单击指引线起点的位置，如果选择单击亮显的边或点，则指引线将被附着在边或点上，然后移动光标以预览将创建的指引线，单击为

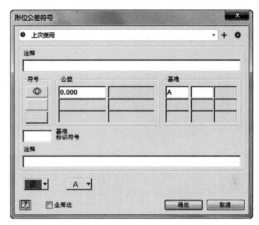

图 11-77 "形位公差符号"对话框

指引线添加另外一个顶点。当形位公差符号位于所需的位置时，单击鼠标右键，然后选择"继续"选项，则形位公差符号成功放置，并打开"形位公差符号"对话框。

5）参数设置完毕，单击"确定"按钮以完成形位公差的标注。

"形位公差符号"对话框中的选项说明如下。

● 符号：选择要进行标注的项目，一共可以设置三个，可以选择直线度、圆度、垂直度、同心度等公差项目。

● 公差：设置公差值，可以分别设置两个独立公差的数值。注意，第二个公差仅适用于 ANSI 标准。

● 基准：指定影响公差的基准，基准符号可以从对话框下面的基准下拉列表中选择，如 "A"，也可以手工输入。

● 基准标识符号：指定与形位公差符号相关的基准标识符号。

● 注释：向形位公差符号添加注释。

● 全周边：选中此复选框，用来在形位公差旁添加周围焊缝符号。

编辑形位公差有以下几种方法：

1）选择要修改的形位公差，在打开的如图 11-78 所示的快捷菜单中选择"编辑形位公差符号样式"选项，打开"样式和标准编辑器"对话框。其中的"形位公差符号"选项自动打开，如图 11-79 所示，可以编辑形位公差符号的样式。

2）在快捷菜单中选择"编辑单位属性"选项后会打开"编辑单位属性"对话框，对公差的基本单位和换算单位进行更改，如图 11-80 所示。

3）在快捷菜单中选择"编辑箭头"选项，则打开"改变箭头"对话框以修改箭头形状。

图 11-78　快捷菜单　　　　　　　图 11-79　"样式和标准编辑器"对话框

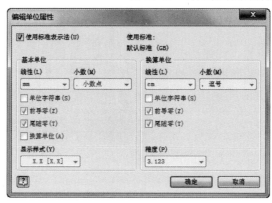

图 11-80　"编辑单位属性"对话框

11.5.4　文本标注

在 Inventor 中，可以向工程图中的激活草图或工程图资源（例如，标题栏格式、自定义图框或略图符号）中添加文本或者带有指引线的注释文本，作为图样标题、技术要求或者其他的备注说明文本等。

标注文本的步骤如下。

1）单击"标注"选项卡"文本"面板上的"文本"按钮 **A**。

2）在草图区域或者工程图区域按住左键，移动鼠标拖出一个矩形作为放置文本的区域，松开鼠标后打开"文本格式"对话框，如图 11-81 所示。

3）设置好文本的特性、样式等参数后，

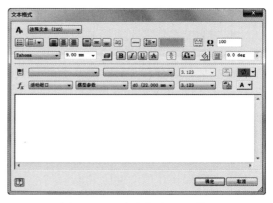

图 11-81　"文本格式"对话框

在对话框下面的文本框中输入要添加的文本。

4）单击"确定"按钮以完成文本的添加。

"文本格式"对话框中的选项说明如下。

1．样式

指定要应用到文本的文本样式。

2．文本属性

- ▤▤▤ ▤▤▤对齐：在文本框中定位文本。
- ▤▤▤：创建项目符号和编号。
- ᵃᵍ基线对齐：在选中"单行文本"和创建草图文本时可用。
- ▬单行文本：删除多行文本中的所有换行符。
- 行距：将行间距设置为"单倍""双倍""1.5 倍""多倍"或"精确"。

3．字体属性

- 字体：指定文本字体。
- 字体大小：以图样单位设置文本高度。
- 样式：设置样式。
- 堆叠：可以堆叠工程图文本中的字符串以创建斜堆叠分数，或水平堆叠分数以及上标或下标字符串。
- 颜色：指定文本颜色。
- 文本大小写▣▾：将选定的字符串转换为大写、小写或词首字母大写。
- 旋转角度：设置文本的角度，绕插入点旋转文本。

4．模型、工程图和自定义特性

- 类型：指定工程图、源模型以及在"文档设置"对话框的"工程图"选项卡上的自定义特性源文件的特性类型。
- 特性：指定与所选类型关联的特性。
- 精度：指定文本中显示的数字特性的精度。

5．参数

- 零部件：指定包含参数的模型文件。
- 来源：选择要显示在"参数"列表中的参数类型。
- 参数：指定要插入文本中的参数。
- 精度：指定文本中显示的数值型参数的精度。

6．符号

在插入点将符号插入文本。

📂 技巧：

对文本可以进行以下编辑：

1）在文本上按住鼠标左键拖动，以改变文本的位置。

2）要编辑已经添加的文本，可以双击已经添加的文本，重新打开"文本格式"对话框，以编辑已经输入的文本。通过文本右键菜单中的"编辑文本"选项可以达到相同的目的。

3）选择右键菜单中的"顺时针旋转 90 度"和"逆时针旋转 90 度"选项可以将文本旋

转 90°。

4）选择右键菜单中的"编辑单位属性"选项可以打开"编辑单位属性"对话框，以编辑基本单位和换算单位的属性。

5）选择右键菜单中的"删除"选项则删除所选择的文本。

11.5.5 实例——完成阀体工程图

本例完成阀体工程图，如图 11-82 所示。

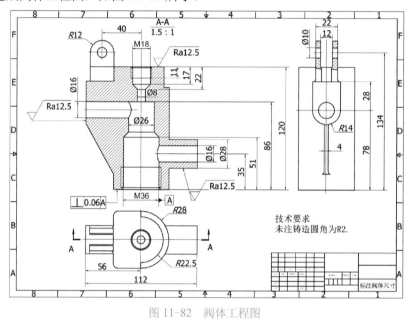

图 11-82 阀体工程图

> 注意：
> 实际工作中应根据不同的标注要求（如正斜体、字体大小、基准符号要求等）调整设置。

 操作步骤

1）打开文件。单击"快速访问"选项卡"启动"面板中的"打开"按钮，打开"打开"对话框，在对话框中选择"标注阀体尺寸.idw"文件，然后单击"打开"按钮，打开工程图文件。

2）标注表面粗糙度。单击"标注"选项卡"符号"面板上的"粗糙度"按钮√，在视图中选择要标注的表面，拖动表面粗糙度符号到适当位置后单击放置，然后单击鼠标右键，在打开的快捷菜单中选择"继续"选项，打开"表面粗糙度"对话框，在对话框中选择"表面用去除材料的方法获得"▽，输入粗糙度值为"Ra12.5"，如图 11-83 所示，单击"确定"按钮。同理标注其他表面粗糙度，结果如图 11-84 所示。

3）标注基准符号。单击"标注"选项卡"符号"面板上的"基准标识符号"按钮，选择直径为 36 的尺寸，指定基准符号的起点和顶点，然后通过快捷命令"继续"打开"文本格式"对话框，采用默认设置，单击"确定"按钮，完成基准符号的标注，如图 11-85 所示。

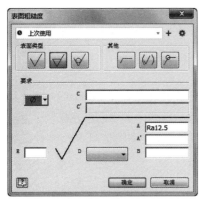

图 11-83 "表面粗糙度"对话框

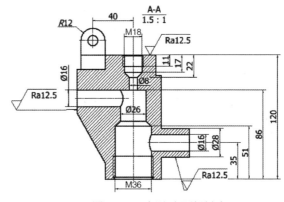

图 11-84 标注表面粗糙度

4）标注形位公差。单击"标注"选项卡"符号"面板上的"形位公差符号"按钮⊕▮，选择如图 11-86 所示的直径尺寸，指定形位公差符号的起点和顶点，打开如图 11-87 所示的"形位公差符号"对话框，选择形位公差符号，输入公差和基准，单击"确定"按钮，完成形位公差的标注，如图 11-88 所示。

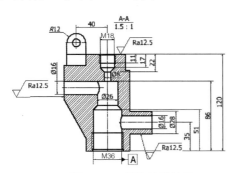

图 11-85 标注基准符号

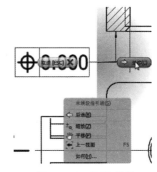

图 11-86 快捷菜单

5）填写技术要求。单击"标注"选项卡"文本"面板上的"文本"按钮▲，在视图中指定一个区域，打开"文本格式"对话框，在文本框中输入技术要求，单击"确定"按钮，结果如图 11-82 所示。

图 11-87 "形位公差符号"对话框

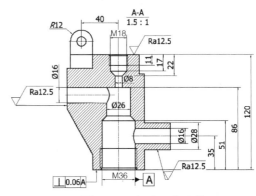

图 11-88 标注形位公差

6）保存文件。单击"文件"主菜单中的"另存为"命令，打开"另存为"对话框，输入文件名为"完成阀体工程图.idw"，单击"保存"按钮即可保存文件。

11.6 添加引出序号和明细栏

创建工程视图尤其是部件的工程图后，往往需要向该视图中的零件和子部件添加引出序号和明细栏。明细栏是显示在工程图中的 BOM 表标注，为部件的零件或者子部件按照顺序标号。它可以显示两种类型的信息：仅零件或第一级零部件。

11.6.1 引出序号

在装配工程图中引出序号就是一个标注标志，用于标识明细栏中列出的项，引出序号的数字与明细栏中零件的序号相对应，并且可以相互驱动。引出序号方法有手动和自动两种。

1. 手动添加引出序号

手动添加引出序号的步骤如下。

1）单击"标注"选项卡"表格"面板上的"引出序号"按钮①，单击一个零件，同时设置指引线的起点，打开"BOM 表特性"对话框，如图 11-89 所示。

图 11-89　"BOM 表特性"对话框

2）设置好该对话框的所有选项后，单击"确定"按钮，此时鼠标指针旁边出现指引线的预览，移动鼠标以选择指引线的另外一个端点，单击以选择该端点。

3）单击右键，在打开的快捷菜单中选择"继续"选项，创建一个引出序号。此时可以继续为其他零部件添加引出序号，或者按下〈Esc〉键退出。

"BOM 表特性"对话框中的选项说明如下。

● 文件：显示用于在工程图中创建 BOM 表的源文件。

● BOM 表视图：用于选择适当的 BOM 表视图，可以选择"装配结构"或者"仅零件"选项。源部件中可能禁用"仅零件"视图。如果选择了"仅零件"视图，则源部件中将启用"仅零件"视图。需要注意的是，BOM 表视图仅适用于源部件。

● 级别：第一级为直接子项指定一个简单的整数值。

- 最少位数：用于控制设置零部件编号显示的最小位数。下拉列表中提供的固定位数范围是 1～6。

当创建引出序号后，可以用鼠标左键按住某个引出序号以拖动到新的位置。选择要编辑的序号，单击鼠标右键，弹出快捷菜单。

1）选择"编辑引出序号"选项，则打开"样式和标准编辑器"对话框，可以编辑引出序号的形状、符号等。

2）"附着引出符号"选项可以将另一个零件或自定义零件的引出序号附着到现有的引出序号。

2. 自动添加引出序号

当零部件数量比较多时，一般采用自动的方法添加引出序号。

自动添加引出序号的步骤如下。

1）单击"标注"选项卡"表格"面板上的"自动引出符号"按钮。

2）选择一个视图，此时打开"自动引出序号"对话框，如图 11-90 所示。

3）在视图中选择要添加或删除的零件。

4）在对话框中设置序号放置参数，在视图中适当位置单击放置序号。

5）设置完毕单击"确定"按钮，则该视图中的所有零部件都会自动添加引出序号。

图 11-90 "自动引出序号"对话框

"自动引出序号"对话框中的选项说明如下。

1. 选择

- 选择视图集：设置需要引出序号的零部件。
- 添加或删除零部件：向选择集中添加或删除零部件。可以通过窗选以及按住〈Shift〉键选择的方式来删除选择的零部件。
- 忽略多个引用：选中此复选框，可以仅在所选的第一个零部件上放置引出序号。

2. 放置

- 选择放置方式：指定"环形""水平"或"竖直"。
- 偏移间距：设置引出序号边之间的距离。

3. 替代样式

提供创建时引出序号形状的替代样式。

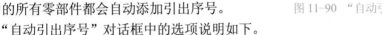

在工程图中一般要求引出序号沿水平或者铅垂方向顺时针或者逆时针排列整齐，虽然可以通过选择放置引出序号的位置使得编号排列整齐，但是编号的大小是系统确定的，有时候数字的排列不是按照大小顺序，这时候可以对编号取值进行修改。选择一个要修改的编号单击右键，选择快捷菜单中的"编辑引出序号"选项即可。

11.6.2 明细栏

在 Inventor 中工程图明细栏与装配模型相关，在创建明细栏时可按默认设置方便地自动生成相关信息。明细栏格式可预先设置，也可以重新编辑，甚至可以做复杂的自定义，以进一步与零件信息相关联。

创建明细栏的步骤如下。

1）单击"标注"选项卡"表格"面板上的"明细栏"按钮▦，打开"明细栏"对话框，如图 11-91 所示。

2）选择要添加明细栏的视图，在对话框中设置明细栏参数。

3）设置完成后，单击"确定"按钮，完成明细栏的创建。

"明细栏"对话框中的选项说明如下。

1．BOM 表视图

选择适当的 BOM 表视图来创建明细栏和引出序号。

图 11-91 "明细栏"对话框

🔔 注意:

源部件中可能禁用"仅零件"类型。如果选择此选项，将在源文件中选择"仅零件" BOM 表类型。

2．表拆分

1）"表拆分的方向"选项区域中的"左""右"选项表示将明细栏行分别向左、右拆分。

2）"启用自动拆分"选项：选中该复选框，启用自动拆分控件。

3）"最大行数"选项：指定最大的拆分行数，可以输入适当的数字。

4）"区域数"选项：指定要拆分的区域数。

利用右键菜单中的"编辑明细栏"选项或者在明细栏上双击，可以打开"明细栏"对话框，如图 11-92 所示。在对话框中可以编辑序号、代号和添加描述，以及进行排序、比较等操作。选择"输出"选项则可以将明细栏输出为 Microsoft Acess 文件（*.mdb）。

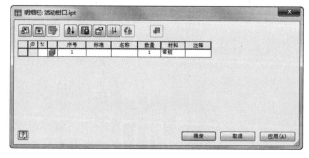

图 11-92 "明细栏"对话框

11.7 综合实例——手压阀装配工程图

本例绘制手压阀工程图，如图 11-93 所示。

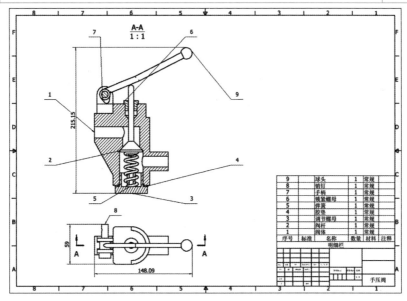

图 11-93　手压阀工程图

操作步骤

1）运行 Inventor，单击"快速访问"选项卡"启动"面板上的"新建"按钮，在"新建文件"对话框中的"工程图"下拉列表中选择"Standard.idw"选项，单击"创建"按钮，新建一个工程图文件。

2）创建基础视图。

① 单击"放置视图"选项卡"创建"面板上的"基础视图"按钮，打开"工程视图"对话框。

② 在对话框中单击"打开现有文件"按钮，打开"打开"对话框，选择"手压阀.iam"文件，单击"打开"按钮，打开"手压阀"装配体。

③ 返回到"工程视图"对话框中，输入比例为1:1，选择显示方式为"不显示隐藏线"。当前视图为模型前视图，设置完参数后，将视图放置在图纸中的适当位置，如图 11-94 所示。单击"确定"按钮，完成该视图的创建。

3）创建剖视图。

① 单击"放置视图"选项卡"创建"面板上的"剖视"按钮，在视图中选择第 2）-③步创建的基础视图。在视图的中间位置绘制一条水平线段作为剖切线，然后单击鼠标右键，在弹出的快捷菜单中单击"继续"选项，如图 11-95 所示。

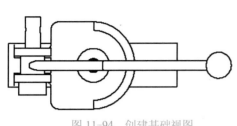

图 11-94　创建基础视图　　　　　　　　　　　图 11-95　快捷菜单

②　系统自动生成剖视图，并打开"剖视图"对话框，拖动视图到基础视图上方的适当位置并单击，完成剖视图的创建，如图 11-96 所示。

4）创建不剖件。在浏览器的剖视图零件列表中选择"阀杆"零件，单击鼠标右键，在弹出的快捷菜单中选择"剖切参与件"→"无"选项，对阀杆做不剖切处理。同理，将弹簧、手柄、球头零件也做不剖切处理，如图 11-97 所示。

📁 技巧：

国家标准规定，对于紧固件以及轴、连杆、球、键、销等实心零件，若按纵向剖切，且剖切平面通过其对称平面，或与对称平面相平行的平面或者轴线时，则这些零件都按照不剖切绘制。

5）标注尺寸。单击"标注"选项卡"尺寸"面板上的"尺寸"按钮┌┐，在视图中选择要标注尺寸的边线，拖出尺寸线放置到适当位置，单击"确定"按钮，完成一个尺寸的标注。同理标注其他基本尺寸，结果如图 11-98 所示。

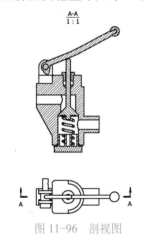

图 11-96　剖视图

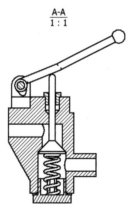

图 11-97　不剖切处理

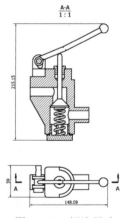

图 11-98　标注尺寸

📁 技巧：

装配图中的尺寸标注和零件图中有所不同。零件图中的尺寸是加工的依据，工人根据这些尺寸能够准确无误地加工出符合图样要求的零件。装配图中的尺寸则是装配的依据，装配工人需要根据图中尺寸来精确安装零部件。在装配图中，一般需要标注以下类型的尺寸：

1）总体尺寸：即部件的长、宽和高。它为制作包装箱、确定运输方式以及部件占据的空间提供依据。

2）配合尺寸：表示零件之间配合性质的尺寸，它规定了相关零件结构尺寸的加工精度要求。

3）安装尺寸：表示零部件安装在机器或固定基础上，所需的安装尺寸。

4）重要的相对位置尺寸：它是影响部件工作性能的有关零件的相对位置尺寸，在装配中必须保证，应该直接注出。

5）规格尺寸：它是选择零部件的依据，在设计中确定，通常要与相关的零件和系统相匹配，如所选用的管螺纹的外径尺寸。

6）其他的重要尺寸。

需要注意的是，正确的尺寸标注不是机械地按照以上几类尺寸对装配图进行标注，而是在分析部件功能和参考同类型资料的基础上进行标注。

6）自动添加序号。单击"标注"选项卡"表格"面板上的"自动引出序号"按钮，打开如图 11-99 所示的"自动引出序号"对话框。在视图中选择主视图，然后添加视图中所有的零件，选择序号的放置位置为环形，将序号放置到视图中的适当位置，如图 11-100 所示，单击"确定"按钮，结果如图 11-101 所示。

图 11-99 "自动引出序号"对话框

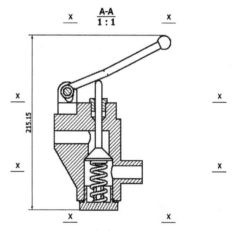

图 11-100 放置序号

7）手动添加序号。单击"标注"选项卡"表格"面板上的"引出序号"按钮①，在俯视图中选择销钉零件，拖动序号到适当位置后单击放置，然后单击鼠标右键，在弹出的快捷菜单中选择"继续"选项，完成序号的标注，效果如图 11-102 所示。

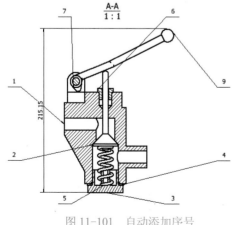

图 11-101 自动添加序号

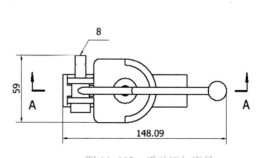

图 11-102 手动添加序号

8）添加明细栏。

① 单击"标注"选项卡"表格"面板上的"明细栏"按钮▤，打开"明细栏"对话框，在视图中选择主视图，其他采用默认设置，如图 11-103 所示。单击"确定"按钮，将明细栏放置到图中的适当位置，如图 11-104 所示。

图 11-103 "明细栏"对话框

9			1	常规	
8			1	常规	
7			1	常规	
6			1	常规	
5			1	常规	
4			1	常规	
3			1	常规	
2			1	常规	
1			1	常规	
序号	标准	名称	数量	材料	注释
明细栏					

图 11-104 生成明细栏

② 双击明细栏，打开"明细栏：手压阀"对话框，在对话框中填写零件名称等参数，如图 11-105 所示，单击"确定"按钮，完成明细栏的填写，如图 11-106 所示。

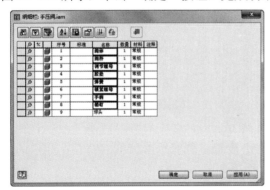

图 11-105 "明细栏：手压阀"对话框

9		球头	1	常规	
8		销钉	1	常规	
7		手柄	1	常规	
6		锁紧螺母	1	常规	
5		弹簧	1	常规	
4		胶垫	1	常规	
3		调节螺母	1	常规	
2		阀杆	1	常规	
1		阀体	1	常规	
序号	标准	名称	数量	材料	注释
明细栏					

图 11-106 明细栏

9）保存文件。单击"快速访问"工具栏上的"保存"按钮💾，打开"另存为"对话框，输入文件名为"手压阀.idw"，单击"保存"按钮即可保存文件。

第 12 章

模型样式与衍生设计

知识导引

　　模型的样式主要包括模型的材料和外观，主要集中在 Inventor 产品中的材料库和外观库中。在零部件设计完成后，往往需要对零部件添加材料和设置外观颜色，使零部件达到更加真实和美观的效果。Inventor 产品中的材料代表真实的材料，将这些材料应用到设计的各个部分，不仅为对象提供真实的外观，更重要的是在对设计的零部件进行应力分析时，可以对设计的零部件提供真实的物理特性，使分析更加准确，和实际情况相一致，对零部件的力学性能和材料性能提供更加科学的理论依据。

　　衍生零件和衍生部件是将现有零件和部件作为基础特征而创建的新零件；可以将一个零件作为基础特征，通过衍生生成新的零件，也可以把一个部件作为基础特征，通过衍生生成新的零件；新零件中可以包含部件的全部零件，也可以包含一部分零件。

　　模型样式与衍生设计是 Inventor 软件重要的两部分内容，本章将分别介绍。

学习效果

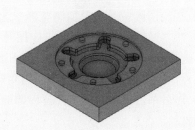

12.1 材料

在设计过程中，用户往往需要对所设计的零部件添加材料属性，来获得更加真实的零部件外观和材料属性，或者在后续的应力分析过程中对零部件提供真实的物理特性。

12.1.1 给零部件添加材料

可以通过以下两种方式给零部件添加材料。

1．通过"快速访问"工具栏添加材料属性

1）在绘图区域选择零部件。

2）单击"快速访问"工具栏中的"材料"列表右侧的下拉箭头，在材料列表中选择材料，如图 12-1 所示，将所选的材料指定给选定的零部件，添加材料后的零部件会有相应的颜色。

3）材料添加完成后，在浏览器中用鼠标右键单击创建的零件，在打开的快捷菜单中选择"iProperty"选项，如图 12-2 所示，打开"iProperty"对话框。在该对话框中选择"物理特性"选项卡，在该选项卡中可以查看添加材料后的零件的物理特性，包括材料、密度、质量、面积、体积及惯性特性等，如图 12-3 所示。

图 12-1 选择材料

图 12-2 快捷菜单

2．通过"材料浏览器"对话框添加材料属性

1）单击"工具"选项卡"材料和外观"面板中的"材料"按钮，打开"材料浏览器"对话框，如图 12-4 所示。

2）在绘图区域或在模型浏览器中选择零部件。

3）在"材料浏览器"对话框中展开"Autodesk 材料库"或"Inventor 材料库"，在展开的列表中选择需要添加材料的类型，则在对话框中会显示所选材料的预览，将光标悬停在一种材料上方，可以预览该材料应用于选定对象的效果。

4）然后单击鼠标右键，在弹出的快捷菜单中选择"指定给当前选择"选项，给零件选择指定的材料。

图 12-3　iProperty 对话框

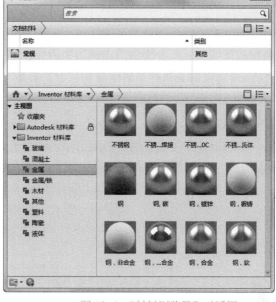

图 12-4　"材料浏览器"对话框

12.1.2　编辑材料

　　Inventor 中的材料库中虽然包括了许多常用的材料,但在当今材料科学日新月异的时代,新型材料层出不穷,有许多新型材料不能及时补充到系统中来,因此当材料库中没有需要的材料或所需材料与库中的材料特性相接近时,可以通过编辑材料,修改库中材料的属性,使库中材料属性符合要求。

　　可以通过以下方式编辑材料属性:

　　1)单击"工具"选项卡"材料和外观"面板中的"材料"按钮◆,打开"材料浏览器"对话框。

　　2)若已经为零部件添加了材料属性,则添加的材料出现在"文档材料"列表中,单击"文档材料"列表中所选材料右侧的"编辑材质"按钮✎,如图 12-5a 所示。若没有为零部件添加材料属性,则在材料库右侧的预览区域选择要编辑的材料,单击该材料下方的"编辑材质"按钮✎,如图 12-5b 所示。

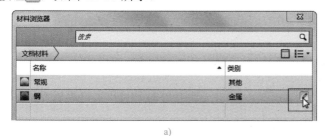

a)

b)

图 12-5　编辑材料

　　3)系统弹出所选材料的"材料编辑器"对话框,在对话框中包括"标识""外观""物理"

三个选项卡。

- "标识"选项卡：该选项卡可以编辑材料的"名称""说明信息""产品信息""Revit
  注释信息"等，如图 12-6 所示。
- "外观"选项卡：该选项卡可以编辑材料的"信息""常规""反射率""透明度"
  "剪切""自发光""凹凸""染色"等属性，主要包括材料的颜色和其他光学特性，
  如图 12-7 所示。
- "物理"选项卡：该选项卡可以编辑材料的"信息""基本热量""机械""强度"
  等属性，主要包括材料的力学物理特性，如图 12-8 所示。

图 12-6 "标识"选项卡　　　　图 12-7 "外观"选项卡　　　　图 12-8 "物理"选项卡

💬 注意：

　　对于材料的编辑，只能从"材料浏览器"对话框中对材料进行编辑。

　　由于不同材料的物理、化学性质不同，因此不同材料的"材料编辑器"对话框的"外观"
和"物理"选项卡也有所区别，用户可以根据自己的需求对所选材料进行编辑。

12.1.3　创建材料

在 Inventor 的材料库中不仅可以编辑材料还可以创建新的材料。

可以通过以下方式创建新材料（以创建水银为例）。

1）单击"工具"选项卡"材料和外观"面板中的"材料"按钮，打开"材料浏览器"对话框。

2）在"材料浏览器"对话框中单击底部的"在文档中创建新材料"按钮。在"材料浏览器"对话框的"文档材料"列表中新添加一组材料，默认"名称"为"默认为新材质"，"类别"为"未分类"。

3）执行完第 2）步操作时，同时打开"材料编辑器"对话框。在"材料编辑器"对话框中的"标识"选项卡中设置新建材料的"名称"和"说明信息"等内容，参见图 12-6。

4）在"材料编辑器"对话框中选择"外观"选项卡，可以通过设置"常规"选项区域中的颜色等选项，设置外观，也可以在资源浏览器中选择与新建材料颜色相近或一致的颜色。只需要找到外观一致或接近的材料，用这个材料的外观替换新建材料的外观即可。

单击"材料编辑器"对话框底部的"打开/关闭资源浏览器"按钮，打开"资源浏览器"对话框。在该浏览器中选择"金属/钢"组，在右侧的列表中找到"钢-抛光"，然后右键单击该选项，在打开的快捷菜单中选择"在编辑器中替换"选项，如图 12-9 所示。则所选的"钢-抛光"的外观属性就替换了新建材料的外观属性。然后修改"外观"选项卡的基本信息，可参见图 12-7。

5）在"材料编辑器"对话框中选择"物理"选项卡，单击底部的"打开/关闭资源浏览器"按钮，打开"资源浏览器"对话框，在该浏览器中选择"液体"类别，然后在右侧的列表中找到"水银"，右键单击该选项，在打开的快捷菜单中选择"在编辑器中替换"选项，则所选的"水银"的物理属性就替换了新建材料的物理属性。修改"物理"选项卡的基本信息，如图 12-10 所示。

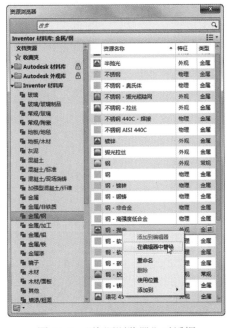

图 12-9　"资源浏览器"对话框

图 12-10　设置"物理"选项卡

6）设置完成后，单击"确定"按钮，完成水银材料的创建。

7）在"材料浏览器""文档材料"列表中右键单击新建的材料，在打开的快捷菜单中依次选择"添加到"→"Inventor"材料库→"液体"选项，如图 12-11 所示，则在"材料浏览器"对话框中的"液体"类别中新添加"水银"材料，如图 12-12 所示。这样新建材料就可以出现在材料浏览器中，能够添加到所建的零部件中去。

图 12-11　为新材料设置类别　　　　图 12-12　添加新材料

12.2　外观

由于材料本身具有一定的外观属性，因此在添加材料的同时，就为零部件添加了相应材料默认的外观，但在实际应用中，往往需要对设计的零部件添加更加丰富的颜色，使设计的零部件外观更加丰富，可以通过给零部件添加其他特性和颜色的外观，以达到所需的外观效果。

12.2.1　给零部件添加外观

可以通过以下两种方式给零部件添加外观。

（1）通过"快速访问"工具栏添加外观

1）在绘图区域选择零部件，为其添加"铝"材料属性，该材料属性的默认外观为"铝-黑色"。

2）单击"快速访问"工具栏中的"外观"列表右侧的下拉箭头，在材料列表中为零部件选择材料外观，由于附加的材料本身自带外观，后来添加的颜色相当于替换掉了原来材料的颜色，因此二者做了一些区分，此时在所选颜色的名称的前面会出现一个星号，如图 12-13 所示。

图 12-13　所选颜色名称前有星号

（2）通过"外观浏览器"对话框添加外观

1）单击"工具"选项卡"材料和外观"面板中的"外观"按钮，打开"外观浏览器"

对话框，如图 12-14 所示。

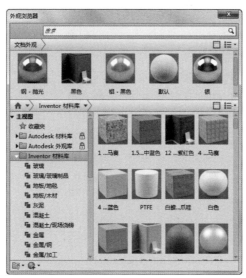

图 12-14 "外观浏览器"对话框

2）在绘图区域或在模型浏览器中选择零部件。

3）在"外观浏览器"对话框中展开"Autodesk 材料库""Autodesk 外观库"或"Inventor 材料库"，在展开的列表中选择需要添加外观的类型，对话框中将显示所选外观的预览，将光标悬停在一种外观上方，此时可预览该外观应用于选定对象的效果。

4）单击鼠标右键，在弹出的快捷菜单中选择"指定给当前选择"，给零件选择指定的外观。

⌁ 注意：

添加外观时，如果选择零件的一个面，则只为该面添加相应的外观颜色；若选择整个零件，则为整个零件添加相应的外观颜色；若选择整个部件，则为整个部件添加相应的外观颜色。

12.2.2 调整外观

Inventor Publisher 中提供了大量的材料，以及一个很方便的颜色编辑器。单击"工具"选项卡"材料和外观"面板上的"调整"按钮🖌，打开如图 12-15 所示的颜色编辑器。

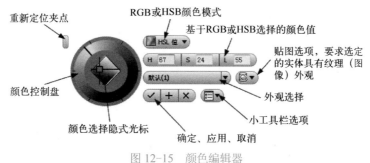

图 12-15 颜色编辑器

在 Inventor Publisher 中导入 Inventor 部件后，处理颜色时将遵循下面的规则：

1）如果 Inventor 中给定了材料，则颜色按照材料走。

2）如果 Inventor 中给定了材料，并给了一个与材料不同的颜色，则使用新颜色。

3）如果已经导入 Publisher 中，且通过修改材料又给了一个新的颜色，则这个新的颜色将覆盖前面的两个颜色。

4）Publisher 中修改的颜色、材料无法返回 Inventor 中。

5）在 Publisher 中存档后，当 Inventor 中又修改了颜色/材料时，通过检查存档状态，Publisher 可以自动更新颜色和材料。

6）如果在 Publisher 中修改过颜色/材料，则不会更新。

所以比较好的工作流程是：

1）设计部件，同时导入 Publisher 中做固定模板。

2）更改设计，Publisher 更新文件。

3）完成材料、颜色的定义后，Publisher 更新文件。

4）如果有不满足需求的，则可在 Publisher 中进行颜色、材质的更改。

12.2.3　删除外观

若设置的外观不是想要的效果，可以将该外观删除，具体操作如下。

1）单击"工具"选项卡"材料和外观"面板中的"清除"按钮。

2）打开"清除外观"小工具栏，如图 12-16 所示。

3）在绘图区域选择要删除外观颜色的零部件，然后单击"清除外观"小工具栏中的"确定"按钮，则该零部件的外观颜色被删除。

图 12-16　"清除外观"小工具栏

12.2.4　实例——卸灰阀阀体外观设置

本例为卸灰阀阀体设置外观，如图 12-17 所示。

图 12-17　卸灰阀阀体

操作步骤

1）单击"快速访问"工具栏中的"打开"按钮，在弹出的"打开"对话框中找到"阀体"

零件，单击"打开"按钮，打开"卸灰阀阀体"零件。

2）添加材料。单击"工具"选项卡"材料和外观"面板上的"材料"按钮 ▦，打开"材料浏览器"对话框，展开"Inventor 材料库"，在右侧的"文档材料"列表中选择"铁，铸造"选项，单击鼠标右键，在打开的快捷菜单中选择"指定给当前选择"选项，为卸灰阀阀体添加"铁，铸造"材料，结果如图 12-18 所示。

3）设置外观。单击"工具"选项卡"材料和外观"面板上的"外观"按钮 ◕，打开"外观浏览器"对话框，展开"Inventor 材料库"，选择全部阀体，然后在右侧的"文档材料"列表中选择"铁，铸造"选项，单击鼠标右键，在打开的快捷菜单中选择"指定给当前选择"选项，为卸灰阀阀体添加"铁，铸造"外观。

4）调整外观纹理。单击"工具"选项卡"材料和外观"面板上的"调整"按钮 ◔，打开颜色编辑器，然后选择"卸灰阀阀体"零件。在阀体上出现纹理操纵器，拖动纹理操纵器右上方的"缩放"按钮 ◠，如图 12-19 所示，调整"铁，铸造"材料外观自带的纹理，使纹理更加接近铸造的表面粗糙外观，调整完毕后如图 12-20 所示。

拖动此按钮

图 12-18　添加"铁，铸造"材料后　　图 12-19　拖动"缩放"按钮　　　　图 12-20　调整纹理

5）调整外观颜色。单击"工具"选项卡"材料和外观"面板上的"调整"按钮 ◔，打开颜色编辑器，此时鼠标变成一个"吸管"形状。在卸灰阀阀体的表面单击鼠标左键，提取模型原有的外观颜色，此时鼠标变成一个"颜料桶"，然后在绘图区域选择整个阀体，再在"颜色编辑器"中设置"RGB"的值，如图 12-21 所示，设置阀体的外观颜色。然后单击"确定"按钮 ✓，结果如图 12-22 所示。

图 12-21　颜色编辑器　　　　　　　　　图 12-22　设置外观颜色

6）调整其他颜色。选择卸灰阀阀体上部的法兰端面，重复第 4）步的操作，拖动"缩放"按钮，消除法兰端面的纹理。然后重复第 5）步的操作，设置颜色编辑器的 RGB 值为 162，9，9，调整法兰处的纹理和颜色。同理设置卸灰阀阀体内腔和其他法兰处的纹理和颜色，结果如

图 12-17 所示。

12.3 衍生零件和部件

衍生零件和部件是以现有零件或部件为基础特征而创建的新零件。衍生零件的源称作基础零部件，通过衍生命令，可以缩放或镜像源零件来生成新的零件，也可以通过合并或排除多实体零件来生成新的零件。

将一个零件作为基础特征，通过衍生生成新的零件，该零件可以是单一零件也可以是多实体零件。若是单一零件则保留全部实体特征；若是多实体零件则可以选择实体，将选定的实体作为单个实体或多个实体导入。

将一个部件作为基础特征，通过衍生生成新的零件。新零件中可以包含部件的全部零件，也可以包含一部分零件。

衍生命令主要用来探究替换设计和加工过程。例如，在部件中，可以去除一组零件或与其他零件合并，以创建具有所需形状的单一零件；可以从一个仅包含定位特征和草图几何图元的零件衍生得到一个或多个零件；当为部件设计框架时，可以在部件中使用衍生零件作为一个布局，之后可以编辑原始零件，并更新衍生零件以自动将所做的更改反映到布局中来；可以从实体中衍生一个曲面作为布局，或用来定义部件中零件的包容要求；可以从零件中衍生参数并用于新零件等。

源零部件与衍生产生的零件存在着关联，如果修改了源零部件，则衍生零件也会随之变化。也可以选择断开两者之间的关联关系，此时源零部件与衍生零件成为独立的个体，衍生零件成为一个常规特征（或部件中的零部件），对它所做的更改只保存在当前文件中。因为衍生零件是单一实体，因此可以用任意零件特征来对其进行自定义。从部件衍生出零件后，可以添加特征。这种工作流程在创建焊接件，以及对衍生零件中包含的一个或多个零件进行打孔或切割时很有用处。

12.3.1 衍生零件

可以用 Inventor 零件作为基础零件创建新的衍生零件，零件中的实体特征、可见草图、定位特征、曲面、参数和 iMate 都可以合并到衍生零件中。在产生衍生零件的过程中，可以将衍生零件相对于原始零件按比例放大或缩小，或者用基础零件的任意基准工作平面进行镜像，也可以在基础零件上创建其他特征，然后通过特征编辑来生成新的零件，衍生几何图元的位置和方向与基础零件完全相同。

1. 衍生零件

1）运行 Inventor，单击"快速访问"工具栏上的"新建"按钮，在打开的"新建文件"对话框中的零件下拉列表中选择"Standard.ipt"选项，单击"创建"按钮，新建一个零件文件。

2）单击"三维模型"选项卡"创建"面板中的"衍生零部件"按钮，打开"打开"对话框。在对话框中浏览并选择要作为基础零件的零件文件（.ipt），然后单击"打开"按钮。

3）此时绘图区域内出现源零件的预览图形以及其尺寸，同时出现"衍生零件"对话框，如图 12-23 所示。

4）在"衍生零件"对话框中，模型元素如实体特征以及定位特征、曲面、Imate 信息等以层次结构显示。

5）在对话框中选择合适的衍生样式，包括"实体合并后消除平面间的接缝""实体合并后保留平面间的接缝""将每个实体保留为单个实体"和"实体作为工作曲面"四种衍生样式。

6）指定创建衍生零件的比例系数和镜像平面，默认比例系数为 1.0，或者输入任意正数。如果需要以某个平面为镜像面生成镜像零件，可以选中"零件镜像"复选框，然后选择一个基准工作平面作为镜像平面。

图 12-23 "衍生零件"对话框

7）单击"确定"按钮即可创建衍生零件。图 12-24 所示是衍生零件的缩放范例示意图；图 12-25 所示是衍生零件的镜像范围示例图。

图 12-24 缩放衍生零件示例

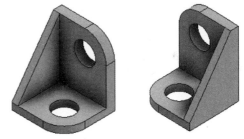

图 12-25 镜像衍生零件示例

"衍生零件"对话框中的选项说明如下。

1）衍生样式：选择按钮来创建保留平面接缝或消除平面接缝的单实体零件、多实体零件（如果源零件包含多个实体）或包含工作曲面的零件。

● ⬡：创建包含平面之间合并的、接缝的单实体零件。

● ⬡：创建保留平面接缝的单实体零件。

● ⬡：将每个实体保留为单个实体。如果源零件包含多个可见的实体，则选择所需的实体以创建多实体零件。这是默认选项。

● ⬡：实体作为工作曲面，创建零件文件。在其中单个实体会转换为单个曲面体，该曲面体可作为"分割"命令中的分割工具。

2）状态：单击下列符号可以相互转变。

● ：表示要选择包含在衍生零件中的元素。

● ：表示要排除衍生零件中不需要的元素。如果某元素用此符号标记，则在衍生的新零件中该元素不被包含。

2．创建衍生零件的注意事项

1）可以选择根据源零件衍生生成实体，或者生成工作曲面，以用于定义草图平面、工作几何图元和布尔特征（如拉伸到曲面），可以在"衍生零件"对话框中将"实体"或者"实体作为工作平面"前面的图标变成  或者 。

2）如果选择要包含到衍生零件中的几何图元组（如曲面），则以后添加到基础零件上的任意可见表面在更新时都会添加到衍生零件中。

3）将衍生零件放置到部件中以后，单击"管理"选项卡"更新"面板上的"更新"按钮可以只重新生成本地零件，单击"全部重建"选项将更新整个部件。

3．编辑衍生零件

当创建了衍生零件以后，浏览器中会出现对应的图标，在该图标上单击右键，有快捷菜单打开，如图 12-26 所示。如果要打开衍生零件的源零件，在右键菜单中选择"打开基础零部件"选项即可。如果要对衍生零件重新进行编辑，可以选择右键菜单中的"编辑衍生零件"选项。如果要断开衍生零件与源零件的关联，使得改变源零件时衍生零件不随之变化，可以选择右键菜单中的"断开与基础零部件的关联"选项。如果要删除衍生特征，选择右键菜单中的"删除"选项即可。

图 12-26　衍生零件在浏览器中的右键菜单

衍生的零件实际上是一个实体特征，与用拉伸或者旋转工具创建的特征没有本质的不同。创建了衍生零件之后，完全可以再次添加其他的特征以改变衍生零件的形状。

12.3.2　实例——锻造模腔的衍生

在现实生活中用到的许多生活用品以及工业制造中的设备零件（如铁锅等炊具和减速机外壳等）都是通过锻造、铸造或者冲压而成的，这些东西的生产过程都需要用到各种模具，如锻造模具和铸造模具等，利用衍生命令可以很方便地利用现有零件，通过衍生命令生成所需要的制造腔体。

绘制如图 12-27 所示的锻造模腔。

1）新建文件。单击"快速访问"工具栏上的"新建"按钮 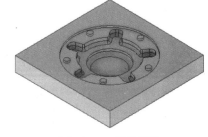，在打开的"新建文件"对话框中的零件下拉列表中选择"Standard.ipt"选项，单击"创建"按钮，新建一个零件文件。

图 12-27　锻造模腔

2）打开衍生零件。单击"三维模型"选项卡"创建"面板中的"衍生零部件"按钮 ，此时打开"打开"对话框，在对话框中，浏览并选择要作为基础零件的"衍生法兰"，然后单击"打开"按钮。

3）衍生为曲面。在绘图区域显示"衍生法兰"的零件模型，同时打开"衍生零件"对话框，如图 12-28 所示。选择衍生样式为"实体作为工作曲面"，单击"确定"按钮，则将"衍生法兰"零件作为一个曲面体显示在新零件文件中，如图 12-29 所示。

图 12-28 "衍生零件"对话框

图 12-29 衍生零件

4）创建草图。单击"三维模型"选项卡"草图"面板中的"开始创建二维草图"按钮，选择 *XZ* 平面为草图绘制平面，进入草图绘制环境。单击"草图"选项卡"创建"面板中的"两点中心矩形"按钮，绘制草图。单击"约束"面板中的"尺寸"按钮标注尺寸，如图 12-30 所示。单击"草图"选项卡中的"完成草图"按钮，退出草图环境。

5）创建拉伸体。单击"三维模型"选项卡"创建"面板中的"拉伸"按钮，打开"拉伸"对话框，选取第 4）步绘制的草图为拉伸截面轮廓，将拉伸距离设置为"30mm"，如图 12-31 所示。单击"确定"按钮，完成拉伸。

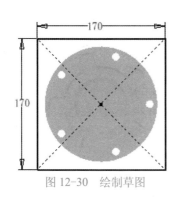

图 12-30 绘制草图

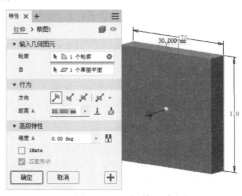

图 12-31 拉伸示意图

6）分割零件。单击"三维模型"选项卡"修改"面板中的"分割"按钮，打开"分割"对话框，如图 12-32 所示。选择分割方式为"修剪实体"，选择衍生生成的曲面体为分割工具，然后选择删除方向为"向内"，单击"确定"按钮，完成分割，如图 12-33 所示。

图 12-32 "分割"对话框

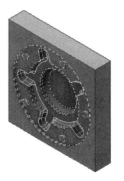

图 12-33 分割零件

7）隐藏曲面。在模型浏览器中展开"衍生法兰"，然后选择"实体 1：衍生法兰"，单击鼠标右键，在打开的快捷菜单中激活"可见性"选项。这样隐藏曲面体后，即生成衍生法兰的腔体，可将该腔体作为衍生法兰的锻造模腔，如图 12-43 所示。

12.3.3 衍生部件

衍生部件是基于现有部件的新零件。可以将一个部件中的多个零件连接为一个实体，也可以从另一个零件中提取出一个零件。这类自上而下的装配造型更易于观察，并且可以避免出错和节省时间。

衍生部件的组成部分源自于部件文件，它可能包含零件、子部件和衍生零件。

1. 衍生部件

1）运行 Inventor，单击"快速访问"工具栏上的"新建"按钮 ，在打开的"新建文件"对话框中的零件下拉列表中选择"Standard.ipt"选项，单击"创建"按钮，新建一个零件文件。

2）单击"三维模型"选项卡"创建"面板上的"衍生零部件"按钮 ，打开"打开"对话框，选择要作为基础部件的部件文件 (.iam)，然后单击"打开"按钮。

3）此时绘图区域内出现源部件的预览图形及其尺寸（如果包含尺寸的话），同时出现"衍生部件"对话框，如图 12-34 所示。

4）在"衍生部件"对话框中，模型元素如零件或者子部件等以层次结构显示。

5）在对话框中选择合适的衍生样式，包括"实体合并后消除平面间的接缝""实体合并后保留平面间的接缝""将每个实体保留为单个实体"和"单个组合特征"四种衍生样式。图 12-35 所示是"实体合并后消除平面间的接缝"的示例，而图 12-36 所示是"实体合并后保留平面间的接缝"的示例。

图 12-34 "衍生部件"对话框

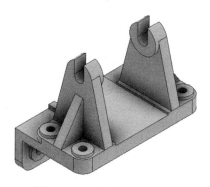

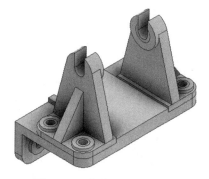

图 12-35　消除平面间的接缝　　　　　图 12-36　保留平面间的接缝

6）在对话框下面的列表框中选择要保留或减去的零件。

7）单击"确定"按钮以完成衍生部件创建。

衍生部件也可以像衍生零件那样，能够镜像或调整比例。单击"衍生部件"对话框中的"选项"选项卡，在该选项卡中可以对零部件进行镜像或比例调整。另外，如果选择了添加或去除子部件，则在更新时，添加/删除到子部件的零部件将自动反映出来。将衍生零件放置到部件中以后，单击"标准"工具栏上的"本地更新"选项可以只重新生成本地零件，单击"完全更新"选项将更新整个部件。

2. "衍生部件"对话框中的选项

1）衍生样式：选择按钮来创建消除平面接缝或保留平面接缝的单实体零件、多实体零件（如果源零件包含多个实体）或单个组合特征。

- "衍生部件"对话框中的前三个衍生样式与"衍生零件"中的一致，此处不再说明。
- ：创建作为单一曲面体的零件文件。使用该选项可以创建占用磁盘空间最小的零件文件。

2）状态：单击下列符号可以相互转变。

- ：表示选择要包含在衍生部件中的组成部分。
- ：表示排除衍生部件中不需要的组成部分。用此图标标记的项在更新到衍生部件时将被忽略。若在"表达"选项卡中选中了"关联"复选框，如图 12-37 所示，则不能排除指定设计视图中的可见零件。

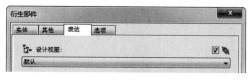

图 12-37　"表达"选项卡"关联"复选框

- ：表示减去衍生部件中的组成部分。如果被去除的组成部分与零件相交，其结果将形成空腔。
- ：表示将衍生部件中选择的部件件表示为边框。
- ：使选定的零部件与衍生部件相交。

🔔 注意：

"衍生部件"对话框中，默认的"衍生样式"为"将每个实体保留为单个实体"。此时激活的"状态"只有"包含选定的零部件"和"包括选定零部件的边框"两个选项，不能从部件中减去不需要的零件；如果选择其他三种衍生样式，则可激活"减去选定的零部件"，此时可以选择要减去的零部件，这些零部件不参与新零件特征的创建。

12.3.4　更新与管理衍生零件

1．更新衍生零件

源零部件与衍生生成的零件存在着关联，如果修改了源零部件，则衍生零件也会随之变化，但是衍生零件不会自动更新，只是在模型浏览器中出现一个带有橘黄色、闪电形状的符号，此时单击"快速访问"工具栏上的"本地更新"按钮，即可更新衍生零件。

2．管理衍生零件

由于源零部件与衍生生成的零件存在着关联，修改了源零部件，则衍生零件会随着更新变化形状，如果暂时不需要更新，可以通过抑制或断开链接取消关联，这样修改源零件后，衍生零件就不会更新。具体操作如下。

在模型浏览器中选择衍生零件，单击鼠标右键在打开的快捷菜单中选择"抑制与基础零部件的链接"或"断开与基础零部件的关联"选项，如图 12-38 所示。选择后，衍生零件前边会出现不同的图标，如图 12-39 所示。图 12-39a 所示为抑制链接，图 12-39b 所示为断开关联。

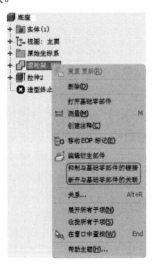

图 12-38　右键打开快捷菜单

a)　　　　　　　　b)

图 12-39　抑制或断开链接

💬 注意：

抑制链接和断开链接是有区别的，抑制链接后，衍生零件和源零部件之间还存在着关联关系，只是被抑制了。如果要更新衍生零件，则需要选择衍生零件，单击鼠标右键，在打开的快捷菜单中选择"解除抑制与基础零部件的链接"选项，这样更新状态被重新激活，可以更新衍生零件。

12.4 综合实例——底座支架

利用滚轮架组件衍生出如图 12-40 所示的底座支架。

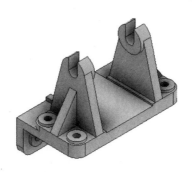

图 12-40　底座支架

1）新建文件。单击"快速访问"工具栏上的"新建"按钮，在打开的"新建文件"对话框中的零件下拉列表中选择"Standard.ipt"选项，单击"创建"按钮，新建一个零件文件。

2）打开衍生零件。单击"三维模型"选项卡"创建"面板中的"衍生零部件"按钮，打开"打开"对话框。在对话框中，浏览并选择要作为基础零件的"滚轮架"装配组件，然后单击"打开"按钮。

3）衍生部件。在绘图区域显示"滚轮架"的部件模型，同时打开"衍生部件"对话框，如图 12-41 所示。

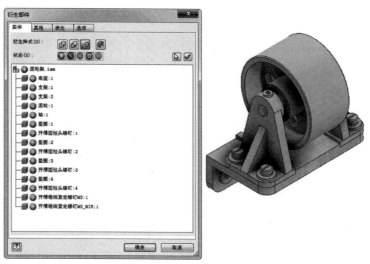

图 12-41　衍生部件

4）减去零部件。在"衍生部件"对话框中单击"衍生样式"为"实体合并后消除平面间的接缝"按钮，此时"状态"选项中的"减去选定的零部件"被激活。在"衍生部件"对话框中选择被减去的零件，如图 12-42 所示，然后单击"确定"按钮，生成衍生零件，如图 12-43 所示。

图 12-42　减去零部件

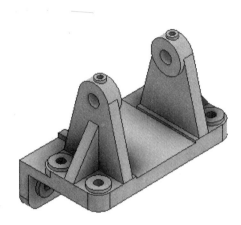

图 12-43　衍生零件

5）绘制草图 1。单击"三维模型"选项卡"草图"面板中的"开始创建二维草图"按钮 ，选择 *XY* 平面为草图绘制平面，进入草图绘制环境。单击"草图"选项卡"创建"面板中的"矩形"按钮，绘制草图。单击"约束"面板中的"尺寸"按钮标注尺寸，如图 12-44 所示。单击"草图"选项卡中的"完成草图"按钮，退出草图环境。

6）创建拉伸体。单击"三维模型"选项卡"创建"面板中的"拉伸"按钮，打开"拉伸"对话框，选取第 5）步绘制的草图为拉伸截面轮廓，设置拉伸方向为"对称"，"距离"为"贯通"，输出方式为"求差"，如图 12-45 所示。单击"确定"按钮，完成拉伸操作。

7）编辑底座源零件。单击"打开"按钮，打开"底座"零件，如图 12-46 所示，删除"加强筋 1"特征。然后选择"工作平面 2"为草图绘制平面，绘制草图 2，如图 12-47 所示。再利用"加强筋"命令创建厚度为"8"的加强筋。最后利用"镜像"命令，将创建的"加强筋"以 *XY* 平面为镜像平面进行镜像，结果如图 12-48 所示。保存后关闭该零件。

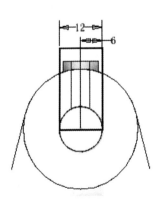

图 12-44　绘制草图 1

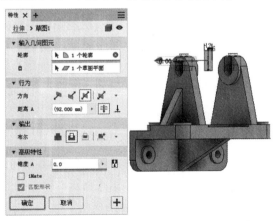

图 12-45　拉伸示意图

图 12-46　打开源零件

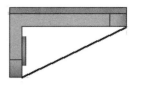

图 12-47　绘制草图 2

8）更新衍生零件。对源零件进行编辑保存后，衍生零件会出现提示更新的图标，此时单击"快速访问"工具栏中的"本地更新"按钮，更新衍生零件，如图 12-49 所示。

图 12-48　镜像加强筋

图 12-49　更新衍生零件

打包与设计助理

利用 Inventor 设计零部件时，需要对设计的零部件进行修改，整理归纳，甚至推倒重来。例如，在装配时发现将两个零件合并代替原来的两个零件，或者装入了一个螺钉不满意，换一个规格甚至型号等状况时，这些操作生成的零件往往同时保留在一个文件夹中，成为不被使用的"废旧零部件"，这时就需要有一种操作来摘除这些"废旧零部件"，而不改变有用零部件的链接关系，"打包"命令可以很好解决这一问题。设计助理则是帮助用户查找、追踪和维护 Inventor 文件，进行文件管理的工具。

本章将简要介绍打包与设计助理工具。

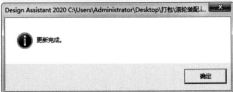

13.1 打包

在设计过程中，用户往往需要对所设计的零部件添加材料属性，来获得设计零部件更加真实的外观和材料属性，或者在后续的应力分析过程中对零部件提供真实的物理特性。

13.1.1 打包的作用

打包的作用是：整理和归纳设计参与的零部件，摘除设计过程中产生的没有用到的或与设计没有产生链接关系的"废旧零部件"，并按实际情况复制出完整的一套文件，并保留原有文件之间的链接关系，将这些文件保存在指定的文件夹下，而那些无用的"废旧零部件"则会自动识别，不被打包进来。打包后的结果与原来的设计文件会脱离关系而独立存在。

13.1.2 打包的操作步骤

1）选择要进行打包的总装配文件，因为总装配文件包含所需的各个装配零件，并且这些零件之间存在着装配关系。打包后这些装配零件和关系会随总装配零件一起打包到指定的文件夹中，独立存在，可直接调用。

2）对选择的总装配文件进行打包，可以通过以下三种方式：

方法一：打开选定的总装配文件，然后在 Inventor 菜单栏中选择"文件"→"另存为"→"打包"按钮，如图 13-1 所示，系统打开"打包"对话框。

方法二：在资源管理器中找到要打包的总装配文件，鼠标单击文件，在打开的快捷菜单中选择"打包"命令，如图 13-2 所示，系统打开"打包"对话框。

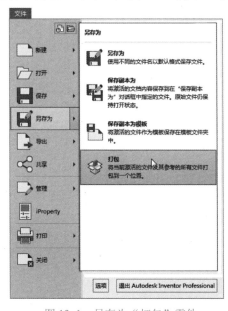

图 13-1　另存为"打包"零件

图 13-2　快捷菜单"打包"命令

335

　　方法三：在操作系统界面左下角单击"开始"→"所有程序"→"Autodesk"→"Autodesk Inventor 2020"→"Design Assistant 2020"命令，打开"Design Assistant 2020"对话框，然后在该对话框中单击"打开"按钮🖹，打开"打开 Autodesk Inventor 文件"对话框，找到要打包的总装配文件，将其打开，然后回到"设计助理 2020"对话框，选择总装配模型文件，单击鼠标右键，在弹出的快捷菜单中选择"打包"命令，如图 13-3 所示，系统打开"打包"对话框。

　　3）利用前面介绍的三种方法打开"打包"对话框，如图 13-4 所示。

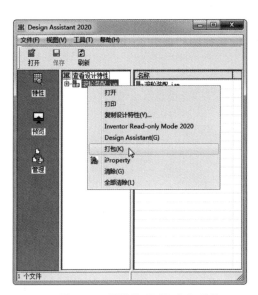

图 13-3　设计助理"打包"零件

图 13-4　"打包"对话框

"打包"对话框中的选项说明如下。

● 源文件：显示要打包的总装配体的文件路径。

● 目标文件夹：指定要打包文件的目标位置。可以通过单击右侧的"浏览"按钮🔍，在打开的"浏览文件夹"中选择目标保存的文件夹。如果文件夹不存在，则会提示创建文件夹。

● 复制到单一路径：将参考文件与打包文件复制到一个文件夹中。

● 保留目录树：在目标文件夹下创建目录树，并将选定的总装配文件及其零部件复制到相应的子文件夹中。

● 仅模型文件：仅将模型零件复制到目标文件下，而不复制引用的文件。

● 包括链接的文件：将所有与源文件有连接关系的参考文件一起打包到目标文件中。

● 跳过库：选中该复选框，则库文件不会与选定的装配文件一起打包到目标文件中。

● 收集工作组：选中该复选框，则会将工作组和工作空间收集到单个根文件夹中。

● 跳过样式：选中该复选框，则附加在零部件上的样式不会打包到目标文件中。

● 跳过模板：选中该复选框，则模板不会打包到目标文件中。

● 查找被参考的文件：查找相关的模型文件，包括装配模型、零件和标准件等。

● 文件总数：查找文件后，显示要打包的文件总数。

● 所需磁盘空间大小：显示要打包的文件需要占用的磁盘空间。

● 搜索参考文件：搜索除模型文件以外的并且与本次设置又有链接关系的其他文件，包括工程图文件，表达视图文件等。

● 找到文件：显示打包的文件列表，包含两次搜索得到的所有文件，用户可以查看打包后的结果内容。

4）在以上设置完毕后，单击"开始"按钮，开始打包，过程条会显示打包进度，打包完成后单击"完毕"按钮，完成打包，同时关闭"打包"对话框。

13.2　Design Assistant（设计助理）

Design Assistant 译为设计助理，（下文中均称作设计助理）可以帮助用户查找，追踪和维护 Inventor 文件，如将一个文件的特性复制到另一个文件中、文件预览和管理等；还可以进行相关的文字处理和再设计处理，如重命名文件，复制文件、替换文件和打包文件等，并保留文件之间链接关系。

13.2.1　启用设计助理

可以通过以下三种方法启用设计助理。

方法一：打开选择的文件，然后在 Inventor 菜单栏中单击"文件"→"管理"→"Design Assistant"按钮，如图 13-5 所示，系统打开"Design Assistant 2020"对话框，如图 13-6 所示。

图 13-5　启动 Design Assistant

图 13-6　"Design Assistant 2020"对话框

　　方法二：在资源管理器中找到要处理的文件，鼠标单击文件，在打开的快捷菜单中选择"Design Assistant"命令，如图 13-7 所示，系统打开"Design Assistant 2020"对话框。

图 13-7　快捷菜单启动"Design Assistant"命令

　　方法三：在操作系统界面左下角单击"开始"→"所有程序"→"Autodesk"→"Autodesk Inventor 2020"→"Design Assistant 2020"命令，打开"Design Assistant 2020"对话框。

13.2.2　预览设计结果

　　利用设计助理可以预览设计结果，具体操作是，打开"Design Assistant 2020"对话框后，单击"打开"按钮🗁，打开要处理的文件，该文件可以是单个零件，也可以是装配体，然后单击"Design Assistant 2020"对话框中的"预览"按钮🖥，切换到"预览"界面。然后在对话框左侧的设计树中选择要预览的文件，右侧的预览区域中则显示预览模型，如图 13-8 所示。右键单击该预览模型，打开一个快捷菜单，可以继续相关的操作。

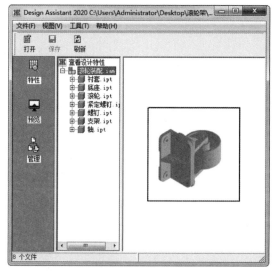

图 13-8　预览文件

13.2.3　复制设计特性

　　利用 Inventor 设计的零部件不仅包括几何数据还包括非几何数据，这些数据在设计产品的过程中，参与设计的全部设计参数与模型需要一致，这时利用"复制设计特性"命令可以将设计特性从一个文件复制到另一个文件或另一组文件中，具体操作步骤如下。

1）在操作系统界面左下角单击"开始"→"所有程序"→"Autodesk"→"Autodesk Inventor 2020"→"Design Assistant 2020"命令，打开"Design Assistant 2020"对话框。

2）在"Design Assistant 2020"对话框中选择"工具"菜单，在打开的下拉菜单中选择"复制设计特性"命令，打开"复制设计特性"对话框，如图 13-9 所示。

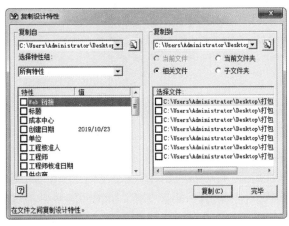

图 13-9 "复制设计特性"对话框

3）在"复制自"下拉列表中选择要复制特性的源文件，也可以单击"浏览"按钮，浏览找到要复制特性的源文件，再在"特性"列表框中选择要复制源文件的具体特性。

4）在"复制到"下拉列表中，选择要接受这些特征的文件。

5）设置完成后，单击"复制"按钮，完成特性的复制。

13.2.4 管理设计特性

使用设计助理可以管理设计零部件之间的链接关系，管理零部件之间的链接关系包括重命名文件，替换文件和复制文件等，具体介绍如下。

1. 重命名零件

在完成零部件的设计后，有时候对设计的零部件的名称不满意，需要对其中的一个或部分零件进行重命名，但是如果直接修改零件名称，该零件就会与装配文件断开链接，利用 Inventor 打开装配文件时，修改名称后的零件不能被识别，设计管理器能够很好地解决这一问题，具体操作如下。

1）在操作系统界面左下角单击"开始"→"所有程序"→"Autodesk"→"Autodesk Inventor 2020"→"Design Assistant 2020"命令，打开"Design Assistant 2020"对话框。

2）在"Design Assistant 2020"对话框中单击"打开"按钮，打开"打开 Autodesk Inventor 文件"对话框，浏览到要处理的装配体文件，单击"打开"按钮，打开文件。

3）在"Design Assistant 2020"对话框中单击"管理"按钮，切换到管理界面，如图 13-10 所示。在该界面中找到要重新命名的零件，然后在"操作"列中单击鼠标右键，在弹出的快捷菜单中选择"重命名"命令，如图 13-11 所示。

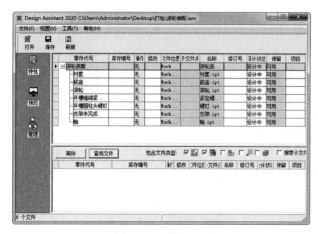

图 13-10   管理界面   图 13-11   重命名

4）在该零件后面的"名称"列中单击鼠标右键，在弹出的快捷菜单中选择"更改名称"命令，系统弹出"打开"对话框。设置新的文件名称，单击"打开"按钮，返回"Design Assistant 2020"对话框。单击"保存"按钮 🖫，保存文件，同时打开更新完成提示对话框，完成重命名。这样重命名后，零件和装配文件之间依然存在链接关系，可直接打开。

2. 替换文件

利用设计助理替换零件时，会自动替换装配体中对零件或装配体文件的所有链接关系，但在工程图或表达视图中则不能直接替换文件。具体操作如下。

1）在操作系统界面左下角单击"开始"→"所有程序"→"Autodesk"→"Autodesk Inventor 2020"→"Design Assistant 2020"命令，打开"Design Assistant 2020"对话框。

2）在"Design Assistant 2020"对话框中单击"打开"按钮 🗁，打开"打开 Autodesk Inventor 文件"对话框，浏览到要处理的装配体文件，单击"打开"按钮，打开文件。

3）在"Design Assistant 2020"对话框中单击"管理"按钮 🗐，切换到管理界面，在该界面中找到要替换的零件，然后在"操作"列中单击鼠标右键，在弹出的快捷菜单中选择"替换"命令，系统弹出确认对话框，单击"是"按钮。

4）更改名称。在该零件后面的"名称"列中单击鼠标右键，在弹出的快捷菜单中选择"更改名称"命令，系统弹出"打开"对话框。在打开的对话框中选择要替换的零部件，单击"打开"按钮，返回"Design Assistant 2020"对话框，单击"保存"按钮 🖫，保存文件，同时打开更新完成提示对话框，完成替换。这样替换零件后，零件和装配文件之间依然存在链接关系，可直接打开。

3. 复制文件

如果要利用现有的零部件重新设计新的类似的零件及装配体，即进行复制设计时，可以直接修改模型的几个参数，或者修改某些模型特征，以快速完成一个新的设计。但是这种设计方法往往导致新设计的零件与部件之间的链接关系出现混乱，例如，三维模型文件重命名后，打开装配体时需要重新指定新文件；又或者通过复制全套模型文件到新的文件夹中，在修改零部件的特征关系，打开装配文件时，装配零件依然使用原有零件，修改后的零件并没有替换进来。利用设计助理的复制文件功能可以非常简单地解决类似问题。

设计助理的复制文件功能，可以完整地复制出一套与原来的文件具有相同链接关系的新文件，但该文件本身又是独立存在的，因此可以单独对该文件中的零件做复制设计。具体操作如下。

1）在操作系统界面左下角单击"开始"→"所有程序"→"Autodesk"→"Autodesk Inventor 2020"→"Design Assistant 2020"命令，打开"Design Assistant 2020"对话框。

2）在打开的"Design Assistant 2020"对话框中选择"文件"菜单中的"项目"命令，打开"选择项目文件"对话框，切换到模型文件所在的项目，如图 13-12 所示。

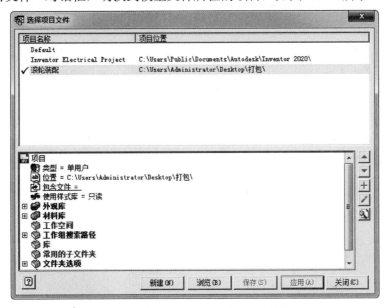

图 13-12 "选择项目文件"对话框

3）在"Design Assistant 2020"对话框中单击"打开"按钮，打开"打开 Autodesk Inventor 文件"对话框，浏览到要处理的装配体文件，单击"打开"按钮，打开文件。

4）在"Design Assistant 2020"对话框中单击"管理"按钮，切换到管理界面，在该界面中找到要复制的零件（可以利用〈Ctrl〉或〈Shift〉键，选择一个或多个零件），然后在"操作"列中单击鼠标右键，在弹出的快捷菜单中选择"复制"命令。

5）改变文件位置。在该零件后面的"文件位置"列中单击鼠标右键，在弹出的快捷菜单中选择"改变位置"命令，系统弹出"选择文件位置"对话框，在该对话框中单击"浏览"按钮，选择文件要复制到的位置，返回"Design Assistant 2020"对话框的管理界面。在下面的"包含文件类型"右面选择与模型文件有链接关系的其他文件，包括"工程图文件""部件文件""表达视图文件""零件文件""包括子文件夹"等，可以选中一个或多个复选框，然后单击"查找文件"按钮，系统弹出查找文件数目提示对话框，并且查找到的文件出现在下面的列表框中，如图 13-13 所示，单击"确定"按钮。采用同样的方法，对其他文件进行复制和文件位置的选择操作，最后单击 "保存"按钮，保存文件，系统提示"更新完成"。

图 13-13 "Design Assistant 2020" 对话框管理界面

13.3 综合实例——滚轮架的打包与再设计

本例主要讲解利用"打包"命令从凌乱的设计零件中，摘除"废旧零部件"，整理出一套完整的设计文件，然后对整理后的设计文件进行再设计。由设计前单筋底座的滚轮改变为设计后的双筋底座的滚轮，如图 13-14 所示。

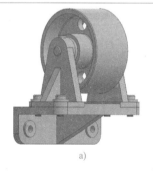
a)

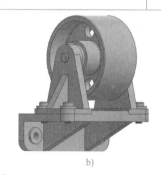
b)

图 13-14 滚轮

a) 单筋底座滚轮 b) 双筋底座滚轮

1）启用设计助理。在操作系统界面左下角单击"开始"→"所有程序"→"Autodesk"→"Autodesk Inventor 2020"→"Design Assistant 2020"命令，打开"Design Assistant 2020"对话框。

2）预览零部件。单击"Design Assistant 2020"对话框中的"打开"按钮📄，系统弹出"打开 Autodesk Inventor 文件"对话框。找到要打开的"单筋底座滚轮"部件文件，系统返回到"Design Assistant 2020"对话框。在该对话框中单击"预览"按钮🖥，切换到"预览"界面，然后在左侧的设计树中展开"单筋底座滚轮"文件，选择要预览的文件，右侧的预览区域中则显示预览模型，如图 13-15 所示。预览显示"单筋底座滚轮"装配体并没有用到所在文件夹中的所有零件，需要打包出一整套完整的设计文件。

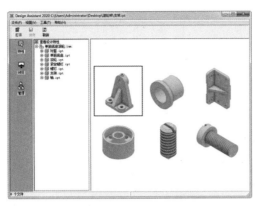

图 13-15　预览文件

3）打包零部件。在"Design Assistant 2020"对话框中右键单击"单筋底座滚轮"文件，在打开的快捷菜单中选择"打包"命令，如图 13-16 所示。系统打开打包提示对话框，单击"确定"按钮，打开"打包"对话框。在该对话框中单击"立即搜索"按钮，在下方的"找到文件"列表框中列出要打包的零部件，然后选中"包括子文件夹"复选框，再单击该复选框右侧的"立即搜索"按钮，系统弹出"打包：查找引用文件结果"对话框，显示查找到的"子文件"如图 13-17 所示。单击"添加"按钮，将子文件添加到"打包"对话框"找到文件"列表框中，其他设置如图 13-18 所示。设置完成后单击"开始"按钮，开始打包，完成后单击"完毕"按钮，完成打包，同时关闭"打包"对话框，返回到"Design Assistant 2020"对话框，最后关闭该对话框。

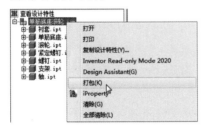

图 13-16　设计助理"打包"零件

图 13-17　搜索结果

图 13-18　"打包"对话框

4）打开文件。找到打包后的文件夹，将其打开，如图 13-19 所示。在该文件夹中出现一个"单筋底座滚轮"项目文件夹，并且该文件夹中的文件都是设计需要的文件，而没有关系的"废旧零部件"不会被打包进来。

图 13-19　打包文件夹

5）复制文件。在打包后的文件夹中，选择"单筋底座滚轮"装配文件，单击鼠标右键，在打开的快捷菜单中选择"Design Assistant"命令，打开"Design Assistant 2020"对话框。

6）选择项目模型。在"Design Assistant 2020"对话框中选择"文件"菜单中"项目"命令，打开"选择项目文件"对话框，在对话框中单击"浏览"按钮，找到要复制的项目文件"单筋底座滚轮.ipj"，单击"打开"按钮，打开项目文件，切换到模型文件所在的项目。

7）管理复制文件。在"Design Assistant 2020"对话框中单击"管理"按钮，切换到管理界面，如图 13-20 所示。在下面的"包含文件类型"右侧选中"工程图"文件复选框，单击"查找文件"按钮，找到相关联的工程图文件。然后选择所有的文件，在"操作"列中单击鼠标右键，在弹出的快捷菜单中选择"复制"命令，在"文件位置"列中单击鼠标右键，在弹出的快捷菜单中选择"改变位置"，弹出"选择文件位置"对话框，在该对话框中单击"浏览"按钮，找到要复制到的目标文件夹。

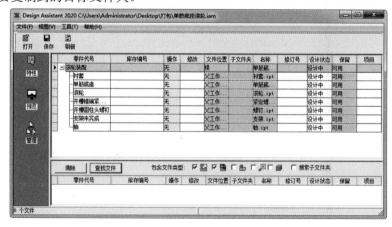

图 13-20　Design Assistant 管理界面

8）重命名文件。在管理界面的"名称"列中右键单击"单筋底座滚轮"，在打开的快捷菜单中，选择"更改名称"命令，系统弹出"打开"对话框。在该对话框中设置文件名为"双筋底座滚轮"，单击"打开"按钮，重命名文件。采用同样的方法，将"单筋底座"零件改为"双筋底座"。设置完成后单击"保存"按钮 ，完成复制，然后关闭"Design Assistant 2020"对话框管理界面。

9）编辑零件。在复制的文件夹中找到"双筋底座"，在 Inventor 中将其打开，如图 13-21 所示。在左侧的模型浏览器中选择"加强筋 1"特征，单击鼠标右键，在弹出的快捷菜单中选择"删除"命令，如图 13-22 所示，删除"加强筋 1"特征。然后在模型浏览器中的"矩形阵列 1"上单击鼠标右键，在弹出的快捷菜单中选择"移动 EOP 标记"命令，如图 13-23 所示，将"造型终止"移动到"矩形阵列 1"后。

图 13-21　打开文件

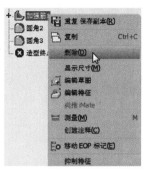
图 13-22　删除特征

图 13-23　移动 EOP 标记

10）创建工作平面 1。单击"三维模型"选项卡"定位特征"面板中的"从平面偏移"按钮 ，选择 XY 平面，设计偏移距离为"35"，如图 13-24 所示，单击"确定"按钮 ，创建工作平面 1。

11）创建草图。单击"三维模型"选项卡"草图"面板上的"开始创建二维草图"按钮 ，选择工作平面 1 为草图绘制平面，进入草图绘制环境。单击"草图"选项卡"创建"面板上的"直线"按钮 ，捕捉边线的端点绘制草图，如图 13-25 所示。单击"草图"选项卡上的"完成草图"按钮 ，退出草图环境。

图 13-24　创建工作平面

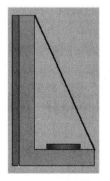
图 13-25　绘制草图

12）创建加强筋。单击"三维造型"选项卡"创建"面板上的"加强筋"按钮 ，打开"加强筋"对话框，在对话框中选择"平行于草图平面"类型 ，在视图中选取第 11）步创建的草图作为截面轮廓，输入厚度为"8mm"，单击"对称"按钮 ，单击"确定"按钮，生成加强筋。

13）镜像加强筋。单击"三维造型"选项卡"阵列"面板上的"镜像"按钮⚠，打开"镜像"对话框，选择第 12）步创建的加强筋为镜像特征，选择 *XY* 平面为镜像平面，如图 13-26，单击"确定"按钮，完成镜像。然后在模型浏览器中将"造型终止"拖动到最下端，显示所有的模型特征，如图 13-27 所示。保存文件。

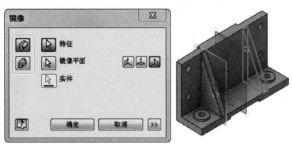

图 13-26 "镜像"对话框　　　　　　　　　　　图 13-27 双筋底座

14）打开装配文件。单击"打开"按钮📂，弹出"打开"对话框，找到复制后的装配体文件，单击"打开"按钮，弹出一个提示对话框，如图 13-28 所示。单击"是"按钮，打开修改后的"双筋底座滚轮"，如图 13-29 所示。然后保存文件，完成文件的再设计。

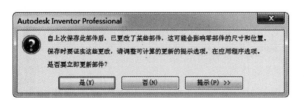

图 13-28 提示对话框　　　　　　　　　　　图 13-29 双筋底座滚轮

第 14 章

Inventor 二次开发入门

知 识 导 引

　　通过二次开发，用户可以定制符合自己具体要求的产品，使得软件更加个性化，也可以定制更多功能。本章主要介绍 Inventor 二次开发的几种主要方法。

学 习 效 果

14.1 Inventor API 概述

Inventor 具有良好的开放性，它提供了充分的二次资源开发接口和开发方法，用户可以在其平台上开发满足自己特定要求的产品。Inventor 支持面向对象的 ActiveX 技术，通过它可以方便有效地利用各种高级程序语言（如 Visual C++ 或者 VB 等）对 Inventor 进行二次开发。通过二次开发可以使得 Inventor 增加新的功能，并使得操作优化，满足用户的个性需要。

14.1.1 Inventor API 总论

API 是 Application Program Interface（应用程序接口）的简称，是微软公司的一种自动化操作（OLE 自动化）技术。API 的功能简言之，就是把应用程序中的功能暴露出来，可以供其他应用程序直接使用。API 技术广泛地应用在为 Windows 系统设计的应用软件中，如微软的办公软件 Word 和 Excel，Autodesk 的 AutoCAD、MDT、Inventor 等，都用到了 API 技术，使得用户能够通过自主编程定制应用程序的某些特定功能。

在 Inventor 中，API 充分展示了其功能集，用户可以使用多种方式来使用现成的 API，从而为 Inventor 添加更多的功能选项。在 Inventor 中，可以用几种不同的方式使用 API，如 VBA 方式以及插件方式等，关于这些内容将在下面几节详细介绍。

API 技术有着很多显著的优点和技术优势。首先，大部分流行的编程语言都可以用来编写 API 应用程序，如 VB、VC++、Delphi、Perl 和 Java 等。用户可以根据自己对某种编程语言的熟悉程度来选择合适的语言。其次，API 具有标准的规则，也就是说一定的通用性。如果用户具有一定的 Word API 程序编制经验，就很容易理解 Inventor API 程序的意义了。一旦用户理解了面向对象的 API 程序的工作机制，那么它就会比面向过程的应用程序的编写更加易于理解和运用。

14.1.2 Inventor API 的分类

1. VBA

VBA 的全称是 Visual Basic for Application，即为应用程序量身制作的 Visual Basic。VBA 并不是一个独立的开发工具，也不为某一个产品所独有，它是微软开发的一种编程语言，可以把它理解为 VB 的一个子集，它包含了 VB 的大部分常用的功能。但是二者之间存在着一个显著的区别，即某一个产品（如 Inventor）的 VBA 程序只能够运行在该产品的内部，而 VB 可以生成独立的可以直接运行的 EXE 文件，可以在产品外部运行。VBA 作为一种易学易用的程序语言，广泛应用在 100 多种软件中，如微软的 Office 软件（包含 Word、Excel、Access 等）、Autodesk 的各种产品（如 Inventor）。

在 Inventor 中利用 VBA 设计的程序一般称为宏，需要在 Inventor 内部才可以执行，不能脱离 Inventor。Inventor VBA 可以说是访问和使用 Inventor API 最便捷的开发工具，它具有以下特点：

1）VBA 具有 VB 的大部分功能，且具有类似的集成开发环境。

2）VBA 随 Inventor 一同发行，不需要单独购买。和 Inventor 无缝集成，可以直接在 Inventor 中打开 VBA 程序界面进行应用程序开发。

3）VBA 不能创建可以运行在产品外部的独立的应用程序。它运行在与 Inventor 相同的处理空间，运行效率高。

4）可以把 VBA 程序做成独立的 IVB 文件，供其他用户和文件共享。

2. 插件（ADD-IN）

插件是 Inventor 的一种特殊类型的应用程序，能够对支持 API 的产品进行编程。插件的几个重要特点如下：

1）插件能够随着 Inventor 的启动而自动加载。

2）插件能够创建用户自己的菜单命令。

3）插件能够与其他的方法一样访问和使用 Inventor API。

值得一提的是，插件在 Inventor 运行时可以自动加载的特性是一个非常实用的功能，因为许多与 Inventor 无缝集成的应用程序都需要以插件的形式运行，如 Dynamic Designer。因此，只要 Inventor 运行，则插件形式的应用程序就会自动运行，并且在 Inventor 的运行过程中，这些应用程序始终会发挥作用。

3. 独立的可执行文件（*.exe 文件）

独立的*.exe 文件可以独立运行，且与 Inventor 相关联。这种程序具有自己的界面，不需要用户在 Inventor 中做任何的交互操作。例如，一个用来创建草图几何图元的应用程序，可独立于 Inventor 运行。当运行该程序时，它通过与数据库之间的交互操作添加新的数据，如果此时 Inventor 没有启动的话，则该程序会启动它，并创建所需的文档与相关的草图几何图元。由于独立的*.exe 文件运行在 Inventor 的处理空间之外，因此程序的执行效率会有所损失。并且如果当用户在其他应用程序的 VBA 中编写程序时，它也运行在独立的空间内。如在 Excel 中编写连接 Inventor 的 VBA 程序时，该程序运行在 Excel 的处理空间内，而不是 Inventor 的处理空间内。

4. 学徒服务器（Apprentice Server）

学徒服务器是一个 ActiveX 服务器，可以理解为 Inventor 的一个子集，运行在使用它的应用程序的处理空间内。学徒服务器为运行在 Inventor 之外的应用程序打开了方便之门，如独立的*.exe 文件访问 Inventor 文件，访问 Inventor 的装配结构，几何图元和文档属性等。

如果一个外部的应用程序要访问 Inventor 文档的信息，学徒服务器是一个非常不错的选择。由于学徒服务器能够运行在这个应用程序的内部，所以执行效率比在 Inventor 内部要高一些。另外，学徒服务器没有用户界面，所以能够更快地处理更多的操作。学徒服务器包含在 Design Tracking 中，该软件可以从 Autodesk 的网站免费下载。

14.1.3 Inventor API 使用入门实例

本节介绍一个简单的 Inventor API 的应用实例，从这个实例中可以感性地认识一下利用 API 能够在 Inventor 环境中进行什么样的工作。

1）这个程序用来判断当前激活的文档是否已经保存。运行 Inventor，单击"工具"选项卡"选项"面板上的"VBA 编辑器"按钮，弹出如图 14-1 所示的 Visual Basic 编辑器窗口。

在其中输入以下代码：

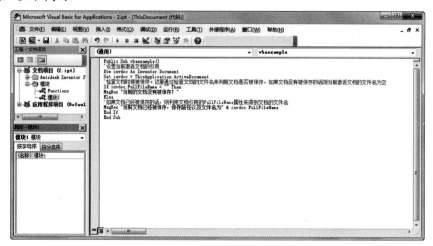

图 14-1　VB 编辑器窗口

```
Public Sub vbaexample()
'设置当前激活文档的引用
Dim invdoc As Inventor.Document
Set invdoc = ThisApplication.ActiveDocument
'检查文档时候被保存。这里通过检查文档的文件名来判断文档是否被保存，如果文档没有被保存的
话，则当前激活文档的文件名为空
If invdoc.FullFileName = "" Then
MsgBox "当前的文档没有被保存！"
Else
'如果文档已经被保存的话，则利用文档引用的FullFileName属性来得到文档的文件名
MsgBox "当前文档已经被保存，保存路径以及文件名为" & invdoc.FullFileName
End If
End Sub
```

2）单击如图 14-1 所示的 VB 编辑器窗口"标准"工具栏上的"运行宏"按钮 ▶ ，如果此时文档没有被保存的话，则弹出如图 14-2 所示的提示对话框。如果文档已经保存的话，则弹出如图 14-3 所示的提示对话框。

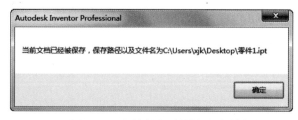

图 14-2　文档未保存时的提示对话框　　　　图 14-3　文档保存后的提示对话框

保存该程序后，该程序会自动成为 Inventor 的一个宏，宏的名称为编制的子程序（过程）的名称，即 Public Sub 后面的函数名称，在实例中为"vbaexample"。

3）选择"工具"菜单下的"宏"选项，弹出如图 14-4 所示的"宏"对话框，可以看到对话框中已经列出了"vbaexample"函数。单击该对话框右侧的"运行"按钮，可以运行该

宏，运行结果与单击 VB 编辑器的"标准"工具栏上的"运行子过程/用户窗体"按钮作用一样。单击"逐语句"按钮可以逐语句地执行程序，以方便查找程序中的错误。单击"编辑"按钮可以打开 VB 编辑器以修改源程序。单击"删除"按钮可以删除该宏。

图 14-4　"宏"对话框

🔔 注意：

一旦创建了一个宏，则该宏可以应用在任何一个 Inventor 的文档中。也就是说本例中的这个程序可以判断任何一个 Inventor 文档，如零件文档、部件文档、工程文档以及表达视图文档是否经历了保存。

上面的 VBA 程序也可以稍做修改，成为一个外部的 VB 程序。在下面程序中增加了检测 Inventor 是否启动以及自动检测是否新建了文档的功能，代码如下：

```
Sub Main ()
    On Error Resume Next
    '设置invapp为Inventor的一个引用
Dim invapp As Inventor.Application
    Set invapp = GetObject(, "Inventor.Application")
    If Err Then
        MsgBox "Inventor还没有启动！请启动Inventor。"
        Exit Sub
    End If
    On Error GoTo 0
    '检查当前Inventor中是否有建立的文档
    If invapp.Documents.Count = 0 Then
        MsgBox "目前Inventor中没有新建任何的文档，请新建文档！"
        Exit Sub
    End If
    ' 设置InvDoc为当前的激活文档
Dim InvDoc As Inventor.Document
    Set InvDoc = invapp.ActiveDocument
    ' 检查激活的文档是否保存过
    Dim Key As Boolean
    If InvDoc.FullFileName = "" Then
        MsgBox "当前的文档没有保存"
    Else
```

```
    MsgBox "当前文档已经保存，其路径和文件名为：" & InvDoc.FullFileName
  End If
End Sub
```

> 🔔 注意：
>
> 该程序往往不能运行，这是因为在默认情况下 VBA 没有包含与 Inventor 相关的类，此时可以在 VBA 编辑模式下，选择"工具"菜单下的"引用"选项，弹出"引用"对话框，选中其中的"Autodesk Inventor Object Library"选项即可。

14.2 Inventor VBA 开发基础

在进行编程之前，先了解 VBA 的语法和代码等。

14.2.1 VBA 语法小结

VBA 的语法大部分与 VB 完全相同，本章由于篇幅所限不能——详细讲述，这里仅做简要介绍，使对 VB 不太熟悉的读者可以有一个大致的了解。如果想详细了解 VBA 的语法知识，可以参考 VB 或者 VBA 的书籍或者文档资料。

1．数据类型

VBA 中的数据类型及其存储空间以及数据范围见表 14-1。

表 14-1　VBA 中的数据类型

数据类型		关键字	前缀	存储空间	范围
数值数据类型	字节型	Byte	Byt	1 个字节	0~255
	整型	Integer	Int	2 个字节	−32,768~32,767
	长整型	Long	Lng	4 个字节	−2,147,483,648~2,147,483,647
	单精度型	Single	Sng	4 个字节	负数：−3.402823E38~−1.401298E-45；正数：1.401298E-45~3.402823E38
	双精度型	Double	Dbl	8 个字节	负数：−1.79769313486232E308，−4.94065645841247E-324 正数：4.94065645841247E-324，1.79769313486232E308
	货币型	Currency	Cur	8 个字节	从−922,337,203,685,477.5808~922,337,203,685,477.5807
	逻辑型	Boolean	Bln	2 个字节	True 或 False
	日期型	Date	Dtm	8 个字节	100 年 1 月 1 日~9999 年 12 月 31 日
	对象型	Object	Obj	4 个字节	任何 Object 引用
	变长字符型	String	Str	10 字节加字符串长度	0~大约 20 亿
	定长字符型	String	Str	字符串长度	1~大约 65,400
	变体数字型	Variant	Vnt	16 个字节	任何数字值，最大可达 Double 的范围
	变体字符型	Variant	Vnt	22 个字节加字符串长度	与变长 String 有相同的范围

2. 运算符

VBA 的算术运算符见表 14-2。

表 14-2   VBA 的算术运算符

运算符	含义	优先级	示例	结果
^	乘方	1	Ia^2	9
-	负号	2	-iA	-3
*	乘	3	IA* iA* iA	27
/	除	3	10/iA	3.33333333333333
\	整除	4	10\iA	3
Mod	取模	5	10 Mod iA	1
+	加	6	10+iA	13
-	减	7	IA-10	-7

字符串运算符见表 14-3。

表 14-3   字符串运算符

运算符	作用	区别	示例	结果
&	将两个字符串拼接起来	连接符两旁的操作数不管是字符型还是数值型，系统先将操作数转换成字符，然后再连接	"123"&55 "abc"+12	"12355" "abc12"
+		连接符两旁的操作数均为字符型；均为数值型则进行算术加法运算；若一个为数字字符型，一个数值型，则自动将数字字符转换为数值，然后进行算术加；若一个为非数字字符型，一个数值型，则出错	"123"+55 "abc"+12	178 出错

关系运算符有 "=""＞""＞=""＜""＜=""＜＞""Like""Is"。"＜＞" 表示 "不等于"，"Like" 表示字符串匹配，"Is" 表示对象引用比较。操作对象可以是数值和字符串。

逻辑运算符见表 14-4。

表 14-4   逻辑运算符

运算符	含义	优先级	说明	示例	结果
Not	取反	1	当操作数为假时，结果为真	Not F	T
And	与	2	两个操作数均为真时，结果才为真	T And T	T
Or	或	3	两个操作数中有一个为真时，结果为真	T Or F	T
Xor	异或	3	两个操作数不相同，结果才为真，否则为假	T Xor F	T
Eqv	等价	4	两个操作数相同时，结果才为真	T Eqv F T Eqv T	F T
Imp	蕴含	5	第一个操作数为真，第二个操作数为假时，结果才为假，其余都为真	T Imp F	F

3. 程序流程控制

程序流程控制语句包括选择结构控制语句和循环结构控制语句以及其他辅助控制语句。

1）选择结构控制语句。

    ① If…Then 语句（单分支结构 F）。

◆ If <表达式> Then

        语句块

```
                    End If
◆   If  <表达式>   Then  <语句>
     ② If…Then…Else 语句（双分支结构）。
◆   If  <表达式>   Then
              <语句块 1>
         Else
              <语句块 2>
         End If
◆   If  <表达式>   Then  <语句 1>  Else  <语句 2>
     ③ If…Then…ElseIf 语句（多分支结构）。
         If  <表达式 1>   Then
              <语句块 1>
         ElseIf  <表达式 2>   Then
              <语句块 2>
              …
         Else   语句块  n+1
         End If
     ④ Select Case 语句。
     Select Case   变量或表达式
              Case   表达式列表 1
                    语句块 1
              Case   表达式列表 2
                    语句块 2
                    …
              Case Else
                    语句块 n+1
         End Select
```

2）循环结构控制语句。

① For 循环语句（知道循环次数的计数型循环）。

```
For   循环变量 = 初值 To 终值  [ Step   步长]
                    语句块
         [Exit For]
                    语句块
         Next   循环变量
```

② Do…Loop 循环（不知道循环次数的条件型循环）。用于控制循环次数未知的循环结构，语法形式有两种：

```
◆  Do While … Loop
         Do [ While | Until  条件 ]
              语句块
```

   [Exit Do]

     语句块

   Loop

◆ Do … Loop While

   Do

     语句块

   [Exit Do]

     语句块

   Loop [While | Until 条件]

3）其他流程控制语句。

① Go To 语句。

语句形式：Go To 标号 | 行号

说明：

● Go To 语句只能转移到同一过程的标号或行号处；标号是一个字符系列，首字符必须为字母，与大小写无关，任何转移到的标号后面必须有冒号"："；行号是一个数字序列。

● 以前 BASIC 中常用此语句，可读性差；现在要求尽量少用或不用，改用选择结构或循环结构来代替。

② Exit 语句。用于退出某控制结构的执行，VB 的 Exit 语句有多种形式，如：

   Exit For （退出 For 循环）

   Exit Do   （退出 Do 循环）

   Exit Sub   （退出子过程）

   Exit Function（退出函数）

③ End 语句。独立的 End 语句用于结束一个程序的执行，可以放在任何事件过程中，形式为："End"。VB 的 End 语句还有多种形式，用于结束一个过程或块，如：

   End If   End With   End Type   End Select   End Sub   End Function

④ With 语句。它的作用是可以对某个对象执行一系列的语句，而不用重复指出对象的名称。但不能用一个 With 语句设置多个不同的对象。属性前面需要带点号"·"。语句形式如下：

With 对象名

   语句块

   End With

4．关键字

VB(A)中的关键字有：As，Binary，ByRef，ByVal，Date，Else，Empty，Error，False，For，Friend，Get，Input，Is，Len，Let，Lock，Me，Mid，New，Next，Nothing，Null，On，Option，Optional，ParamArray，Print，Private，Property，Public，Resume，Seek，Set，Static，Step，String，Then，Time，To，True，WithEvents。

在 VB（A）中，关键字会被自动识别，所以，变量的名称一定不能与关键字同名，否则会出现意想不到的错误。

5．系统常数

VB（A）提供了一些系统常数，可以直接在程序中使用而无需声明或者预定义。颜色常数见表 14-5，MsgBox 函数的常数参数见表 14-6，KeyCode 常数（即键盘上的按键所代表的常数）见表 14-7，日期常数见表 14-8。

表 14-5　颜色常数

常数	值	描述
vbBlack	0x0	黑色
vbRed	0xFF	红色
vbGreen	0xFF00	绿色
vbYellow	0xFFFF	黄色
vbBlue	0xFF0000	蓝色
vbMagenta	0xFF00FF	紫红
vbCyan	0xFFFF00	青色
vbWhite	0xFFFFFF	白色

表 14-6　MsgBox 函数的常数参数

常数	值	描述
vbOKCancel	1	OK 和 Cancel 按钮
vbAbortRetryIgnore	2	Abort、Retry，和 Ignore 按钮
vbYesNoCancel	3	Yes、No，和 Cancel 按钮
vbYesNo	4	Yes 和 No 按钮
vbRetryCancel	5	Retry 和 Cancel 按钮
vbCritical	16	关键消息
vbQuestion	32	警告询问
vbExclamation	48	警告消息
vbInformation	64	通知消息
vbDefaultButton1	0	第一个按钮是默认的（默认值）
vbDefaultButton2	256	第二个按钮是默认的
vbDefaultButton3	512	第三个按钮是默认的
vbDefaultButton4	768	第四个按钮是默认的
vbApplicationModal	0	应用程序形态的消息框（默认值）
vbSystemModal	4096	系统强制返回的消息框
vbMsgBoxHelpButton	16384	添加 Help 按钮到消息框
VbMsgBoxSetForeground	65536	指定消息框窗口作为前景窗口
vbMsgBoxRight	524288	文本是右对齐的
vbMsgBoxRtlReading	1048576	指定在希伯来语和阿拉伯语系统中，文本应当显示为从右到左读
vbOKOnly	0	只有 OK 按钮（默认值）

表 14-7　KeyCode 常数

常数	值	描述
vbKeyLButton	0x1	鼠标左键
vbKeyRButton	0x2	鼠标右键
vbKeyCancel	0x3	Cancel 键
vbKeyMButton	0x4	鼠标中键
vbKeyBack	0x8	〈Backspace〉键
vbKeyTab	0x9	〈Tab〉键
vbKeyClear	0xC	〈Clear〉键
vbKeyReturn	0xD	〈Enter〉键
vbKeyShift	0x10	〈Shift〉键
vbKeyControl	0x11	〈Ctrl〉键
vbKeyMenu	0x12	〈Menu〉键
vbKeyPause	0x13	〈Pause〉键
vbKeyCapital	0x14	〈Caps Lock〉键
vbKeyEscape	0x1B	〈Esc〉键
vbKeySpace	0x20	〈Spacebar〉键
vbKeyPageUp	0x21	〈Page Up〉键
vbKeyPageDown	0x22	〈Page Down〉键
vbKeyEnd	0x23	〈End〉键
vbKeyHome	0x24	〈Home〉键
vbKeyLeft	0x25	〈Left Arrow〉键
vbKeyUp	0x26	〈Up Arrow〉键
vbKeyRight	0x27	〈Right Arrow〉键
vbKeyDown	0x28	〈Down Arrow〉键
vbKeySelect	0x29	〈Select〉键
vbKeyPrint	0x2A	〈Print Screen〉键
vbKeyExecute	0x2B	〈Execute〉键
vbKeySnapshot	0x2C	〈Snapshot〉键
vbKeyInsert	0x2D	〈Insert〉键
vbKeyDelete	0x2E	〈Delete〉键
vbKeyHelp	0x2F	〈Help〉键
vbKeyNumlock	0x90	〈Num Lock〉键

表 14-8　日期常数

常数	值	描述
vbTuesday	3	星期二
vbWednesday	4	星期三
vbThursday	5	星期四
vbFriday	6	星期五
vbSaturday	7	星期六

（续）

常数	值	描述
vbUseSystem	0	使用 NLS API 设置
vbSunday	1	星期日
vbMonday	2	星期一

其他的系统常数这里不再一一列出，读者在实际编程时，可以查找相关的文档，或者借助 MSDN 来获得帮助。

6. 公共函数

VB（A）中提供了大量的公共函数，以方便在不需要用户自主编程的情况下实现某些功能。VB（A）中常用的数学函数见表 14-9。

表 14-9　常用的数学函数

函数名	功能	示例	结果
Sqr（x）	求平方根	Sqr（9）	3
Log（x）	求自然对数，$x>0$	Log（10）	2.3
Exp（x）	求以 e 为底的幂值，即求 e^x	Exp（3）	20.086
Abs（x）	求 x 的绝对值	Abs（-2.5）	2.5
Hex[$]（$x$）	求 x 的十六进制数，返回的是字符型值	Hex[$]（28）	"1C"
Oct[$]（$x$）	求 x 的八进制数，返回的是字符型值	Oct[$]（10）	"12"
Sgn(x)	求 x 的符号，当 $x>0$，返回 1；$x=0$，返回 0；$x<0$，返回-1	Sgn(15)	1
Rnd(x)	产生一个在（0，1）区间均匀分布的随机数，每次的值都不同；若 $x=0$，则给出的是上一次本函数产生的随机数	Rnd(x)	0~1 之间数
Sin(x)	求 x 的正弦值，x 的单位是弧度	Sin(0)	0
Cos(x)	求 x 的余弦值，x 的单位是弧度	Cos(1)	0.54
Tan(x)	求 x 的正切值，x 的单位是弧度	Tan(1)	1.56
Atn(x)	求 x 的反正切值，x 的单位是弧度，函数返回的是弧度值	Atn(1)	0.79

VB（A）中常用的日期和时间函数见表 14-10。

表 14-10　日期和时间函数

函数名	含义	示例	结果
Date ()	返回系统日期	Date ()	02-3-19
Time()	返回系统时间	Time()	3:30 :00 PM
Now	返回系统时间和日期	Now	02-3-19 3:30 :00
Month(C)	返回月份代号（1~12）	Month("02,03,19")	3
Year(C)	返回年代号（1752~2078）	Year("02-03-19")	2002
Day(C)	返回日期代号（1~31）	Day("02,03,19")	19
MonthName(N)	返回月份名	MonthName(1)	一月
WeekDay()	返回星期代号（1~7），星期日为 1	WeekDay("02,03,17")	1
WeekDayName(N)	根据 N 返回星期名称，1 为星期日	WeekDayName(4)	星期三

VB（A）中常用的字符串函数见表 14-11。

表 14-11　常用的字符串函数

函数名	功能	示例	结果
Len（x）	求 x 字符串的字符长度(个数)	Len("ab 技术")	4
LenB（x）	求 x 字符串的字节个数	LenB("ab 技术")	8
Left（x，n）	从 x 字符串左边取 n 个字符	Left("ABsYt",2)	"AB"
Right（x，n）	从 x 字符串右边取 n 个字符	Right("ABsYt",2)	"Yt"
Mid（x，$n1$，$n2$）	从 x 字符串左边第 $n1$ 个位置开始向右取 $n2$ 个字符	Mid（"ABsYt",2,3)	"BsY"
Ucase（x）	将 x 字符串中所有小写字母改为大写	Ucase（"ABsYug")	ABSYUG
Lcase（x）	将 x 字符串中所有大写字母改为小写	Ucase（"ABsYug")	absyug
Ltrim（x）	去掉 x 左边的空格	Lrim(" ABC ")	"ABC "
Rtrim（x）	去掉 x 右边的空格	Trim(" ABC ")	" ABC"
Trim（x）	去掉 x 两边的空格	Trim(" ABC ")	"ABC"
Instr（x，"字符"，M）	在 x 中查找给定的字符，返回该字符在 x 中的位置，$M=1$ 不区分大小写，省略则区分	Instr("WBAC","B")	2
String（n，"字符"）	得到由 n 个首字组成的一个字符串	String(3,"abcd")	"aaa"
Space（n）	得到 n 个空格	Space（3)	"□□□"
Replace(C,$C1$,$C2$,$N1$,$N2$)	在 C 字符串中从 $N1$ 开始将 $C2$ 替代 $N2$ 次 $C1$，如果没有 $N1$ 表示从 1 开始	Replace("ABCASAA","A","12",2,2)	"ABC12S12A"
StrReverse（C）	将字符串反序	StrReverse（"abcd")	"dcba"
Mid（x，$n1$，$n2$）	从 x 字符串左边第 $n1$ 个位置开始向右取 $n2$ 个字符	Mid（"ABsYt",2,3)	"BsY"
Ucase（x）	将 x 字符串中所有小写字母改为大写	Ucase（"ABsYug")	ABSYUG

VB（A）中常用的转换函数见表 14-12。

表 14-12　常用的转换函数

函数名	功能	示例	结果
Str（x）	将数值数据 x 转换成字符串	Str（45.2)	"45.2"
Val(x)	将字符串 x 中的数字转换成数值	Val("23ab")	23
Chr(x)	返回以 x 为 ASCII 码的字符	Chr(65)	"A"
Asc(x)	给出字符 x 的 ASCII 码值，十进制数	Asc("a")	97
Cint(x)	将数值型数据 x 的小数部分四舍五入取整	Cint(3.6)	4
Int(x)	取 $\leq x$ 的最大整数	Int(-3.5) Int(3.5)	-4 3
Fix(x)	将数值型数据 x 的小数部分舍去	Fix(-3.5)	- 3
CBool(x)	将任何有效的数字字符串或数值转换成逻辑型	CBool(2) CBool("0")	True False
CByte(x)	将 0～255 之间的数值转换成字节型	CByte(6)	6
CDate(x)	将有效的日期字符串转换成日期	CDate(#1990,2,23#)	1990-2-23
CCur(x)	将数值数据 x 转换成货币型	CCur(25.6)	25.6
Round(x，N)	在保留 N 位小数的情况下四舍五入取整	Round(2.86，1)	2.9

（续）

函数名	功能	示例	结果
CStr(*x*)	将 *x* 转换成字符串型	CStr(12)	"12"
CVar(*x*)	将数值型数据 *x* 转换成变体型	CVar("23")+"A"	"23A"
CSng(*x*)	将数值数据 *x* 转换成单精度型	CSng(23.5125468)	23.51255
CDbl(*x*)	将数值数据 *x* 转换成双精度型	CDbl(23.5125468)	23.5125468

14.2.2 Inventor VBA 工程

当开发一个 VBA 应用程序时，可以用一个工程（Project）来管理该程序所涉及的所有文件，一个工程可以包括以下类型的文件：

1）工程文件（*.vbp），用来跟踪所有的文件。

2）窗体文件(*.frm)，对应程序中的每一个窗体。

3）二进制数据文件（*.frx），每一个包含二进制数据控件（如图片或者声音等）的窗体，都会自动生成一个二进制数据文件。

4）类模块文件（*.cls），对应于用户添加的类。

5）标准模块文件（*.bas），对应于用户添加的标准模块。

6）控件文件（*.ocx），对应于用户添加的 ActiveX 控件。

7）资源文件（*.res），一个资源文件，此文件唯一。

Inventor VBA 支持三种不同类型的工程管理模式，即应用程序工程、文档工程和用户工程。这三种模式的区别在于程序的存储和调用方法不同。

1. 应用程序工程

在该模式下，VBA 程序存放在 Inventor 外部的*.IVB 文件中，程序可以被所有的 Inventor 文档共享，包括程序中的功能函数也能够被其他程序所调用。所以，这种模式非常有利于程序设计的模块化以及资源共享等。另外，应用程序功能在 Inventor 启动时自动加载，可以在任何时候对其进行引用。但是，Inventor 中只能存在一个这样的程序。

对于 Inventor 来说，只有一个*.IVB 文件是有效的，能够正常运行。进入 Inventor 界面，单击"工具"选项卡"选项"面板中的"应用程序选项"选项，弹出"应用程序选项"对话框，在"默认 VBA 项目"选项中可以指定默认的*.IVB 文件的位置和文件名。

当从 Inventor 中通过选择"选项"选项卡下的"VBA 编辑器"选项进入 VB 编辑器以后，在左侧的"应用程序项目"浏览器中，双击"应用程序项目"下的"模块 1"图标，则在右侧的代码窗口中显示该模块的代码，如图 14-5 所示。

图 14-5　模块 1 的代码

当添加了程序代码或者对代码进行了编辑以后，会自动保存为一个宏，宏的名称和该模块的名称一致。可以通过"宏"对话框中的相关功能按钮完成运行、修改、删除宏等操作。

2. 文档工程

在该模式下，VBA 程序存放在所附属的文档中。例如，要在草图中使用一个几何图元作为界面创建实体，可以先编制一个创建该几何图元的 VBA 程序（存储为宏），该程序则附加在该文档中，然后就可以使用该宏方便地创建该几何图元及其各种副本，就好比使用不同类型的标准件一样。在该模式下，不能直接引用其他 VBA 程序中的功能函数，用户可以自行编写，或者利用复制代码的方式来实现。

文档工程模式下，VBA 程序依附于创建和使用它的文档文件，在该文档打开时，VBA程序自动加载。注意不能在其他的文档中加载该程序，它仅仅属于一个文档。

要创建一个文档工程模式下的 VBA 程序，可以：

1）在 Inventor 中新建一个文件，进入 VB 编辑器，在"文档项目"节点双击"模块 1"图标，在右侧的代码区域内输入程序代码。这样就定义了一个名为"vbexample"的宏。

2）弹出"宏"对话框，在"加载宏"下拉列表框中选择项目，则"vbexample"会显示在上面的文本框中。

3）当文件存盘时，程序也会自动存储。注意，当该零件文件被引入到其他文档中时，如作为零件装配到部件文件中时，该零件文件中的宏也会一同被引入到部件文件中，也可以被引用。

3. 用户工程

用户工程模式是最常用的一种模式，用户工程和应用程序工程基本相同，区别之处在于保存和加载的方法。用户工程不能被 Inventor 自动加载，必须通过 VB 编辑器界面中的"文件"菜单下的"加载项目"选项手动加载。可以被加载的用户工程的数量没有限制。

要新建一个用户工程，可以：

1）进入到 VB 编辑器中，选择"文件"菜单下的"新建项目"选项，新建一个用户项目，被自定义为"用户项目 1"。

2）默认状态下，该用户项目具有一个模块（即"模块 1"），也可以通过右键菜单中的相关选项为其添加用户窗体、模块和类模块。

3）双击"模块 1"图标，进入代码状态，可以在右侧的代码窗口中添加程序代码。

4）单击"标准"工具栏上的"保存"按钮，弹出"另存为"对话框，选择好文件路径和文件名后单击"保存"按钮保存用户工程文件。

建立该用户工程以后，也可以通过宏的方式来运行程序。选择"工具"菜单下的"宏"选项，弹出"Macros（宏）"对话框。在"加载宏"下拉列表框中选择用户项目，则宏的名称"用户项目 1"会显示在上面的"宏名称"文本框中，如图 14-6 所示。可以通过"宏"对话框中的对应功能按钮运行或者编辑宏等。

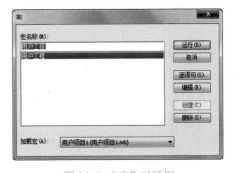

图 14-6 "宏"对话框

14.2.3　Inventor VNA 代码模块

VBA 程序代码可以保存在三种模块中，即窗体模块、标准模块和类模块。每一个标准模块、窗体模块和类模块可以包含两部分，即声明部分和例程部分。其中声明部分包括常量、变量以及类型和动态链接库例程的声明，例程部分则包括函数、子程序以及属性例程等。

1．窗体模块

一个最简单的 VB（VBA）应用程序可以只有一个窗体，所有的程序代码都包含在该窗体的模块中。当然也可以为程序添加另外的窗体模块，以形成多窗体的程序结构。窗体模块是大部分 VB 程序的基础，在窗体模块中可以包含基本的变量、类型和例程的声明，以及事件处理例程和常规例程等。在窗体模块中的程序代码专属于该窗体所属的应用程序，它也可以引用其他的窗体或者对象等。

2．标准模块

标准模块以 .BAS 作为文件后缀名，它可以作为例程和声明的容器。在应用程序的扩展过程中，往往会添加很多的窗体，其间难免会出现多个窗体需要共享一段程序代码的情况。虽然在多个窗体中进行简单的复制粘贴可以实现，但是会带来巨大的工作量，并且当共享的这段程序需要修改时，就需要对所有用到这段程序的窗体中的代码一一修改，其烦琐程度可想而知。

为了避免这种麻烦，可以创建一个标准模块，该模块中包含有窗体共用的代码段，如果窗体需要使用这段代码的话，直接将该模块包含到工程中即可。修改标准模块中的代码之后，包含了该模块窗体中的对应代码也会自动更新。并且，标准模块可以被不同的外部程序使用，具有很强的扩展性。标准模块中的变量的作用域限定在程序之内，也就是说变量存在于程序的执行过程中。只要不终止程序，变量就一直发生作用。

3．类模块

类模块以 .CLS 作为后缀名，用来定义一个类，是面向对象编程的基础。在类模块中，用户可以编写代码定义一个类，并定义类的各种属性和方法。定义完类的属性和方法之后，可以在程序中利用该类创建其实例，该实例继承类的方法和属性。类实例的变量和数据存在于该实例的生命周期内，随着该实例的产生而产生，随着该实例的消失而消失。

14.3　插件（Add-In）

插件（Add-In）作为与 Inventor API 的连接方法之一，具有很多优点，如随 Inventor 启动而自动启动、允许用户自定义菜单命令以及具有更多功能等。对于插件和 Inventor 的关系，可以理解为服务器和客户端的关系。Inventor 是服务器，为客户端（插件）提供服务。Inventor 在启动时，自动查找已经注册过的插件，然后将其启动。插件启动后，会得到所有 Inventor API 的访问权。Inventor 在提供服务的过程中，还保持同插件之间的通信，如传递一些插件的相关信息。

14.3.1 创建插件

创建插件的第一步就是建立一个新的 ActiveX EXE 工程或者 Active DLL 工程。任何一种支持 ActiveX 组件的程序语言都能够创建插件，各种语言编写程序的基本概念是一样的，但是所创建的组件对事件的响应并不完全相同。如果读者对 ActiveX 组件的内容不太清楚，最好首先查阅相关的文档以对其工作原理有所了解。创建插件的步骤介绍如下。

1. 新建 Active EXE 或者 ActiveX DLL 文件

要创建一个 ActiveX 组件，可以从 Visual Basic 的"新建工程"对话框中选择"Active EXE"或者"ActiveX DLL"选项，如图 14-7 所示，然后单击"打开"按钮，创建一个 ActiveX 组件，此时的开发界面如图 14-8 所示。

2. 包含 Inventor 对象库

需要注意的是，在 ActiveX 工程中必须将 Inventor 的类型库包含进来。要包含 Inventor 的类型库，可以在 VB 界面下选择"工程"菜单下的"引用"选项，则弹出"引用-工程 1"对话框，选中"Autodesk Inventor Object Library"选项即可。

图 14-7　新建 ActiveX 组件

当创建了一个 ActiveX 组件后，必须在注册表中注册才能够正常使用。关于注册的方法在 14.3.2 节详细讲述。组件注册需要通过程序的 ID，即 ProgID 才能够在注册表中进行定义。ProgID 由对象的名称和类的名称决定，也就是"工程名称.类名称"的形式。如果建立了一个名为"工程 1"的工程，会同时建立一个名称为"Class1"的类，则 ProgID 的名称为"Project1.Class1"。

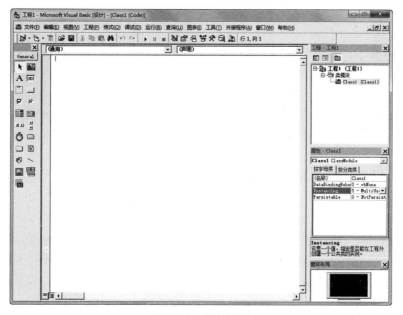

图 14-8　开发界面

新建一个 ActiveX 组件后会自动创建一个类模块，默认名称为"Class1"。可以通过如图 14-9 所示右键菜单选项添加窗体、类模块、标准模块等，通过双击某个窗体或者模块等来打开它的代码窗口为其添加代码。右键菜单中也提供了"移除""保存"等选项。

3．添加代码

可以为各种模块添加代码以实现具体的程序功能。在 VB 中，需要利用 Implements 关键字定义 Inventor 的接口，Inventor 也会通过定义的接口与插件通信。将下面的代码添加到类模块中，可以起到链接 Inventor 和插件的作用。

图 14-9　类的右键关联菜单

```
Implements ApplicationAddServer
```

这样程序中就增加了一个名为"ApplicationAddServer"的对象，且对象出现在 VB 代码窗口的对象列表中，同时它包含的方法也会列出在"方法"列表中。此时从"对象"列表中选择"ApplicationAddServer"对象，则立刻在代码窗口中为其添加 Active 方法的子程序，可以在其中添加程序代码。当该对象的 Activate 方法被调用时，代码会被执行。

也可以在"方法"列表中选择"ApplicationAddServer"对象的其他方法，该方法的子程序会被自动添加。下面简单解释一下该对象的四个方法。

当插件随着 Inventor 的启动而启动时，调用 Activate 方法。当结束 Inventor 程序或者从插件管理器中卸载插件而导致插件退出时，调用 Deactivate 方法。Automation 方法允许插件暴露自己的一个 API 给其他程序。ExecuteCommand 方法从 Inventor R6 开始就已经废弃了。

4．实例学习

在本实例中为 Inventor 添加一个绘图工具面板，并利用其中的工具在 Inventor 的草图环境下绘制几何图形。该程序范例位于网盘的"\二次开发\插件实例\"目录下。

1）声明变量。在代码窗口中的最前面输入以下代码，用来声明在程序中用到的一些全局变量。

```
Option Explicit
Implements ApplicationAddInServer
```

```
Private oApp As Inventor.Application
Priate WithEvents oButtonHandler1 As ButtonDefinitionHandler
Private WithEvents oButtonHandler2 As ButtonDefinitionHandler
```

2）调用 Activate 方法时，在零件的"草图"选项卡中添加一个新的面板，新面板中添加两个工具按钮用来绘制几何图元。代码如下，读者可以参考其中的注释。

```
Private Sub ApplicationAddInServer_Activate(ByVal AddInSiteObject As Inventor.
ApplicationAddInSite, ByVal FirstTime As Boolean)
        ' 设置oApp为AddInSiteObject对象的一个引用
        Set oApp = AddInSiteObject.Application
        ' 创建两个按钮的处理控点。为了简化本范例程序，两个图标从硬盘中读取，当然也可以从其他地
方获得，如图像控件或者一个源文件。同样为了简化程序，这里仅仅使用了小图标，如果读者选择了大图
标，则Inventor会自动对图标进行缩放。
        Dim oIcon1 As IPictureDisp
        Dim oIcon2 As IPictureDisp
        Set oIcon1 = LoadPicture(App.Path & "\Slot.ico")
        Set oIcon2 = LoadPicture(App.Path & "\Toggle.ico")
        Set oButtonHandler1 = AddInSiteObject.CreateButtonDefinitionHandler
("AddInSampleCmd1", kShapeEditCmdType, "Draw Slot", "Create slot sketch graphics",
"Draw Slot", oIcon1, oIcon1)
        Set oButtonHandler2 = AddInSiteObject.CreateButtonDefinitionHandler
("AddInSampleCmd2", kQueryOnlyCmdType, "Toggle Slot State", "Enables/Disables
state of slot command.", "Toggle Slot State", oIcon2, oIcon2)
        ' 创建一个工具面板
        Dim oCommandBar As CommandBarBase
        Set oCommandBar = oApp.EnvironmentBaseCollection.CommandBarBaseCollection.
Add("AddIn Sample")
        ' 向新建的工具面板中添加按钮
        Call oCommandBar.Controls.Add(kBarControlButton, oButtonHandler1.
ControlDefinition)
        Call oCommandBar.Controls.Add(kBarControlButton, oButtonHandler2.
ControlDefinition)
        ' 获得二维草图环境的基本对象
        Dim oEnvBase As EnvironmentBase
        Set oEnvBase = oApp.EnvironmentBaseCollection.Item("PmxPartSketch
Environment")
        ' 为二维草图环境设置工具面板菜单中的工具栏
        oEnvBase.PanelBarList.Add oCommandBar
        MsgBox "要使用新增的插件面板中的功能，需要在Inventor中建立二维草图," & Chr(13) &
"并且在工具面板中选择Add-In Sample."
    End Sub
```

3）编写按钮处理程序。在变量声明部分，已经通过下面的两个语句定义了两个按钮的控点对象 oButtonHandler1 和 oButtonHandler2。

```
Private WithEvents oButtonHandler1 As ButtonDefinitionHandler
```

```
Private WithEvents oButtonHandler2 As ButtonDefinitionHandler
```

此时可以看到在"对象"列表中已经添加了这两个对象，选择这两个按钮控点对象的 **OnClick** 方法，则自动添加 OnClick（单击按钮事件）的代码模块。在该代码模块中添加程序如下：

```
Private Sub oButtonHandler1_OnClick()
    '确认当前文档中是否存在激活的草图
    If TypeOf oApp.ActiveEditObject Is PlanarSketch Then
        '调用绘制草图几何图元的子程序
        Call DrawSlot(oApp.ActiveEditObject)
    Else
        '如果文档中没有激活的草图，则显示错误信息
        MsgBox "A sketch must be active for this command."
    End If
End Sub
Private Sub oButtonHandler2_OnClick()
    '单击Toggle按钮可以使得命令1可用
    If oButtonHandler1.Enabled Then
        oButtonHandler1.Enabled = False
    Else
        oButtonHandler1.Enabled = True
    End If
End Sub
```

4）编写绘制几何图形子程序。程序代码如下：

```
Private Sub DrawSlot(oSketch As PlanarSketch)
' 定义Draw_Lines和Draw_Arcs为直线和圆弧
Dim oLines(1 To 2) As SketchLine
Dim oArcs(1 To 2) As SketchArc
' 定义一个交易使得绘制槽形轮廓这一行为通过Undo来进行撤销
    Dim oTransGeom As TransientGeometry
    Dim oTrans As Transaction
    Set oTrans = oApp.TransactionManager.StartTransaction(oApp.Active
Document, "Create Slot")
    ' 绘制两条直线和两条圆弧，以构成槽的轮廓
    With oApp.TransientGeometry
        Set oLines(1) = oSketch.SketchLines.AddByTwoPoints( _
                .CreatePoint2d(0, 0), .CreatePoint2d(5, 0))
        Set oArcs(1) = oSketch.SketchArcs.AddByCenterStartEndPoint( _
                .CreatePoint2d(5, 1), oLines(1).EndSketchPoint, _
                .CreatePoint2d(5, 2))
        Set oLines(2) = oSketch.SketchLines.AddByTwoPoints( _
                oArcs(1).EndSketchPoint, .CreatePoint2d(0, 2))
        Set oArcs(2) = oSketch.SketchArcs.AddByCenterStartEndPoint( _
                .CreatePoint2d(0, 1), oLines(2).EndSketchPoint, _
                oLines(1).StartSketchPoint)
```

```
      End With
      '创建直线和圆弧的相切约束
      Call oSketch.GeometricConstraints.AddTangent(oLines(1), oArcs(1))
      Call oSketch.GeometricConstraints.AddTangent(oLines(2), oArcs(1))
      Call oSketch.GeometricConstraints.AddTangent(oLines(2), oArcs(2))
      Call oSketch.GeometricConstraints.AddTangent(oLines(1), oArcs(2))
      '创建直线之间的平行约束
      Call oSketch.GeometricConstraints.AddParallel(oLines(1), oLines(2))
      ' 结束交易
      oTrans.End
End Sub
```

5）编制其他方法程序。当退出插件时，触发 Deactivate 方法，其代码如下：

```
Private Sub ApplicationAddInServer_Deactivate()
    ' 利用Nothing关键字释放所有的引用以释放内存空间
    Set Button_Handler1 = Nothing
    Set Button_Handler2 = Nothing
Set App_Obj = Nothing
End Sub
```

对于 Automation 方法，在本例中并不支持应用程序接口，所以也没有必要支持该属性。但是，VB 在编译时要求所有的方法都应该编写一定的代码，这里可以添加如下程序代码，将函数返回值设置为 Nothing，指示插件的 API 不可用。

```
Private Property Get ApplicationAddInServer_Automation() As Object
  Set ApplicationAddInServer_Automation = Nothing
End Property
```

对于 ExecuteCommand 方法，当用户运行任何插件的命令时，该方法将被调用，即使该方法不再可用，Inventor 仍然会执行它。可以令该子过程代码为空，或者加一些注释就可以了，见下面的代码。这样一方面能够通过编译，另一方面即使 VB 在进行代码优化时也不会删除它。

```
Private Sub ApplicationAddInServer_ExecuteCommand(ByVal CommandID As Long)
  ' 添加任意的注释即可。
End Sub
```

6）在全部代码都已经编写完毕以后，可以选择 VB"标准"工具栏上的"文件"菜单下的"Make 插件实例.dll"选项，生成 DLL 文件。

14.3.2 为插件注册

当程序已经创建完毕，并且编译生成了 DLL 文件以后，还需要在注册表中为其注册，插件才能够正常使用。在 VB 中，当编译生成 DLL 文件时，会自动向注册表中添加信息，以便于将该 DLL 文件作为系统的一个 ActiveX 部件。但是该 ActiveX 部件如果要在 Inventor 中使用的话，还需要将另外一些注册信息添加到注册表中去。这些操作 VB 不会自动完成，所以只能够手动添加。下面介绍向注册表中添加插件注册信息的步骤。

1. 注册 DLL 服务器

选择 Windows "开始" 菜单中的 "运行" 选项，输入类似如下的内容：

RegSvr32 "D:\inventor\ AddInSample.dll"

"运行" 对话框如图 14-10 所示，注意应根据用户的 DLL 文件的具体位置填写。单击 "确定" 按钮，弹出如图 14-11 所示的提示对话框，注册服务器成功。

图 14-10　"运行" 对话框　　　　　　　　　　　　　图 14-11　注册服务器成功

2. 获得插件 I

在编译 DLL 文件时，插件会自动分配一个 ID，注册就需要找到这个 ID，方法是：

1）从 Windows 的 "开始" 菜单中选择 "运行" 选项，在弹出的 "运行" 对话框中输入 "Regedit"，然后按下〈Enter〉键，打开 Windows 自带的 "注册表编辑器" 界面。

2）在 HKEY_CLASSES_ROOT 文件夹中，找到 Project1.Class1 文件夹，展开 Clsid 子文件夹，Clsid 的值显示在右侧窗口中，如图 14-12 所示。

图 14-12　Clsid 的值

3）双击右侧窗口 "名称" 列下的 "默认" 字段，弹出如图 14-13 所示的 "编辑字符串" 对话框，将 "数值数据" 文本框中的数据复制到粘贴板中，这就是插件的 ID。

图 14-13　"编辑字符串" 对话框

3．生成注册文件（*.reg 文件）

1）新建一个文本文件，输入以下内容。其中，加粗显示的部分是粘贴板中的内容，也就是插件在注册表中的 ID。

```
REGEDIT4
[HKEY_CLASSES_ROOT\CLSID\{76165809-A31F-4A5D-8793-23F12FE9DC03}]
@=" Sample Add-In"
```

注：本部分程序改变与组件相关的名称，注意该名称显示在附加模块管理器中。

```
[HKEY_CLASSES_ROOT\CLSID\{76165809-A31F-4A5D-8793-23F12FE9DC03}\Description]
@=" This is the sample Add-In from the documentation."
```

注：为组件添加一个文本描述。

```
[HKEY_CLASSES_ROOT\CLSID\{76165809-A31F-4A5D-8793-23F12FE9DC03}\Implemented
Categories\{39AD2B5C-7A29-11D6-8E0A-0010B541CAA8}]
    [HKEY_CLASSES_ROOT\CLSID\{76165809-A31F-4A5D-8793-23F12FE9DC03}\Required
Categories]
    [HKEY_CLASSES_ROOT\CLSID\{76165809-A31F-4A5D-8793-23F12FE9DC03}\Required
Categories\{39AD2B5C-7A29-11D6-8E0A-0010B541CAA8}]
```

注：指定该 ActiveX 组件属于 Inventor 的插件范围内。

```
[HKEY_CLASSES_ROOT\CLSID\{76165809-A31F-4A5D-8793-23F12FE9DC03}\Settings]
"LoadOnStartUp"="1"
"Type"="Standard"
"SupportedSorftwareVersionGreaterThan"="7.."
```

注：指定插件的一些设置，如 LoadOnStartUp 为 1 则该插件会自动启动。

2）将该文本文件存储，可以设定文件名为"AddInSample.txt"，然后将后缀 txt 改为 reg。

4．执行注册文件以注册插件

双击"AddInSample.reg"以运行该文件，打开如图 14-14 所示的信息确认对话框，单击"确定"按钮，完成插件的注册，此时打开注册成功提示对话框。

图 14-14　信息确认对话框

14.4　学徒服务器（Apprentice Server）

学徒服务器（Apprentice Server）可以理解为一个没有用户界面的袖珍 Inventor，它是 Inventor 的一个子集。

14.4.1　学徒服务器简介

本质上学徒服务器是一个 ActiveX 部件，它运行在使用它的客户端程序进程中，必须通过 API 来访问它的功能。例如，编写了一个显示零件物理属性的 VB 程序，则学徒服务器将在该 VB 程序中运行。

学徒服务器提供对文件参考、边界映象、几何特征、装配结构、渲染样式以及文档属性等访问的接口，其中对某些属性的访问是只读的，如装配部件的结构、渲染样式等，有些属性则为可读写，如文档属性等。

学徒服务器与 Inventor 的 API 之间存在很多的相同之处，毕竟前者是后者的一个子集，但是二者也存在不同之处。

1）二者最显著的区别在于 Application 对象和 Document 对象，Inventor 和学徒服务器对于二者的描述方式是完全不同的。例如，在学徒服务器中，称 Application 对象为 Apprentice Server Component，它所支持的 API 要比 Inventor 的 Application 对象支持的 API 少的多。在学徒服务器中没有 Documents 集的概念，学徒服务器只有单一的文档界面，它不支持多文档的同时打开，也就是说只能够打开一个文档。如果在打开一个文档的同时强行打开另外一个文档，则先前的文档会被关闭。

2）使用学徒服务器的应用程序一般要打开 Inventor 的文档，然后进行各种操作。如打开一个 Inventor 的装配部件，遍历其中的零部件，获取其物理属性等。当然，使用 Inventor 的 API 也可以达到同样的目的，但是就必须要首先运行 Inventor，这就导致了需要更多的花费和时间。利用学徒服务器就没有这些问题，因为它不必运行 Inventor 就可以读取 Inventor 的文档。另外，学徒服务器是免费的，它作为 Design Tracking 的一部分提供，Design Tracking 可以从 Autodesk 的网站上下载。

14.4.2 实例——部件模型树浏览器

本节介绍一个显示部件装配树结构的程序范例，对于学徒服务器的一些编程语法结合程序做简要介绍。

该程序范例位于网盘的"\二次开发\AssemblyTree\"目录下。

1. 在 VB 中包含学徒服务器类型库

在编写程序之前，首先要在 VB 中包含学徒服务器类型库。选择"工程"菜单下的"引用"选项，弹出"引用-工程 1"对话框，选择其中的"Autodesk Inventor's Apprentice Object Library"选项。

本节的范例程序是首先打开一个 Inventor 的部件文件，同时部件文件的装配模型树显示在程序界面中，如图 14-15 所示。

2. 在 VB 下新建一个标准 EXE 文件

在界面上添加一个文本框（名称为 txtFilename），一个按钮（名称为 cmdBrowse），一个 CommonDialog 控件（名称为 Common Dialog1），一个 ImageList 控件（名称为 img List），还有一个 TreeView 控件（名称为 treList），程序界面如图 14-16 所示。下面分别说明各个部分的程序代码。

1）对程序用到的全局变量进行声明，代码如下：

```
Option Explicit
Private oApprenticeApp As ApprenticeServerComponent
```

```
Private TreeBuilt As Boolean
```

图 14-15　部件文件的装配模型树

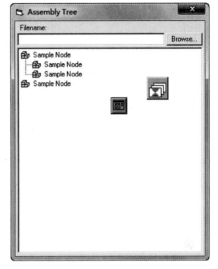

图 14-16　程序界面

2）单击"浏览"按钮，弹出"打开"对话框以选择文件，单击对话框上的"确定"按钮后，则显示模型树。为按钮添加处理函数如下：

```
Private Sub cmdBrowse_Click()
    ' 设置"打开"对话框的各种参数
    With CommonDialog1
        Dim oApprentice As New ApprenticeServerComponent
        .InitDir = oApprentice.FileLocations.Workspace
        Set oApprentice = Nothing
        .DialogTitle = "Assembly Tree"
        .DefaultExt = ".iam"
        .Filter = "Inventor Assembly File (*.iam) | *.iam"
        .FilterIndex = 0
        .Flags = cdlOFNHideReadOnly
        .ShowOpen
    End With
        ' 获得选择的文件的文件名
    txtFilename.Text = CommonDialog1.FileName
        ' 如果文件名不为空的话，调用BuildTree函数以显示模型树
    If txtFilename.Text <> "" Then
        BuildTree
    End If
End Sub
```

3）绘制模型树的子函数 BuildTree 程序代码如下：

```
Private Sub BuildTree()
```

```
    ' 清除TreeList中的内容
    treList.Nodes.Clear
    ' 创建一个新的学徒服务器对象
    On Error Resume Next
    Set oApprenticeApp = CreateObject("Inventor.ApprenticeServer")
    If Err Then
        MsgBox "cannot start the Inventor Apprentice Server."
        End
    End If
    On Error GoTo 0
    TreeBuilt = True
    ' 利用学徒服务器的Open方法打开所选择的部件文件
    Dim oDoc As ApprenticeServerDocument
    On Error Resume Next
    Set oDoc = oApprenticeApp.Open(txtFilename.Text)
    If Err Then
        MsgBox "Unable to open the specified file.", vbOKOnly + vbExclamation
        Exit Sub
    End If
    On Error GoTo 0
    ' 检查部件文件的版本是否是R5以上，如果是R4以下版本的Inventor创建的，则给出警告信息
说明文件必须移植到R5以上的版本中才能够被程序所用
    If oDoc.SoftwareVersionSaved.Major < 4 Then
        MsgBox "The selected file must be migrated to R4 or later before using
this utility.", vbOKCancel + vbExclamation
        Exit Sub
    End If
    ' 建立一个TreeList中的顶部节点
    Dim TopNode As Node
    Set TopNode = treList.Nodes.Add(, , , oDoc.DisplayName, "Assembly")
    ' 调用递归函数GetComponents以遍历模型树中的对象
    Call GetComponents(oDoc.ComponentDefinition.Occurrences, TopNode)
    ' 设置节点展开
    TopNode.Expanded = True
End Sub
```

4）递归函数 GetComponents 的作用是遍历模型树中的元素，并且将其添加到 TreeList 中。GetComponents 的程序代码如下：

```
Private Sub GetComponents(InCollection As ComponentOccurrences, ParentNode As Node)
    Dim oCompOccurrence As ComponentOccurrence
    For Each oCompOccurrence In InCollection
        ' 判断当前对象是不是一个部件或者零件
        Dim ImageType As String
        If oCompOccurrence.Definition.Document.DocumentType = kAssembly
DocumentObject Then
            ImageType = "Assembly"
        Else
            ImageType = "Part"
        End If
```

```
      ' 在Treelist中显示当前对象，即模型树
      Dim CurrentNode As Node
      Set CurrentNode = treList.Nodes.Add(ParentNode, tvwChild, , oCompOc-
currence.Name, ImageType)
         ' 递归调用当前函数，以遍历每一个模型树的组成元素
         Call GetComponents(oCompOccurrence.SubOccurrences, CurrentNode)
      Next
   End Sub
```

5）添加其他部分代码如下：

```
Private Sub Form_Unload(Cancel As Integer)
   ' 当关闭窗体时，释放oApprenticeApp对象，即断开与学徒服务器的连接
Set oApprenticeApp = Nothing
End Sub
Private Sub txtFilename_KeyPress(KeyAscii As Integer)
   ' 如果用户按下了〈Enter〉键，同时选择了部件文件，则调用BuildTree函数
   If KeyAscii = 13 And txtFilename.Text <> "" Then
      KeyAscii = 0
      BuildTree
   End If
End Sub
Private Sub txtFilename_LostFocus()
   ' 如果在文本框中输入了部件文件的路径和文件名，则当文本框失去焦点（如按下〈Tab〉键）时，
调用BuildTree函数
   If txtFilename.Text <> "" Then
      BuildTree
   End If
End Sub
```

14.5 综合实例——文档特性访问

在 Inventor 中，所有的文档都设置了一定的特性。选择菜单下的"iProperties"选项可以打开"特性"对话框，其中列出了文档的所有特性，如模型实体的物理特性等。这些特性全部可以通过 Inventor API 来访问。本节通过一个实例来展示如何使用 API 来访问文档的特性。

14.5.1 读取文档属性

该程序范例位于网盘中的"\二次开发\Properties"目录下。

该应用程序在 VB 环境下编写，运用学徒服务器来完成应用程序与 Inventor 文档之间的通信。运行该程序后，界面如图 14-17 所示。单击"浏览"按钮后，可以在打开的"打开"对话框中选择一个 Inventor 文档，该文档的所有特性就会显示在"显示属性"对话框的文本框中。图 14-18 所示为程序运行结果示意图。

图 14-17　程序运行界面

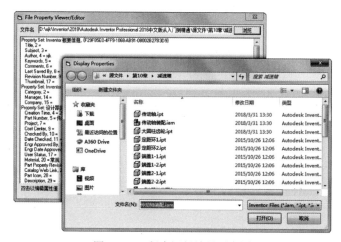

图 14-18　程序运行结果示意图

1. 建立程序的用户界面

在 Visual Basic 中新建一个标准 EXE 工程，在当前窗体中，添加一个文本框（txtFilename），用来显示打开的文档的路径和文件名。添加三个按钮，分别命名为 cmdBrowse，cmdSaveChanges 和 cmdCancel，其中 cmdBrowse 按钮用来打开一个 Inventor 文档，cmdCancel 按钮用来退出程序，cmdSaveChanges 按钮将在 14.5.2 节讲述。添加一个 ListBox（lstProperties），用来显示文档的特性。添加 CommonDialog（CommonDialog1），用来显示"打开"对话框。以及添加说明性文本的 Label。程序的用户界面如图 14-19 所示。

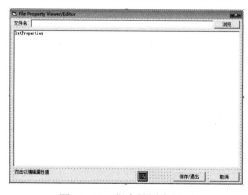

图 14-19　程序的用户界面

2. 变量声明

```
    Option Explicit
' oApprenticeApp为一个学徒服务器对象，oDoc为学徒服务器文件，ChangeMade为布尔变量
Private oApprenticeApp As ApprenticeServerComponent
Private oDoc As ApprenticeServerDocument
Private ChangeMade As Boolean
```

3. 编写"浏览"按钮的处理函数

单击"浏览"按钮时，打开"打开"对话框，当用户选择了一个 Inventor 文档时，该文档特性显示在 ListBox 中，所以"浏览"按钮功能主要有两个，即打开一个"打开"对话框和调用显示文档特性的子函数。程序代码如下：

```
Private Sub cmdBrowse_Click()
' 设置oApprenticeApp为一个学徒服务器对象
    If oApprenticeApp Is Nothing Then
        Set oApprenticeApp = New ApprenticeServerComponent
    End If
    If Not oApprenticeApp.Document Is Nothing Then
        oApprenticeApp.Close
    End If
        ' 设置"打开"对话框的各种属性
    With CommonDialog1
        ' Use the current workspace as the initial directory.  If there's not
a workspace
        ' defined this will return an empty string which results in VB using
a default
        ' initial directory.
        .InitDir = oApprenticeApp.FileLocations.Workspace
            .DialogTitle = "Display Properties"
        .Filter = "Inventor Files (*.iam, *.ipt, *.idw, *.ipn, *.ide) | *.iam;
*.ipt; *.idw; *.ipn; *.ide"
        .FilterIndex = 0
        .Flags = cdlOFNHideReadOnly
        .CancelError = True
        On Error Resume Next
        .ShowOpen
        If Err Then
            Exit Sub
        End If
        On Error GoTo 0
    End With
        ' 将"打开"对话框中返回的文件名传递给文本框txtFilename以显示文件名
    txtFilename.Text = CommonDialog1.FileName
        ' 如果文件名不为空，即在"打开"对话框中选择了一定的文档，则调用显示文件特性的子
函数ShowProperties
    If txtFilename.Text <> "" Then
```

```
        ShowProperties
    End If
End Sub
```

4. 编写显示文档特性子函数 ShowProperties

```
Private Sub ShowProperties()
    ' 清除ListBox中的内容
    lstProperties.Clear
    ' 在学徒服务器中打开选定的Inventor文档
    Set oDoc = oApprenticeApp.Open(txtFilename.Text)
    ' 如果没有打开文档，则显示错误信息
If oDoc Is Nothing Then
        MsgBox "Unable to open the specified document."
        Exit Sub
    End If
    ' 遍历特性集中的每一个对象
    Dim oPropSet As PropertySet
    For Each oPropSet In oDoc.PropertySets
        lstProperties.AddItem "Property Set: " & oPropSet.DisplayName & ", "
& oPropSet.InternalName
        Dim oProp As Property
        For Each oProp In oPropSet
    ' 显示特定日期的特性信息
        If VarType(oProp.Value) <> vbDate Then
            lstProperties.AddItem "   " & oProp.Name & ", " & oProp.PropID & "
= " & ShowValue (oProp)
        Else
          If oProp.Value = #1/1/1601# Then
              lstProperties.AddItem "   " & oProp.Name & ", " & oProp.PropID
& " = "
          Else
              lstProperties.AddItem "   " & oProp.Name & ", " & oProp.PropID
& " = " & ShowValue (oProp)
            End If
        End If
    Next
    Next
    End Sub
```

在本范例程序中，对于文档的一些可读写的属性，可进行修改。当双击 ListBox 中的某属性时，会打开如图 14-20 所示的对话框，用户可以输入该属性的新值。输入完毕以后，单击"OK"按钮，此时"保存/退出"按钮变为可用，单击该按钮则输入的新值被保存到 Inventor

文档中。下面讲解该功能代码实现的步骤。

图 14-20　双击某属性时打开对话框

1. 添加窗体

选择"Project"菜单下的"Add Form"选项，添加一个新的窗体，命名为 picThumbnail。其中放置一个 PictureBox 控件，命名为 picThumbnail，程序的用户界面如图 14-21 所示。

2. 编写双击 ListBox 中的特性条目时的处理函数

当双击 ListBox 中的特性条目时，打开对话框，用户可以修改某个特性值，如果该特性是只读的话，则打开如图 14-22 所示的对话框，提示该特性不可以修改。代码如下：

图 14-21　程序的用户界面

图 14-22　特性为只读时打开对话框

```vb
Private Sub lstProperties_DblClick()
    Dim SelectIndex As Integer
    SelectIndex = lstProperties.ListIndex
    Dim SelectText As String
    SelectText = lstProperties.List(SelectIndex)
    ' 检查所选择的属性是否可以编辑，如果不可以编辑，则打开警告对话框
    If Left(SelectText, 1) <> " " Then
        MsgBox "该特性集是只读的，不能被编辑！"
    Else
        ' 获得所选择的特性项目的ID
        Dim StartDelimPosition As Integer
        Dim EndDelimPosition As Integer
        StartDelimPosition = InStr(SelectText, ",")
```

```
        EndDelimPosition = InStr(SelectText, "=")
        SelectText = Mid(SelectText, StartDelimPosition + 1, EndDelimPosition
- StartDelimPosition - 1)
        Dim PropID As Long
        PropID = Val(SelectText)
        ' 判断所选择的特性属于哪一个特性集
        Dim i As Integer
        For i = SelectIndex - 1 To 0 Step -1
            If Left$(lstProperties.List(i), 13) = "Property Set:" Then
            ' 获得特性集的ID。通过VB的对象浏览器，也可以得到不同特性集的ID。当在浏览器
中选择一个特性集列表时，该ID也作为特性描述的一部分显示出来
                Dim PropSetID As String
                PropSetID = Trim(Right(lstProperties.List(i), Len(lstProperties.
List(i)) - InStr(lstProperties.List(i), ",")))
                Exit For
            End If
        Next
        ' 通过特性集的ID和特性ID获得某一个特性
        Dim oProp As Property
        Set oProp = oDoc.PropertySets.Item(PropSetID).ItemByPropId(PropID)
        ' 判别获得的特性取值的具体属性，以便于在编辑属性时能够输入符合该类型的值
        If PropSetID = "{F29F85E0-4FF9-1068-AB91-08002B27B3D9}" And PropID = 17 Then
            Dim oPic As stdole.IPictureDisp
            Set oPic = oProp.Value
            frmThumbnail.Show
            frmThumbnail.picThumbnail.Picture = oProp.Value
        Else
        ……Dim TestString As String
            Select Case VarType(oProp.Value)
                Case vbString
                    …
```

如果判断特性取值输入字符串类型，则编写 Case vbString 下的处理程序如下：

```
        Case vbString
        ' 显示编辑属性的对话框，并在输入文本框中显示特性的原有值
        Dim NewString As String
        NewString = InputBox("为" & oProp.Name & "输入新的字符串值", "编辑特性值",
oProp.Value)
            ' 如果输入的值不为空，并且没有单击"取消"按键
          If NewString <> "" Then
            ' 将新输入的值赋给该特性
            oProp.Value = NewString
            ' 更新ListBox中所列出的特性
            lstProperties.List(SelectIndex) = "    " & oProp.Name & ", " &
oProp.PropID & " = " & ShowValue(oProp)
            ' 设置修改标志
```

```
      ChangeMade = True
      cmdSaveChanges.Enabled = True
       End If
```

如果判断特性取值输入布尔类型，则编写 Case vbBooleab 下的处理程序；如果为日期类型，则需要编写 Case vbDate 下的处理程序……代码不再一一列出，读者可以参考网盘中所附的源程序代码。

将新的值保存到所修改的特性中的代码如下：

```
Private Sub cmdSaveChanges_Click()
    ' 如果有特性被修改，则将新的特性值保存到该特性中
    If ChangeMade Then
       oDoc.PropertySets.FlushToFile
    End If
' 卸载当前窗体
    Unload Me
End Sub
```

3. 完成其他部分的代码以形成完整的程序

其他部分的代码如下，具体含义可以参照其中的注释：

```
  Private Sub cmdCancel_Click()
    ' 当单击"取消"按钮时则关闭程序，卸载当前窗体
Unload Me
End Sub
Private Sub Form_Unload(Cancel As Integer)
    ' 当通过窗体右上角的关闭按钮关闭窗体时，释放当前的Inventor文档，并且断开与学徒服务器的连接
    Set oDoc = Nothing
    Set oApprenticeApp = Nothing
End Sub
Private Sub txtFilename_KeyPress(KeyAscii As Integer)
    ' 当焦点位于输入文本框上，且按下了〈Enter〉键时，调用ShowProperties子函数以显示文档特性
If KeyAscii = 13 And txtFilename.Text <> "" Then
       KeyAscii = 0
       ShowProperties
    End If
End Sub
Private Sub txtFilename_LostFocus()
    ' 当在文本框中输入了部件的路径和名称后，如果按下〈Tab〉键使得文本框失去焦点，则调用ShowProperties子函数以显示文档特性。
If txtFilename.Text <> "" Then
       ShowProperties
    End If
End Sub
```

附 加 资 源

第 15 章
应力分析

第 16 章
运动仿真

15 章实例
——支架应
力分析

16 章实例
——球摆运
动仿真

书中实例
源文件

赠送操作
视频

Inventor 工程
师认证大纲

操作题集
及模型文件

世界技能
大赛赛题

世界技能
大赛资料